U0325533

教育部高等职业教育示范专业规划教材
（电气工程及自动化类专业）

集散控制系统组态应用技术

主编 蒋兴加
参编 周德兴 李 宁 梁礼群 冯道宁 姚彩虹
主审 韩峻峰

机 械 工 业 出 版 社

本书以技术应用能力培养为目标，以集散控制系统真实设备为载体，并结合实验实训平台，以5个项目组织教学内容，采用基于工作过程的“理实一体化”编写方式。重点介绍了集散控制系统的基本常识和典型集散控制系统的基本结构、基本功能、操作方法、硬件组态、软件组态、系统维护方法和工程应用案例等知识与技能，教材力求内容的实用性、先进性、通用性和典型性，突出高等职业教育注重实践技能训练和动手能力培养的特色。

本书可作为高等职业院校生产过程自动化技术、电气自动化技术等相关专业的教学用书，也可供在工业自动化生产一线从事技术、管理、运行工作的技术人员作为技能培训教材和自学参考书。

为方便教学，本书配有免费电子课件、思考题详解、模拟试卷及答案等，凡选用本书作为授课教材的学校，均可来电免费索取。咨询电话：010－88379375；Email：cmpgaozhi@sina.com。

图书在版编目（CIP）数据

集散控制系统组态应用技术/蒋兴加主编．—北京：机械工业出版社，2014.2

教育部高等职业教育示范专业规划教材．电气工程及自动化类专业

ISBN 978－7－111－45302－4

Ⅰ.①集…　Ⅱ.①蒋…　Ⅲ.①集散控制系统－组态－高等职业教育－教材　Ⅳ.①TP273

中国版本图书馆CIP数据核字（2014）第000549号

机械工业出版社（北京市百万庄大街22号　邮政编码100037）
策划编辑：于　宁　责任编辑：于　宁　曹雪伟
版式设计：霍永明　责任校对：张莉娟
责任印制：张　楠
北京京丰印刷厂印刷
2014年2月第1版·第1次印刷
184mm×260mm·14印张·343千字
0 001—3 000册
标准书号：ISBN 978－7－111－45302－4
定价：28.00元

凡购本书，如有缺页、倒页、脱页，由本社发行部调换

电话服务	网络服务
社服务中心：（010）88361066	教材网：http://www.cmpedu.com
销售一部：（010）68326294	机工官网：http://www.cmpbook.com
销售二部：（010）88379649	机工官博：http://weibo.com/cmp1952
读者购书热线：（010）88379203	**封面无防伪标均为盗版**

前　言

为了更好地适应当前高等职业教育跨越式发展的需要，对接教研教改成果和自动控制先进技术，满足社会现实需求，以自动化类专业标准及职业标准为依据，指导教材编写工作。通过充分调研、分析、交流研讨，以“校企合作、工学结合”基本理念指导职业能力分析、课程标准制定、教材内容的确定及具体编写工作。

随着绿色经济、可持续发展、优质高效主流发展模式的深入，对自动化的要求越来越高；而集散控制系统以良好的安全性、可靠性、控制性、高效性等特点，已成为石油、化工、冶金、电力、交通、纺织、楼宇自动化等行业实现自动控制的主流产品。随着自动控制技术、计算机技术、通信技术的不断发展，集散控制系统正朝着智能化、综合控制、信息化、节能环保等方面发展；本书立足于将新知识、新技术、新方法、新标准融合到教学实践中，培养掌握一定的专业理论知识，又具有较强的专业实践技能的高素质人才。

本教材以集散控制系统技术应用能力培养为目标，以真实设备为载体，进行学习情境的设计，以任务驱动的“理实一体化”教学为主体，为将来PLC设计师、ASEA、仪表工取证及全面提升职业能力奠定良好基础。本书在编写中突出以下特点：

1. 突出高职特色，注重先进性和实用性。做到理论知识够用为度，加强实践教学和实际应用能力的培养，对接双证融通。在教学内容上吸收了集散控制系统的OPC、以太网等新技术，强化“学生为主体、老师为主导”的先进教学理念。

2. 注重技能和能力训练。以项目教学法为主线，以工程项目实施要素为载体，贯彻“理实一体化、学中做、做中学”理念。培养理论联系实际、学以致用以及分析问题、解决问题的能力，达到提升技能的基本目标，激发学生的兴趣。

3. 结构安排合理，便于组织教学。教材在内容上由浅入深，项目载体采用循序渐进的方式组织编写，既结合多数院校设备配置，又兼顾灵活变通，同时来源于典型的工程案例，全面结合工程项目要素。项目1以DCS基本常识和硬件平台装配为后续项目硬件构筑奠定基础，项目2以仿真案例学习组态软件的功能模块初步应用，项目3以最具代表性的液位恒定监控系统初步构筑DCS，项目4以浙江中控DCS构筑锅炉温度监控系统，项目5拓展主流DCS品牌及案例，教学内容可根据专业和学时实际情况灵活调整。

本书由蒋兴加任主编并统稿，编写了项目2至项目4，周德兴、李宁、梁礼群、冯道宁、姚彩虹参与项目1和项目5编写工作，广西机电职业技术学院韩峻峰院长主审。本教材不仅可作为高等职业院校生产过程自动化技术、电气自动化技术等相关专业的教学用书，也可供生产一线的技术、管理、运行等相关技术人员参考使用。在教材编写过程中，得到广西机电职业技术学院等单位同志们的大力支持，在此表示衷心感谢。另外由于水平与时间有限，不足之处，恳请读者批评指正。

编　者

目　录

绪　论

0.1　学习目标

1）了解课程的性质、意义、特点和学习方法。
2）了解课程的项目总体框架。
3）了解课程的教学模式。

0.2　课程概况

1）开设的意义。由集散控制系统（DCS）的广泛应用和自动化类相关专业岗位需求所决定。

2）课程性质及特点。具有软件与硬件结合、理论与实践结合的特点，是一门综合性、理论性、实践性强的专业课程，所涉及的知识面广，对技能的要求高，具有广泛的实用价值。

3）前后续课程关系。根据电气自动化、生产过程自动化技术专业课程体系，在集成了电工电子电路、电气控制和可编程序控制器应用、自动控制理论及系统、微机原理及接口技术、电气线路安装、变频器、智能仪器仪表等前期电气自动化应用技术主干先修课程相关知识和技能的基础上，利用集散控制系统，对生产过程进行集中监视、操作、管理和分散控制的综合功能，为后续职业技能鉴定——可编程序控制系统设计师、自动化仪表维修工、ASEA 助理工程师等职业资格证书的考取、毕业设计、毕业顶岗实习以及综合技能提升打下坚实的基础，也为学生走向工业自动生产控制系统的工作岗位奠定良好的基础。

4）教学方法。以项目教学法为主导，结合演示、讨论；要求理论联系实践，重在理解、应用、联想拓展，勤于训练。

5）主要内容及基本要求。根据本课程的培养目标、特点、就业岗位、职业资格取证及课程设计思路，遵循学生认知规律和职业教育特色，从简单到复杂，逐级递进；淡化理论，重在应用技能；以真实平台为载体进行学习情境设计，采用任务驱动的教学方式组织教学。所确定的教学项目为：集散控制系统的基本常识、水箱液位双位监控系统的设计、锅炉液位恒定监控系统的设计与实现、浙江中控 DCS 及在锅炉温度监控系统中的应用和 DCS 综合应用。

本课程的目的在于使学生通过本课程的学习，能够对集散控制系统有一个系统的、全面的了解；掌握集散控制系统和现场总线控制系统的概念、功能、组成、体系结构和工作原理，基本掌握集散控制系统的操作、安装、调试、维护、设计、组态和改进及管理工作等应用能力。通过本课程的学习，力求使学生掌握相关职业岗位必需的基本知识和技能，提高学生的实践动手能力，为电气自动化技术、生产过程自动化技术专业的岗位核心能力的培养打下坚实的基础。

6）培养目标。根据电气自动化技术、生产过程自动化技术专业的培养目标、就业岗位、岗位职责等方面的要求及分析，本课程的培养目标归纳为总体目标、方法能力目标、社会和个人能力目标、专业能力目标四个方面进行阐述，如表0-1所示。

表0-1　课程培养目标

<table>
<tr><td rowspan="4">培养目标</td><td>1. 总体目标
（1）掌握DCS的概念、功能、组成、体系和原理
（2）掌握DCS的操作、安装、调试、维护及管理工作等基本能力
（3）掌握DCS工程项目开发、设计、组态及安装调试应用
（4）力求构筑相关职业岗位必需的基本知识和技能，提升职业能力和综合素质</td></tr>
<tr><td>2. 方法能力目标
（1）培养学生理论联系实践，理论指导实践，实训平台对接工程应用
（2）培养学生具备工程观念和素质，形成系统集成观念
（3）掌握快速查阅、使用资料，形成共享他人成果与自主创新，满足自身需要的思维方法和能力
（4）建立分析问题、解决问题、综合应用知识和技能的基本思路及步骤</td></tr>
<tr><td>3. 社会和个人能力目标
（1）具有健全的心理素质和正确的社会认知
（2）具有良好的职业道德和敬业乐业的工作作风
（3）具有良好的沟通、交际能力和团队协作精神
（4）培养学生的安全意识和质量意识
（5）培养学生勤于思考、谦虚、好学，形成终身学习的自觉性</td></tr>
<tr><td>4. 专业能力目标
（1）理解DCS相关的课程、知识及设备的综合应用
（2）掌握DCS硬件、软件体系、原理、特点和发展趋势
（3）了解主流厂家DCS的系统集成、选型、安装、组态、调试、应用维护及管理销售
（4）掌握DCS项目工程要素、实施方法和基本技能
（5）关注劳动保护与环境保护，合理评价生产工艺与组织管理，提出优化方案</td></tr>
</table>

7）教学资源。教材、参考书、实训指导书、工程案例视频及设计开发资料、多媒体课件、网络教学资源库、手册和“理实一体化”的集散控制系统实训室。

0.3　项目教学模式

（1）项目教学内涵　项目教学是指在学生掌握了有关基本知识和技能的基础上，在教师的精心策划和指导以及学生积极主动参与下，根据教学目的和教学内容的要求，运用典型项目，调动学生参与讨论、深入分析及实践的一种行动导向教学方法。通过学生的独立思考、集体协作，进一步提高其识别、分析和解决某一具体工程问题的能力，培养学生理论联系实际的自觉性，同时培养正确的思维理念、学习方法、沟通能力和合作精神。简单地说就是师生通过共同实施一个完整的“项目”工作而进行的教学活动。基于工作过程的项目教学，其主要特点是：以典型工作任务为载体，以完成工作任务为目标，以工作过程的行动导向为实施原则，以学习情境作为支撑平台，以教师为主导、学生为主体。

（2）项目教学实施步骤　为实现“做中学”、“学中做”基于理实一体化的教学理念，应按“资讯、计划、决策、实施、检查、评价”六个阶段组织项目教学实施，并以项目学习情境表、项目任务书和项目案例为指导。

1）资讯。明确工作任务和目的，明确成果的最终形式。主要通过听课、查阅项目任务单及有关资料、调研分析等前期工作，并经过讨论和交流，领会项目要求。

2）计划与决策。制订工作计划，确定实施方案。参考案例规程和框架，划分项目子模块，确定项目重点、难点、突破口、工作流程及方案论证；成员分工，经过老师审核，制订工作计划和项目实施方案。

3）实施。根据项目的工艺流程、功能要求、实施方案，指导项目开发、设计、安装、调试、运行工作；通过系统的集成工作，在老师指导下，项目的“工程”实施水到渠成。

4）检查与评价。学生各小组交互检查项目实施正确与否，老师检查项目实施正确与否，检查过程中进行提问；并进一步通过小组提交项目报告、演示、答辩等环节，以及教师引导和启发学生对项目拓展，以实现触类旁通，为职业能力可持续发展奠定基础。

（3）提交项目报告架构　为便于指导教学工作的开展，深入理解项目教学法精髓，项目报告架构表见表0-2。

表0-2　项目报告架构表

<table>
<tr><td>项目名称</td><td colspan="3"></td><td>项目类型</td><td></td></tr>
<tr><td>组长</td><td></td><td>提交附件</td><td></td><td>提交时间</td><td></td></tr>
<tr><td>教学资源</td><td colspan="5"></td></tr>
<tr><td>实施步骤</td><td colspan="5"></td></tr>
<tr><td>实施主要
内容及过程</td><td colspan="5"></td></tr>
<tr><td>问题及解决</td><td colspan="5"></td></tr>
<tr><td rowspan="6">组员分工和
评价</td><td>姓名</td><td>主要任务</td><td>组评分</td><td>项目总分</td><td>备注</td></tr>
<tr><td></td><td></td><td></td><td></td><td></td></tr>
<tr><td></td><td></td><td></td><td></td><td></td></tr>
<tr><td></td><td></td><td></td><td></td><td></td></tr>
<tr><td></td><td></td><td></td><td></td><td></td></tr>
<tr><td></td><td></td><td></td><td></td><td></td></tr>
<tr><td>老师评阅</td><td colspan="5"></td></tr>
</table>

（4）考核评价指标　课程考核采用项目过程考核和期末综合考核，评价采取小组评价、教师评价相结合的方式。小组评价负责本组成员的评价工作，其权重为40%，主要围绕完成项目贡献度、课堂纪律、劳动态度、合作意识等方面进行评价；教师评价针对全组的整体性评价结论，其权重为60%，主要围绕所提交报告和项目完成质量进行评价。根据评价标准、评价指标及权重指导评价工作，评价权重参见表0-3。根据教学项目特点分为两大类：报告性成果评价和工程应用性成果评价，其评价标准及权重分别参见表0-4和表0-5。

表 0-3 项目类型和评价权重表

序号	项目名称	评价成果类型	权重	学生项目记分
1	集散控制系统的基本常识	报告性成果	10%	（小组评价分×0.4+教师评价分×0.6）×项目权重
2	水箱液位双位监控系统的设计	工程应用性成果	10%	
3	锅炉液位恒定监控系统的设计与实现	工程应用性成果	20%	
4	浙江中控 DCS 及在锅炉温度监控系统中的应用	工程应用性成果	15%	
5	DCS 综合应用	报告性成果	10%	
6	综合考核	个体实操、答辩、考试	35%	教师完全评价

表 0-4 报告性成果评价指标及权重

序号	教师评价项目	权重	学生评价项目	权重
1	图形绘制质量	20%	课堂纪律	10%
2	接线安装规范化	20%	学习态度、安全文明	10%
3	操作应用能力	10%	合作、团队精神	10%
4	回答问题	20%	项目完成贡献度	50%
5	报告完成质量	20%	综合能力	20%
6	综合表现	10%		

表 0-5 工程应用性成果评价指标及权重

序号	教师评价项目	权重	学生评价项目	权重
1	方案分析设计	10%	课堂纪律	10%
2	硬件设计与安装	10%	学习态度、安全文明	10%
3	软件开发（设备、变量、工艺界面、报警趋势、控制策略等）	30%	合作、团队精神	10%
4	操作、调试、维护能力	20%	项目完成贡献度	50%
5	报告完成质量	10%	综合能力	20%
6	运行界面、控制质量	10%		
7	回答问题	10%		

项目1　集散控制系统的基本常识

1.1　项目基本情况

1.1.1　概况

初次接触集散控制系统（DCS），以老师讲解、示范操作和观看 DCS 应用工程案例视频为主，并结合自动控制原理相关知识指导学习。一方面，通过回顾自动控制系统概念、组成、控制原理，领会 DCS 的概念、原理及特点；其二，利用 A8000、A5300、A1000、THP-CAT-2FCS 等 DCS 实训平台及指导书加深对“DCS 硬件结构”理解，为完成后续教学项目奠定良好的基础。

1.1.2　项目目标

1. 主要学习内容

1） DCS 的基本概念、功能、硬件及软件体系结构。

2） A8000、A5300、A1000 DCS 实训平台的结构及功能。

3） DCS 的安装方法与规范。

4） A8000、A5300、A1000 的安装及接线。

2. 学习目标

根据项目主要学习内容，结合课程体系结构要求，其主要学习目标围绕：回顾自动控制原理相关知识及领会 DCS 的基本概念和体系结构、DCS 实训平台的结构及功能模块应用、DCS 的安装；下面从知识目标、专业技能目标和能力素质目标作进一步说明。

（1） 知识目标　主要包括：理解 DCS 的基本概念，理解 DCS 的硬件和软件体系结构，理解 DCS 的网络及通信，熟悉 A8000 等 DCS 实训平台的基本结构。

（2） 专业技能目标　主要包括：熟悉 DCS 实训平台的基本结构及功能模块应用，DCS 设备的安装与接线规范及技能，DCS 功能框图、逻辑结构图、安装接线图的绘制和读图技能。

（3） 逐步形成能力素质目标　主要包括：能够利用多种手段进行资料检索，按照要求将项目资料进行分析整理，理解项目教学流程，理论联系实践，实现概念和现场系统对接，培养沟通，交流和组织能力及分工协作团队意识。

1.1.3　项目要求和工作计划

项目要求通过项目任务书形式，为方案设计和具体实施工作提供指导，见表 1-1。

工作计划是目标和要求的细化、具体化，使组织、管理、目标实施更有效，根据项目目标和任务书，参照表 1-2 中的要点指导教学工作。

表 1-1 “集散控制系统的基本常识”项目任务书

项目名称:集散控制系统的基本常识	教学课时:6
教学资源:参考书、手册、课件、DCS 实训平台	组织形式:4～5 人/组
教学方法:讲解、示范演示、讨论、操作	考核方式:演示、报告
1. 学生要求 (1) 熟练利用各种方法查找资料 (2) 具有一定的自主学习能力 (3) 具有一定的专业知识和技能,尤其读图、绘图、安装接线技能 (4) 较好的文字表达交流能力	2. 教师要求 (1) 具有自动控制专业理论体系知识 (2) 具有自动控制专业的工程经验 (3) 良好的教学能力 (4) 熟悉 DCS 应用
3. 项目工艺要求	利用 A8000 DCS 实训平台结构和功能模块,熟悉 DCS 的安装与接线;通过此项目学习,基本理解 DCS 的基本概念、体系结构、模块内涵和实训系统安装、测试方法
4. 重点和难点	(1) A8000、A5300、A1000 DCS 实训平台结构及功能 (2) DCS 系统安装、接线 (3) DCS 硬件和软件体系结构及功能 (4) DCS 网络和通信

表 1-2 “集散控制系统的基本常识”项目工作计划表

项目名称	集散控制系统的基本常识		总课时:6 学时
组长:	组别:	成员:	
步骤课时	工作过程摘要		
1. 资讯(2 学时)	(1) 阅读项目任务书 (2) 查阅、复习自动控制系统相关基础知识 (3) 了解 DCS 的概念和基本功能情况 (4) 了解 DCS 系统的安装步骤 (5) 观看项目案例视频		
2. 计划及决策(1 学时)	(1)小组成员分工 (2)项目实施要素:项目分析、设备平台,安装方法与规范 (3)项目实施进度 (4)经讨论、审核制订实施方案		
3. 实施(3 学时)	(1) 认知 A8000、A1000 等实训平台器件的选择、型号、规格 (2) 查阅有关器件的安装方法 (3) 在 A8000、A1000 等实训平台上正确安装有关器件 (4) 检查器件是否安装正确 (5) 根据项目要求,完成接线 (6) 检查线路是否连接正确 (7) 测试、验证、整改		
4. 检查与评价	(1) 学生自查 (2) 学生实际操作 (3) 提交项目报告 (4) 教师点评总结		
5. 拓展	自主学习		

1.2 DCS的基本概念

1.2.1 自动控制系统回顾

自动控制，就是在没有人直接参与的情况下，利用外加的设备或装置（控制装置），使机器、设备或生产过程（控制对象）的某个工作状态或参数（被控量）自动地按照预定的规律运行。实现自动控制作用的系统称为自动控制系统，根据自动控制系统是否包含反馈环节，其基本控制方式分为三大类：开环控制、闭环控制、复合控制。开环控制就是控制装置与被控对象之间只有顺向作用而无反向联系的控制方式；闭环控制通过引入反馈环节，使控制装置与被控对象之间既有顺向作用又有反向联系的控制方式；复合控制在闭环控制的基础上，又引入了前馈补偿控制。根据系统中信号形式又可分为连续控制系统和离散控制系统，连续控制系统中各部分的信号都是连续时间变量的函数；控制系统中只要存在一处的信号脉冲序列或数码时，该系统为离散控制系统，在集散控制系统中采用离散控制系统；下面基于常用的闭环控制系统作简要说明。

1. 典型自动控制系统的原理框图

1）自动控制系统的原理框图如图1-1所示。自动控制系统由控制器、执行器、变送器和被控对象组成，控制系统的主要任务是：对生产过程中的重要参数（温度、压力、流量、物位、成分、湿度等）进行控制，使其保持恒定或按一定规律变化。

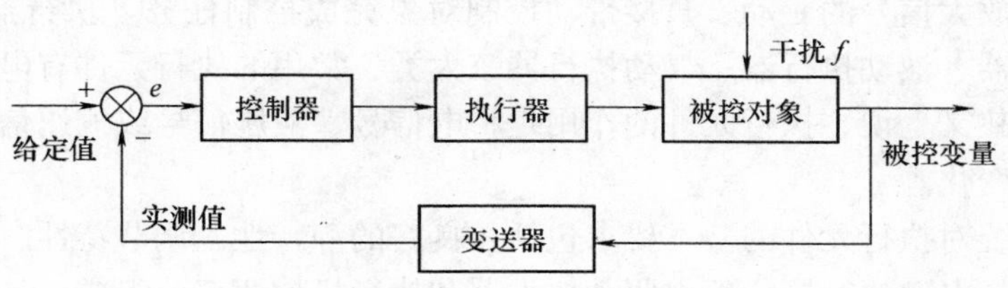

图1-1　自动控制系统的原理框图

2）计算机闭环控制系统结构图。计算机控制系统就是应用计算机参与控制，并借助一些辅助部件与被控对象相联系以获得一定控制目的而构成的系统。计算机闭环控制系统的原理框图如图1-2所示，计算机闭环控制系统的硬件一般由计算机、D-A和A-D（数-模和模-数）转换器、执行机构、被控对象和检测机构等组成。

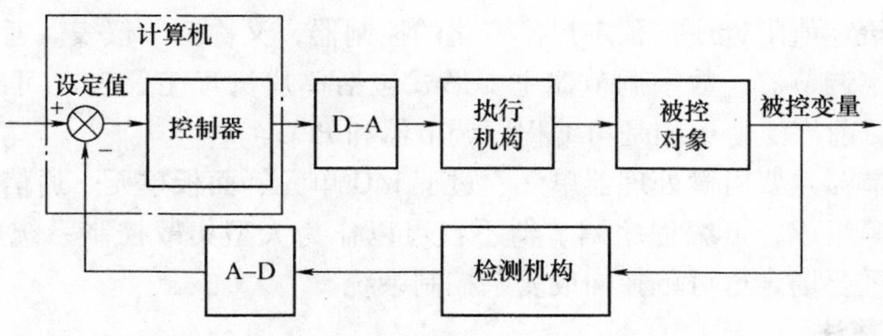

图1-2　计算机闭环控制系统的原理框图

2. 自动控制系统的基本组成

（1）传感器及变送器　传感器是将被测量（如物理量、化学量、生物量等）变换成另一种与之有确定对应关系的、便于测量的量（通常是电物理量）的装置。传感器类型众多，可从不同角度进行分类。如按用途分类：有机械量传感器（如位移传感器、力传感器、速度传感器、加速度传感器、应变传感器等）和热工量传感器（如温度传感器、压力传感器、流量传感器、液位传感器等），此外还有各种化学传感器、生物量传感器、光电传感器等。如按输出形式分类，可分为数字量、模拟量、开关量等类型。如按物理量原理分类，可分为电参量式传感器（包括电阻式、电感式、电容式三种基本形式）、磁电式传感器（包括磁电感应式、霍尔式等）、光电式传感器（包括光栅式、激光式、光电码盘式、光导纤维式、红外式、摄像式等）和其他各种类型的传感器（如压电式、气电式、热电式、超声波式、微波式、射线式和半导体式等）。

对传感器中的检测元件的一般要求有可靠性、量程、精确度、灵敏度、分辨率、线性度和动态指标、能耗、抗干扰能力和价格，以及检测元件对被测对象的影响等。传统的传感器一般需要续接变送器，现在很多传感器和变送器集成为一体，而且新型传感器已朝着智能化、网络化方向发展。传感器及变送器是集散控制系统中现场控制级主要设备之一，传感器还有结构、工作原理、选型、安装、调试、维护及检定等相关知识，可查阅相关资料学习。

（2）执行器　所谓执行器（执行装置）就是“把控制器所输出的控制量，经电、液压和气压等各种能源的能量转换成旋转运动、直线运动等方式的机械能的装置”；简言之就是将控制器的输出转化为对被操作对象的实际动作的设备。执行器由执行元件和辅助部件组成，执行元件受放大信号的驱动，直接带动控制对象完成控制任务。执行器就其能源性质，可分为电动执行器、液动执行器、气动执行器三大类；常用的执行元件有电动机、液压马达和气动马达。从狭义上说，执行元件的作用是将电信号、液压信号或气压信号转换成机械位移、速度等量的变化。

自动控制系统对执行元件的基本要求包括：良好的静特性、调节特性、机械特性及快速响应的动态特性。电动执行器一般由驱动放大器和执行机构两部分组成；气动执行器、液动执行器由执行机构和调节阀两部分组成，调节阀类型有插板阀、电磁阀、单座及双座控制阀、隔膜控制阀、蝶阀、球阀、旋转阀和套筒阀。传统的执行器接收标准的模拟信号，新型的执行器朝着数字化、智能化、网络化方向发展，以适应集散控制系统和现场总线控制系统新技术的发展和应用。

（3）控制器　所谓控制器（调节器）是将生产过程参数的测量值与给定值进行比较，得出偏差后根据一定的数学运算处理（或控制规律）产生输出信号推动执行器消除偏差量，使该参数保持在给定值附近或按预定规律变化的控制器，又称调节仪表。通常，调节器分为模拟调节器和数字调节器，数字调节器主要形式包括单片机智能仪表（可编程序调节器）、PLC 和计算机，目前广泛使用的是可编程序调节器和 PLC。

可编程序调节器主要由微处理器单元、过程 I/O 单元、面板单元、通信单元、人机接口单元和编程单元等组成，可编程序调节器不仅可以作为大型集散控制系统中低层的控制单元，而且在一些重要场合也可单独构成复杂控制系统。

3. PID 控制算法

（1）理想 PID 控制算法　所谓控制规律，其实质就是控制量与输入偏差量两者的数学运算关系，习惯上，把用于实现控制规律的设备或装置称之为调节器或控制器。实现偏差的比例、积分和微分运算的控制规律，称为PID控制，是控制系统中应用最广泛的一种控制规律。在系统中引入偏差的比例控制，以保证系统的快速性；引入偏差的积分控制以提高控制精度；引入偏差的微分控制来消除系统惯性的影响，其原理如图1-3所示。

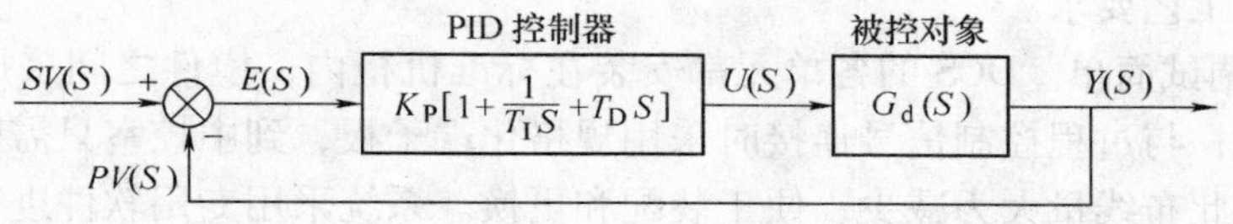

图1-3 PID控制原理

（2）PID控制器 PID控制器的整定参数有三个，即比例度σ、积分时间T_I和微分时间T_D，只要根据被控对象的特性，三者适当配合，就能充分发挥三种控制方式的各自优点，较好地满足生产过程自动控制的要求。如果把PID控制器的微分时间T_D调到零，就变成了PI控制器；如果把积分时间T_I调到∞，就变成了一个PD控制器，不同控制规律适用于不同控制场合。

PID控制规律的实现方法，对模拟控制系统而言，主要由运算放大器为核心的电路以硬件的形式来实现；而对计算机控制系统，主要采用灵活的编程软件实现。就DCS应用而言，重点在于掌握利用系统自带的PID模块组态和PID有关参数的整定方法，结合趋势曲线和自动控制性能指标要求，现场调试PID参数，满足用户工艺控制要求。

1.2.2 DCS的概念和基本功能

1. 定义及作用

集散控制系统（Distributed Control System，DCS）是以多台微处理器为基础，对生产过程实行集中监视、集中操作、集中管理和分散控制的一种全新的分布式计算机控制系统。集散控制系统是控制技术、计算机技术、通信技术、图形显示技术和网络技术相结合的产物，是一种操作显示集中、控制功能分散、采用分级分层体系结构、局部网络通信的计算机综合控制系统，其目的在于控制、管理复杂的生产过程或整个企业。

2. 特点及引入必要性

集散控制系统与常规模拟仪表及集中型计算机控制系统相比，具有下述几方面特点。

1）结构相同或类似，系统结构灵活。从总体结构上看，DCS分为通信网络和工作站两大部分，各工作站通过通信网络互连构成一个完整的系统。对一个规模庞大、结构复杂、功能全面的现代化生产过程控制系统，按系统体系结构垂直方向分解为现场控制级、过程控制级（控制站）、过程管理级（操作员站/工程师站）、经营管理级，各级相互独立又相互联系。工作站采用标准化和系列化设计，硬件采用积木式搭接方式配置，软件采用模块化设计，系统采用组态方法构成各种控制回路，用户可根据工程对象要求，对方案和系统规模进行修改。

2）操作管理简便。DCS为操作和管理人员提供了功能强大和友好的人机界面（HMI），方便监视生产装置运行状况、快捷地操控各种设备，并提供所需的信息。

3）控制功能丰富。DCS提供丰富的功能软件包，可以进行连续的反馈控制、间断的批量控制和顺序逻辑控制，可以完成简单控制和复杂的多变量模型优化控制，可以执行 PID 运算和 Smith 预估补偿等多种控制运算，并具有多种信号报警，安全联锁保护和自动停车等功能。DCS 设计了使用方便的面向用户的编程软件，为用户提供了数百种常用的运算和控制模块，控制工程师只需在工程师站上按照系统的控制方案，从中选择模块，进行控制系统的组态，满足用户工艺要求。

4）安装、调试简单。DCS 的各单元都安装在标准机柜内，模件之间采用多芯电缆、标准化接插件相连；与过程控制信号连接时采用规格化端子板，到中控室只需敷设同轴电缆进行数据传输，因此布线量大为减少，便于装配和更换。系统采用专用软件进行调试，并具有强大的自诊断功能，为维护工作提供了极大的便利。

5）信息资源共享。DCS 采用通信网络把物理分散的设备及各工作站构成为统一的整体，实现数据、指令、状态的传输，使整个系统信息、资源共享。通信网络是分散型控制系统的神经中枢，它将物理上分散配置的多台智能设备有机地连接起来，实现了相互协调、资源共享的集中管理。由于通信距离长和速度快，可满足大型企业的数据通信，满足实时控制和管理的需求。

6）安全可靠性高。DCS 在设计、制造时，采用了多种可靠性技术。重要硬件采用冗余技术，操作员站、控制站和通信线路采用双重化等配置方式。软件采用程序分段、模块化设计和容错技术。系统各单元具有强有力的自诊断、自检查、故障报警和隔离等功能。

7）采用分级递阶结构，兼顾分散性和集中性。

①不单是分散控制，还涵盖地域分散、设备分散、功能分散和危险分散多方面。分散的目的是为了使危险分散，进而提高系统的可靠性和安全性；DCS 硬件积木化和软件模块化是分散性的具体体现。

②DCS 的集中性是指集中监视、集中操作和集中管理。DCS 通信网络和分布式数据库是集中性的具体体现，用通信网络把物理分散的设备构成统一的整体，用分布式数据库实现全系统的信息集成，进而达到信息共享。

总之，由于 DCS 具有分散性和集中性、灵活性和扩展性、先进性和继承性、可靠性和适应性、友好性和新颖性等方面的突出优点，集散控制系统自问世以来，发展异常迅速，几经更新换代，技术性能日臻完善，并以其技术先进、性能可靠、构成灵活、操作简便、高效率等特点，赢得了广大用户，已被广泛应用于石油、化工、电力、冶金、轻工、建材、交通、国防等领域。

3. 发展趋势

自从美国 Honeywell 公司在 1975 年率先推出第一套集散控制系统 TDC-2000，集散控制系统在不断发展更新。计算机技术、网络技术、控制技术、大规模集成电路技术、通信技术和图形显示技术、多媒体技术、人工智能技术及其他高新技术的发展为 DCS 在工业控制系统中的应用和发展提供了技术基础，DCS 已经成为工业过程控制中不可缺少的工具。DCS 的出现符合现代工业向大型化、集成化方向发展的需要，对工业自动化的发展起了革命性的推动作用，是控制技术发展的里程碑。尤其随着智能控制理论及控制技术的不断发展完善，预测控制、软测量技术、模糊控制、智能网络、神经网络、自适应控制、自诊断技术等前沿成果得到深化应用。

集散控制系统已经进入了新的发展时期，现场总线的应用使集散控制系统以全数字化的崭新面貌出现在工业生产过程广阔的舞台上；而工厂信息网和互联网的应用使集散控制系统的集中管理功能有了用武之地，管控一体化将使产品的质量和产量提高，成本和能耗下降，从而使经济效益明显提高。集散控制系统将向着两个方向发展：一个方向是向着大型化的计算机集成制造系统（CIMS）、计算机集成过程系统（CIPS）发展；另一个方向则是向小型化的方向发展。

DCS基于硬件和软件不断发展，DCS的发展趋势体现在：①从控制层向管理层延伸，将DCS与MES、ERP结合；②应用现场总线技术和工业以太网技术，拓展开放性，在系统中接入不同的子系统；③融入PLC，发展混合控制器，提高性价比；④先进控制理论及技术日益广泛。总之，DCS将继续向着提高系统的安全性、可靠性、控制精度、可操作性、可维护性、可移植性、开放性、智能性全方位发展。

4. 集散控制系统的基本组成

集散控制系统是采用标准化、模块化和系列化设计，一个最基本的DCS应包括四个大的组成部分：至少一台现场控制站；至少一台操作员站；一台工程师站（操作员站与工程师站可共用）；系统通信网络。一个典型的DCS组成结构示意图如图1-4所示。

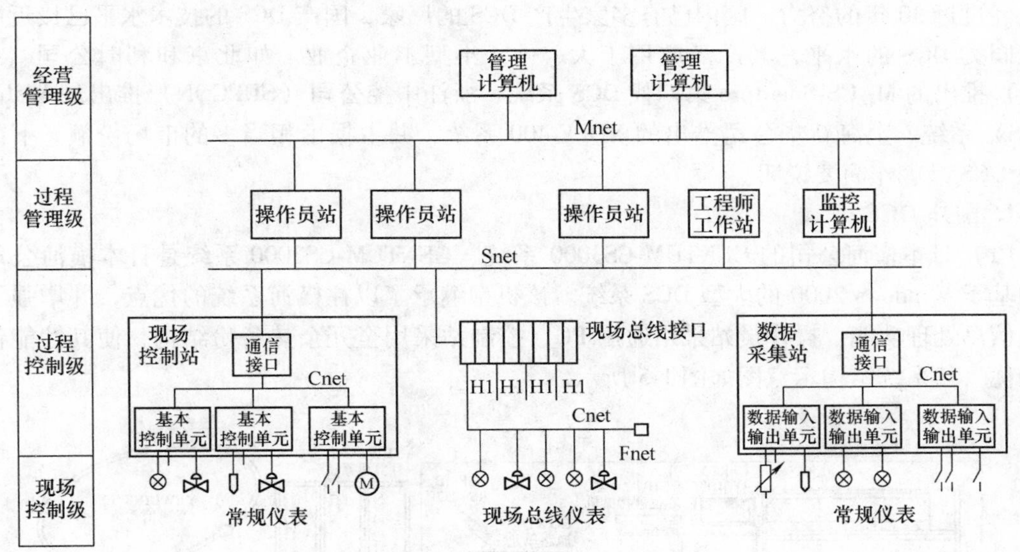

图1-4 典型DCS组成结构示意图

（1）现场控制站（过程控制级） 现场控制站位于DCS系统的底层，是DCS的核心部分，用于实现各种现场物理信号的输入和处理，实现各种实时控制的运算和输出。在生产过程的闭环控制中，可控制单个、数个至数十个回路，另外，还可进行顺序、逻辑和批量控制功能。

（2）操作员站（过程管理级） 在操作员站运行实时监控程序，DCS操作员对整个系统进行监视和控制。操作员站是集散系统的操作人员与现场生产过程的接口装置，实现监视、操作、管理、打印等功能。

（3）工程师站（过程管理级） 工程师站主要是技术人员与控制系统的人机接口，工程师站为DCS工程师提供了一个灵活的、功能齐全的工作平台，通过组态软件来实现用户所要求的各种控制策略及操作员站的监控界面；小型DCS的工程师站可以用一个操作员站代替。

(4) 通信网络　是一种具有高速通信能力的信息总线，一般由双绞线、同轴电缆或光导纤维构成。它将现场控制站、操作员站和管理计算机等连成一个完整的系统，以一定的速率在各单元之间传输信息。

(5) 管理计算机（经营管理级）　管理计算机是集散控制系统的主机，习惯上称它为上位机。它综合监视整个系统的各单元，管理全系统的所有信息，具有进行大型复杂运算的能力以及多输入、多输出控制功能，以实现系统的最优控制和全厂的优化管理。

1.2.3　主流集散控制系统简介

目前世界上大约有十几个国家，共有 60 多个公司推出自己开发的 DCS 系统，型号众多，自成一体，用途也各有侧重。目前国内市场上的 DCS 供应商近 20 家，可分为欧美品牌、日系品牌、国内品牌几个集群，美国的霍尼威尔（Honeywell）、福克斯波罗（Foxboro）、ABB、日本的横河（Yokogawa）、德国的西门子（Siemens）等众多世界知名的电气公司纷纷不断推出各具特色、具有代表性的各类集散控制系统。

经过近 30 年的努力，国内已有多家生产 DCS 的厂家，国产 DCS 的技术水平已接近国外厂家同类 DCS 的水平，其产品应用于大、中、小型工业企业。如北京和利时公司（Hollysys）推出的 MACS-Smartpro 第四代 DCS 系统、浙江中控公司（SUPCON）推出的 Webfield（ECS）系统、上海新华公司推出的 XDPF-400 系统，并占据了相当多的市场份额。下面对主流 DCS 品牌作简要说明。

1. 国外 DCS

(1) 日本横河公司的 CENTUM-CS3000 系统　CENTUM-CS3000 系统是日本横河公司推出的基于 Windows 2000 的大型 DCS 系统。该机型继承了以往横河系统的优点，并增强了网络及信息处理功能。操作员站采用通用 PC，控制站采用全冗余热备份结构，使其性能价格比最优。其系统结构示意图如图 1-5 所示。

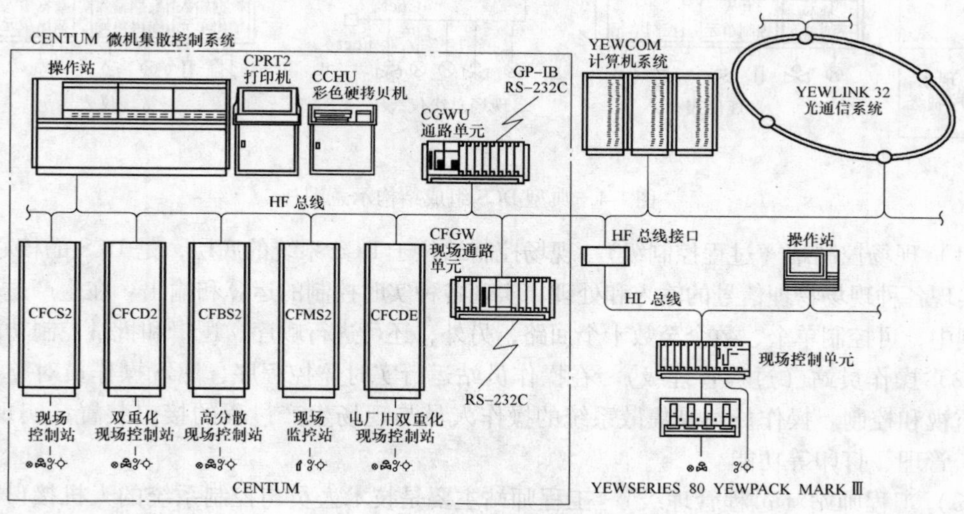

图 1-5　CENTUM 系统结构示意图

（2）Honeywell 公司的 TDC-3000 系统　TDC-3000 系统是美国 Honeywell 公司继世界上首套 DCS 系统 TDC-2000 之后推出的新一代 DCS 系统，在全球范围内得到了广泛的应用。TDC-3000 系统的结构示意图如图 1-6 所示。TDC-3000 系统的主要特点是：具有开放性、人机接口功能强、过程接口功能广泛、工厂综合管理控制一体化、系统安全可靠、维护方便。

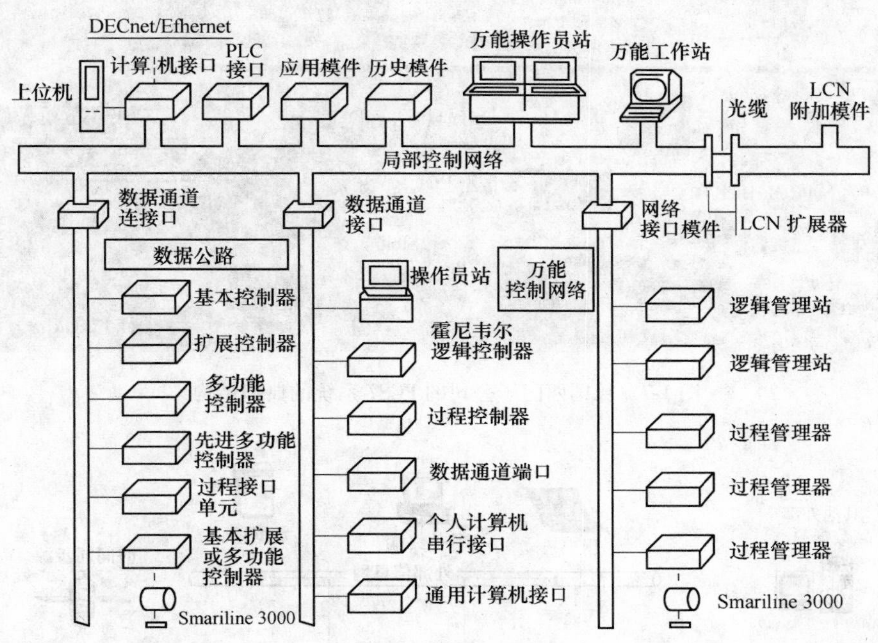

图 1-6　TDC-3000 系统的结构示意图

（3）德国西门子（Siemens）公司的 PCS7 系统　PCS 7 系统是完全无缝集成的自动化解决方案，可以应用于所有工业领域，包括过程工业、制造工业、混合工业以及工业所涉及的所有制造和过程自动化产品。作为先进的过程控制系统，PCS7 系统形成了一个带有典型过程组态特征的全集成系统，其典型结构如图 1-7 所示。

2. 国内 DCS

（1）浙江中控（http：//www. supconit. com/）　浙江中控集团始创于 1993 年，是中国领先的自动化与信息化技术、产品与解决方案供应商，业务涉及流程工业综合自动化、公用工程信息化、装备工业自动化等领域。目前，中控集团设有 9 家子公司、1 家研究院、17 家分公司、3 家海外分支机构。下面以浙江中控 JX-300XP 系统为例作进一步说明。

JX-300XP DCS 是浙江中控自动化有限公司在 JX-100、JX-200、JX-300 基础上，经不断完善、提高而全新设计的新一代全数字化 DCS，能适应更广泛更复杂的应用要求，已成为一个全数字化、结构灵活、功能完善的开放式集散控制系统，其总体结构示意如图 1-8 所示。

（2）和利时（www. hollysys. com）　北京和利时 DCS 偏重于电力系统方面的应用，在电力方面应该是国产系统中最优秀的，从销售到研发以及整体实力是目前国产品牌中最好的。HOLLiAS MACS 系列分布式控制系统是和利时公司在总结十多年用户需求和多行业的应用特

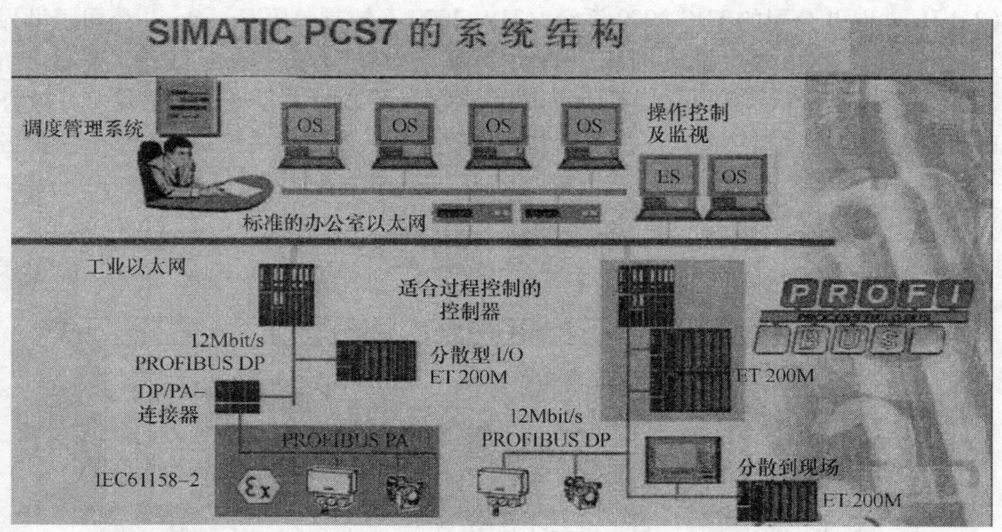

图 1-7 德国西门子公司的 PCS7 系统的典型结构

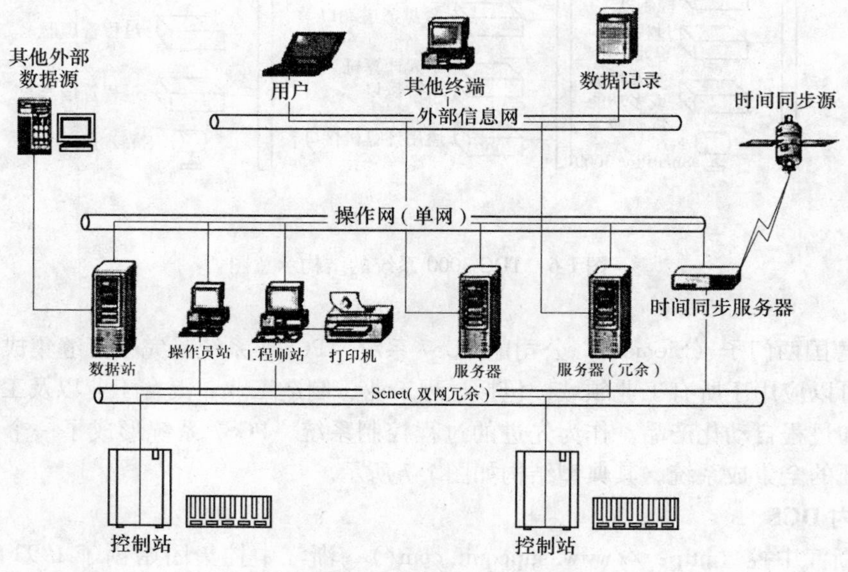

图 1-8 JX-300XP DCS 的总体结构示意图

点、积累三代 DCS 系统开发应用的基础上，全面继承以往系统的高可靠性和实用性，综合自身核心技术与国际先进技术而推出的新一代 DCS，目前包括两种型号的系统：HOLLiAS MACS-F 和 HOLLiAS MACS-S 系统。HOLLiAS MACS-F 系统适合于中大型项目（2 万个物理点以内），结构上为高密度安装，单机柜含端子可达 1056 点。HOLLiAS MACS-S 系统适合于大型或超大型项目（10 万个物理点以内），结构上安装密度适中，单机柜含端子可达 720 点。

（3）上海新华（http：//www. xinhuagroup. com） 新华公司原来是国产 DCS 的佼佼者，

后来卖给了美国GE公司。新华集团在火电厂DEH（汽轮机数字电液控制系统）和DCS业务具有一定优势，业绩涵盖了300MW等级及以上大型机组、200MW等级及以下中小机组、垃圾焚烧发电、余热发电及循环流化床机组的DAS、MCS、SCS、FSSS、ECS、DEH、ETS、MEH、ATC、SIS、辅机控制、脱硫控制、脱硝控制等自动化控制系统。

上海新华公司的XDC800是一款高品质的DCS控制系统，它以32位CPU组成的新华控制器XCU为核心，配置标准的以太网和现场总线，构成环形网络结构或星形网络结构的通信网络，运行新华集团公司开发的OnXDC可视化图形组态软件，是工业过程控制、流程工业控制系统的技术平台。系统控制功能分散、管理集中，集数据采集、过程控制、管理于一体，是一个全集成的、结构完整、功能完善、面向整个生产过程的先进过程控制系统，并取得CE、FCC、TüV和SIL3认证，可作为数字化电厂的硬件平台。XDC800已成功推向了海外市场，用于苏丹富拉3*135MW机组DCS、DEH、MEH、SIS一体化控制系统等。

（4）国电智深　北京国电智深控制技术有限公司成立于2002年初，由中国电力科学研究院和国电科技环保集团公司共同投资组建。北京国电智深控制技术有限公司专门从事电厂自动化系统开发、制造、设计与工程服务。实行工程和开发并重、相互借鉴和促进的技术路线，自主开发了EDPF-NT系列及GD99分散控制系统、DEH（汽轮机数字电液控制系统）、电厂仿真系统、SIS（电厂实时信息管理系统）等产品，拥有多项专利技术，已经完成了500余台火电机组的自动化工程项目。

EDPF-NT系统是一个融计算机、网络、数据库和自动控制技术为一体的工业自动化产品，并具有自主知识产权；能完全实现控制与信息一体化设计，具有开放式结构和良好的硬件兼容性和软件的可扩展性。可应用于火电站、水电站、冶金、化工、造纸等行业的分散控制和过程自动化控制和信息监视与管理。EDPF-NT系统适用于大型、复杂的工业过程控制应用，通过裁减，也非常适用于小规模应用的要求。

1.2.4　工程案例演示

为了对集散控制系统有整体概念性、直观的认识，播放所搜集的集散控制系统工程案例视频和动画案例，如集散控制系统在刨花板生产企业中的应用、PCS7系统在轧钢企业中的应用、DCS工程师等视频。另外，通过课程资源库或自主寻找DCS工程案例，以加深对DCS实用价值的认同；下面以“浙江中控公司的DCS系统在热电项目中的应用”作进一步说明。该DCS系统由管理计算机、工程师站、操作员站、网络、现场控制站构成，其布局如图1-9所示，采用浙江中控公司的WebField ECS-100系统。

1. 系统硬件介绍

此控制系统中ES（工程师站）和OS（操作员站）为一个层次，控制站为一个层次，通过网络把它们互联起来。ES、OS和控制站等设备上面都安装有网卡，通过交换机进行实时数据交换；控制站每套系统的CPU、电源和通信都是冗余的，既保证了控制的安全性、可靠性，又保证了控制反应速度。利用FW244接口卡实现与PLC系统对接，提升系统拓展性。在控制站中利用I/O模板与现场设备如压力变送器、温度变送器、流量变送器等进行数据交换，实现采集数据和控制执行设备的功能。

2. 系统软件介绍

在软件方面，主要包括操作系统、组态软件和应用软件等。操作系统选用成熟稳定的

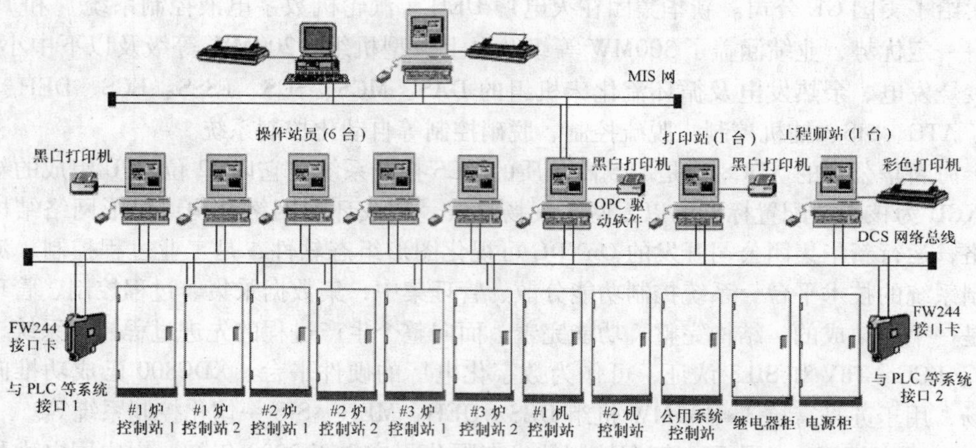

图 1-9　DCS 系统在热电项目中的应用布局

Windows 系统；浙江中控集成软件包分为下述三类。

（1）组态软件包　包括硬件组态软件 SConfig、语言编程软件 SProgram 和图形化编程软件 SControl。

（2）实时监控软件包　包括实时监控软件 SView、I/O 驱动服务器 Slink 和回路调整软件 Sloop。

（3）维护软件包　包括故障分析软件 SDiagnose 和 SOE 事件查看软件 SSOE。

应用软件指的是利用组态软件，根据具体工艺状况和现场设备控制要求所开发的软件，包括通常的组态（如 PID 控制、模拟量值的监控、设备状态的监控、报警监控）和较为复杂的脚本程序。对于操作员来说，我们通常看到和操作的是 OS 上的工艺状况画面和各种实时的数据，只有具有工程师权限的人员才能查看和修改组态过程的控制策略、工艺状况画面和网络的实时监测等功能。

1.3　DCS 实训平台的基本结构

北京华晟公司研发的 A8000 实训平台集可编程序控制器、编程软件、工控组态软件、模拟对象实验板、小型过程控制和运动控制对象、微处理器仿真对象、真实工业对象等于一体，整个系统既能进行验证性、设计性实验，又能提供综合性实验，以及为研究开发提供实验平台，可满足不同层次的教学实验要求。A8000 不仅是后续项目学习的基础，对其他类似 DCS 平台学习和应用同样具有启发。A1000 和 A5300 测控系统平台作为 DCS 的现场级也具有广泛的代表性。下面对它们作概要性介绍，具体应用可进一步参考指导书及厂家手册资料。

1.3.1　A8000 DCS 实训平台概况

1. A8000 DCS 实训平台总体框图

A8000 DCS 实训平台以西门子 LOGO 控制器、S7-200、S7-300 PLC 为核心，集可编程序控制器、编程软件、工控组态软件、模拟控制实验板、触摸屏、控制对象于一体，其外形及布局如图1-10所示。利用A8000实训平台可以完成基本的温度控制、直流电动机控制、步进电动机控制等实验，适合于学习组态软件、控制系统调节以及控制器编程，也非常适合进行控制算法研究，其总体结构框图如图1-11所示。整个系统结构紧凑、功能多样、使用方便。下面按照各模块所处位置，对其结构和功能作简要说明。

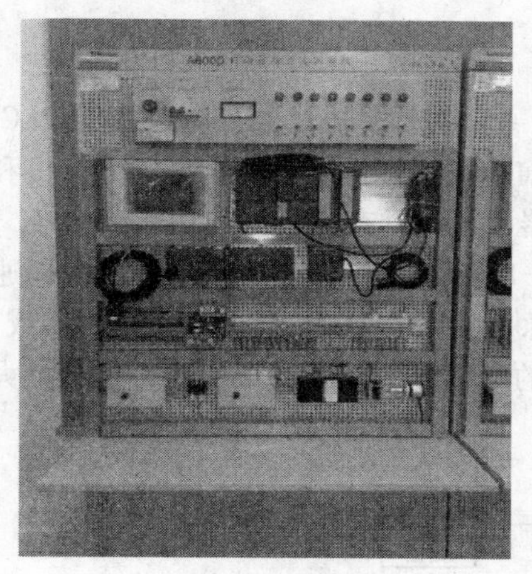

图1-10　A8000实训平台布局

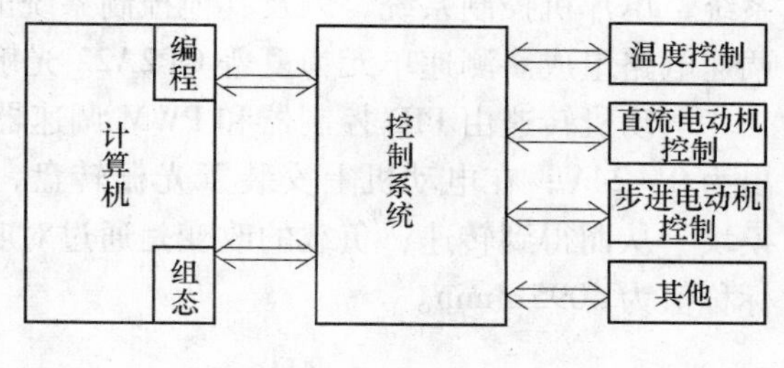

图1-11　A8000 DCS实训平台的总体框图

在实训平台的最上方是配电部分，包括电流保护器、指示灯和电压表；8个指示灯和8个拨码开关，其中4个拨码开关用于切断控制器电源。指示灯高电平有效，拨码开关输出高电平。如果控制器低电平有效，则需改接拨码开关回路，使其输出为低电平有效。如果控制器输出为OC输出，则指示灯需要低电平驱动，为此也需改接回路。

中间部分安装TP270触摸屏、S7-300、S7-200 PLC和LOGO控制器。实训平台下方偏上部分是接线端子，左边的A8000A用于连接外部的A1000/A5300，然后是A1002 PWM/FV转换模块，最后是端子排。为了方便接线，被控对象的接线都接在端子排的下侧。用户根据实验内容需要，只需在端子排上侧接线，非常方便。最下面是温度控制模块、直流电动机转速控制模块、步进电动机控制模块，根据需要还可以扩展其他控制模块。

A8000系统也提供了过程自动化控制对象：标准2～10V、1～5V、4～20mA电气参数接口，提供了运动控制系统、PWM输出控制、脉冲计数器输入、步进驱动；另外，还提供了PROFIBUS-DP或TCP/IP通信模块及端口。

2. A8000 DCS实训平台特点

（1）可提供很多真实对象　A8000实训平台提供了多个真实模型，包括小型的直流电动机控制系统、温度控制系统、变频器调速控制系统、机械手、立体仓库等。还可以与华晟公司A1000、A2000、A3000、A5300等过程控制仿真系统匹配，满足平台的综合性、实用性要求。

（2）先进的功能、工程化应用　实验对象包括了实际工程的典型应用，可以提供HMI（人机界面）触摸屏、DCS硬件与软件组态、PLC软件开发、总线组网等。提供数字DI/DO、模拟AI/AO接口，被控模型配套的检测变送器、驱动、执行机构等；既可组态常规PID控制策略实现单回路或串级控制，也可组态复杂控制策略实现智能控制。

（3）丰富的软件　该实验装置配备编程调试软件、对象控制工程案例项目、HMI 组态软件、组态监控软件、对象仿真软件等一系列丰富的软件。另外，根据教学需要，提供多媒体教学课件、实验管理辅助软件，以及动画视频资源。

1.3.2　A8000 的功能模块

1. 控制对象

（1）A8051 直流电动机调速模块　本模块作为一个小型控制对象，可以用于 PLC 控制系统、单片机控制系统，以及其他控制系统的教学演示。系统主要由两个直流电动机和直流调速电路组成。测速单元为夏普 GP2A22 光敏传感器，系统具有加负载的功能。

电动机转速由 PID 控制器和 PWM 调速器控制，PWM 的控制信号为 2 ~ 10V，调速器输出为 0 ~ 24V；在电动机上安装了光栅转盘，发送脉冲信号，脉冲进入 PLC 控制器或 PWM 模块，从而得到转速；负载的改变是通过对吹风机的串联电阻的改变来实现，空载最大转速标称值为 4095r/min。

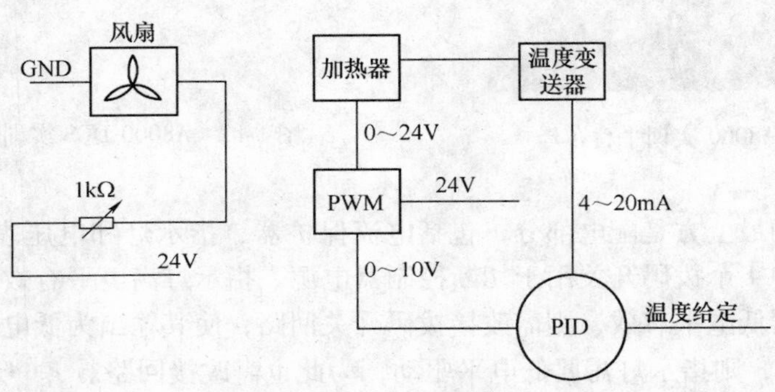

图 1-12　电气原理图

（2）A8052 温度可变负载控制模块　本模块作为一个小型控制对象，既可以用于 PLC 控制系统，也可作为 DCS 的现场控制级。系统主要由加热器（带 PT100）、温度变送器和 PWM 调压电路组成，系统电气原理控制如图 1-12 所示。

利用 PID 控制器实现自动调节温度，PID 控制器可采用 PLC 的 PID 指令或组态软件 PID 模块。风扇的目的是加快散热速度，采用向加热单元吹风的模式，可以通过手动调节风扇来调整负载大小。由于系统的温度上升容易，而下降困难，所以散热风扇一般都要开启。

温度检测变送设备采用三线制的 PT100 温度传感器，如图 1-13a 所示；温度变送器为两线制，24V 直流供电，如图 1-13b 所示。

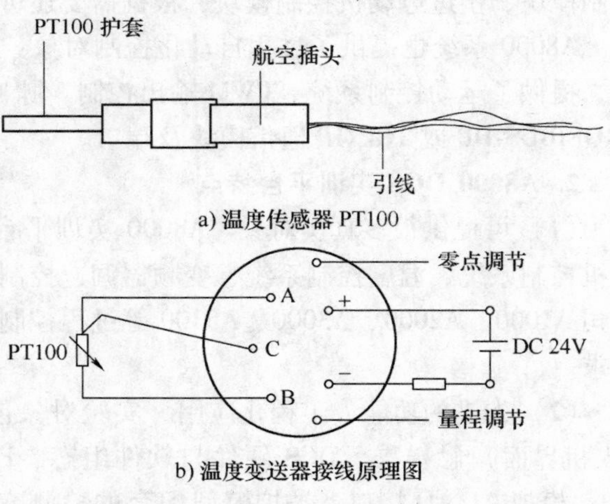

图 1-13　温度检测变送设备

（3）步进电动机控制模块　本模块作为一个小型控制对象，可以用于PLC控制系统、单片机控制系统，以及DCS的现场控制级。系统主要由步进电动机、光电编码器、直流调速电路控制器组成。注意对于24V输出的控制器，需要串一个2k～10kΩ限流电阻，其接线原理示意如图1-14所示。

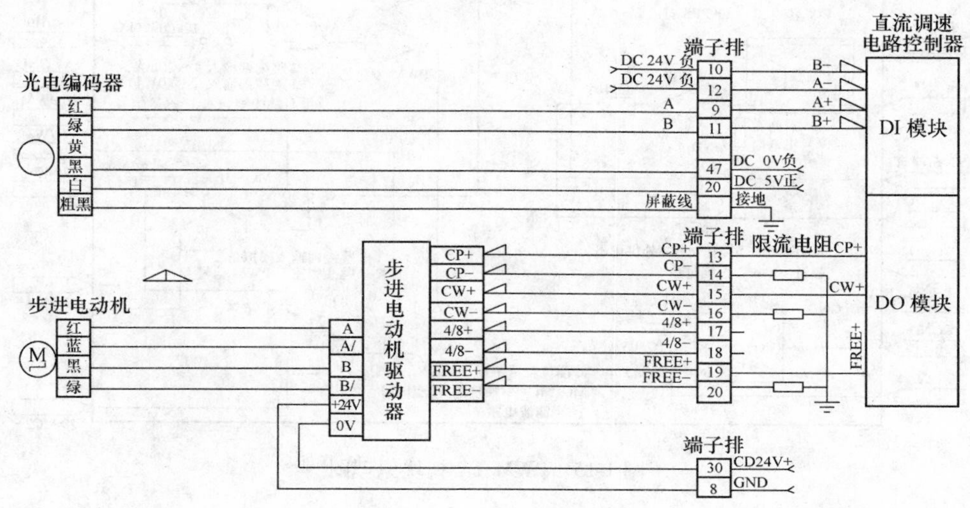

图1-14　步进电动机控制模块接线原理

（4）A1002 PWM/FV模块　A1002 PWM/FV模块功能众多，主要包括：①把DC2～10V或DC4～20mA模拟控制输入转换为0～24V的PWM工作电压输出给负载，模块作为控制信号的驱动放大环节使用；②把数字脉冲信号转换为DC2～10V模拟电压输出，作为电动机测速环节使用；③输出5V或者12V直流电源，为传感器或其他模块供电。

A1002 PWM/FV模块基本特性：2路PWM信号输出，驱动能力5A、24V，特殊情况可以作为DO或者AO输出；2路DI，可用于F/V转换，支持高电平或者低电平输入；2路AI，输入对应0/2～10V、0/1～5V、4～20mA，通过跳线设置；2路AO，输出0～10V，驱动负载500Ω。本模块可以大量用于A1000小型过程控制实验系统、A8000的小型对象、变频调速的测速、变频器实训平台的刹车电压调节等，其原理图如图1-15所示。

MC1+和MC2+分别接负载1和负载2的负端，两个负载正端接开关电源+24V端；MC-端子必须单独引线接到开关电源的地，不能串成一根接地。如果需要测试MC1的电压，需要把负载改为1k～100kΩ的电阻，然后测量MC1+和地之间的电压。

2. 控制器

（1）LOGO控制器　LOGO是西门子公司研制的通用逻辑模块，可集成：控制功能、操作和显示面板、电源、用于扩展模块的接口、用于程序模块（插卡）的接口和PC电缆、预组态的标准功能（例如接通断开延时继电器、脉冲继电器和软键）、定时器、数字量和模拟量标志、输入和输出（取决于设备的类型）。LOGO控制器可以应用于各种自动化系统。基于LOGO的PLC由主机、输入/输出接口、电源、模块扩展接口和外部设备接口、计算机编程软件等几个主要部分组成。

LOGO可在家庭和安装工程中使用（例如用于楼梯照明、室外照明、遮阳篷、百叶窗、商店橱窗照明等），亦可在开关柜和机电设备中使用（例如门控制系统、空调系统、或雨水

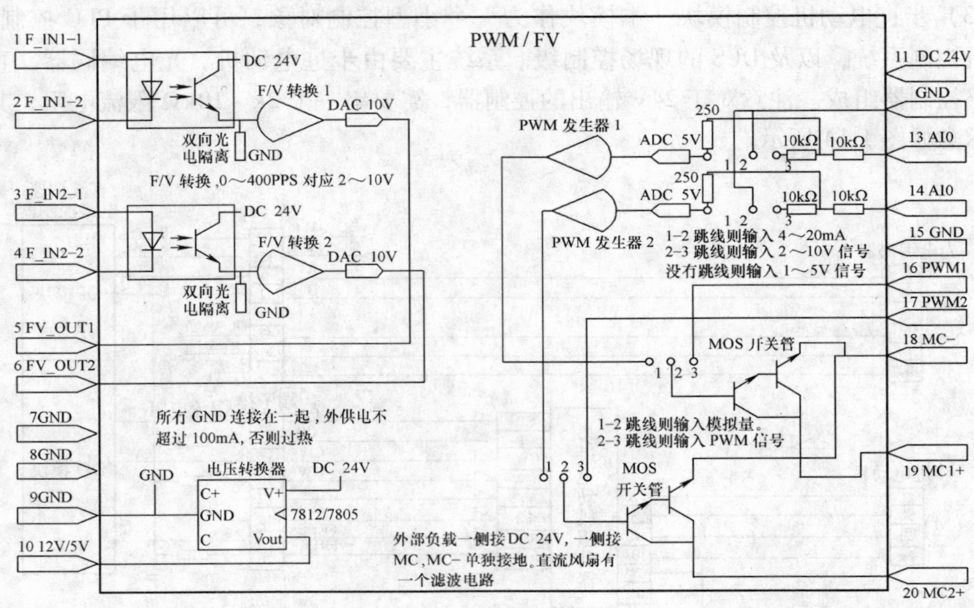

图 1-15 PWM/FV 模块原理图

泵等），LOGO 还能用于暖房或温室等专用控制系统，用于控制操作信号，以及通过连接一个通信模块（例如 AS-i）用于机器或过程的分布式就地控制，还提供有无操作面板和显示单元的特殊型号，可用于小型机械设备、电气装置、控制柜以及安装工程等一系列应用。

（2）S7-200 控制器　S7-200 系列小型 PLC 可以应用于各种自动化系统。由主机、输入/输出接口、电源、模块扩展接口和外部设备接口、计算机及编程软件等几个主要部分组成。S7-200 CPU 将一个微处理器、一个集成电源和数字量 I/O 点集成在一个紧凑的封装中，从而形成了一个功能强大的微型 PLC。当下载程序之后，S7-200 就可以按照逻辑关系监控 I/O 设备从而实现控制要求。

A8000 平台所配置的 S7-200 为 CPU224，其主要特性为：程序存储区 4096 字、数据区 2560 字、掉电保存时间 190 小时、本机 I/O 为 14DI/10DO、最大扩展 7 个模块。主要扩展模块有：模拟数字量 EM235、PROFIBUS-DP 通信模块 EM277 和以太网 TCP/IP 通信模块 CP-243。

（3）S7-300 控制器　S7-300 是模块化的通用型 PLC，适用于中等性能的控制要求。用户可以根据系统的具体情况选择合适的模块，当系统规模扩大和功能复杂时，可以增加模块，对 PLC 进行扩展。简单实用的分布式结构和强大的通信联网能力，使其应用十分灵活。S7-300 主要由以下几部分组成：中央处理单元（CPU）、信号模块（SM）、电源模块（PS）、通信处理器（CP）、功能模块（FM）、接口模块（IM）。A8000 实训平台上配置了不同的 CPU 单元与扩展模块的组合，以满足教学的实际需要。

（4）触摸屏人机界面　触摸屏作为工业现场常用设备，掌握其原理、结构、组态方法、维护方法等对自动化专业岗位而言具有十分重要的意义。触摸屏作为计算机控制系统的一种形式，由硬件和软件两部分组成。A8000 平台所配置的触摸屏是西门子 TP270，而其常用的组态编程软件有两种：ProToo 和 Wincc fiexible，后者是前者的后继产品，具体使用方法参考相关说明书。

1.3.3　A1000的结构和功能模块

A1000小型过程控制实验系统完全符合自动化类相关专业工程培训的要求，非常适合学习组态软件、控制系统调节以及控制器编程，也非常适合于进行算法研究；其总体工艺流程如图1-16所示。系统满足“检测技术及仪表”、“控制仪表”、“过程控制原理”、“计算机控制系统”以及“集散控制系统”等课程教学的要求。可以完成简单的液位、流量、压力PID回路控制及流量-液位前馈反馈控制实验、管道压力和流量解耦控制等实验，可作为项目3实施平台之一。

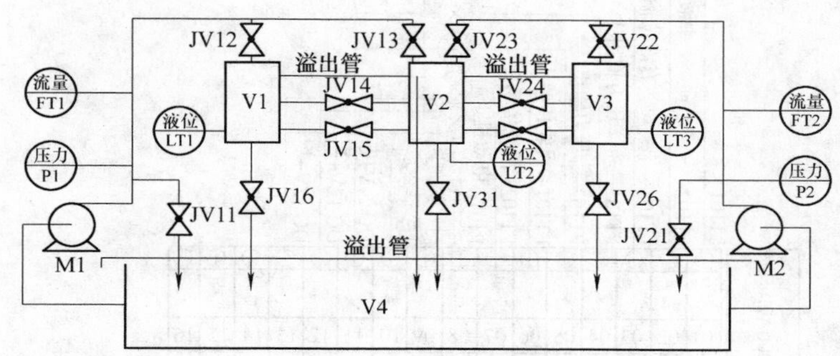

图1-16　A1000过程控制实验系统工艺流程图

1. 储水箱主体

（1）三容水箱　左边水箱V1有一个入水口和四个出水口。右边上出水用于溢流，如果水过多则从中水箱溢流。右边中出水口用于和中水箱形成垂直多容系统，右边下出水口用于和中水箱形成两容、三容的水平结构。底部出水口用于水回到储水箱。底部还有一个开口用于提供液位测量。

中间水箱V2有五个入水口，两个出入水口，两个出水口。前面的入水口是两个水路的入水。左右最上面的入水口用于左右两个水箱溢流。左边中出水用于和左边水箱形成垂直多容系统。左边下出水口用于和左水箱形成水平两容，以及水平三容。右边下出水口用于和右水箱形成水平两容，以及水平三容。底部出水口用于水回到储水箱。底部还有一个开口用于提供液位测量。中间有根管道，如果水过多则从此管道溢流。

右边水箱V3有一个入水口，四个出水口。左边上出水用于溢流，如果水过多则从中水箱溢流。左边下出水口用于和中水箱形成水平两容，以及水平三容。底部出水口用于水回到储水箱。底部还有一个开口用于提供液位测量。

（2）测控点　压力测点P1、P2共2个，用于测量水泵出口的压力（0～100kPa对应4～20mA）。流量测点FT1、FT2共2个，用于测量注水流量（0～0.6m^3/h）。液位测点LT1、LT2和LT3共3个，用于测量三个水箱的液位（0～5kPa、0～30cm对应4～20mA）。传感器经标定，其信号特性及量程满足对应关系，否则可能存在系统误差。

（3）循环泵　潜水直流离心泵M1、M2共2台，提供水系统的循环动力。通过调速器控制水泵的出口流量，与A1002 PWM模块配合作为控制系统的执行器。

2. 系统接线图

把 A1000 系统的各类传感器、电动机等的引线汇集到端子排，如图 1-17 上方所示，下方引线做成远程接线插排，实验时首先把远程接线插排插到 A8000 实训平台对应的位置上，然后根据实验内容把图 1-18 上方对应传感器引线接到控制器模拟量输入端，控制器模拟量输出端子不能直接与电动机连接，需经过 A1002 PWM 模块转换。常用的压力变送器的外形及接线示意如图 1-19 所示，具体使用方法参考“扩散硅压力/液位变送器使用说明书”。

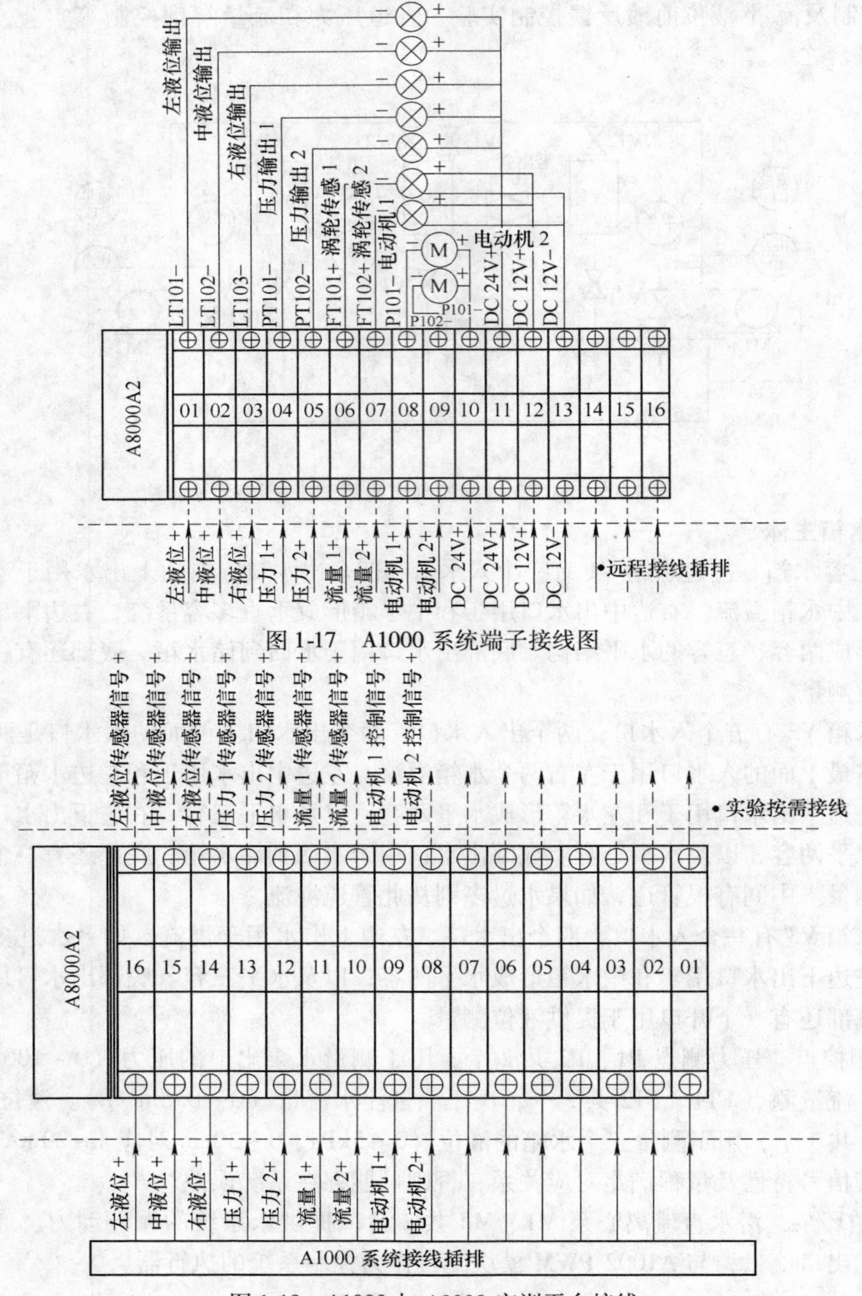

图 1-17　A1000 系统端子接线图

图 1-18　A1000 与 A8000 实训平台接线

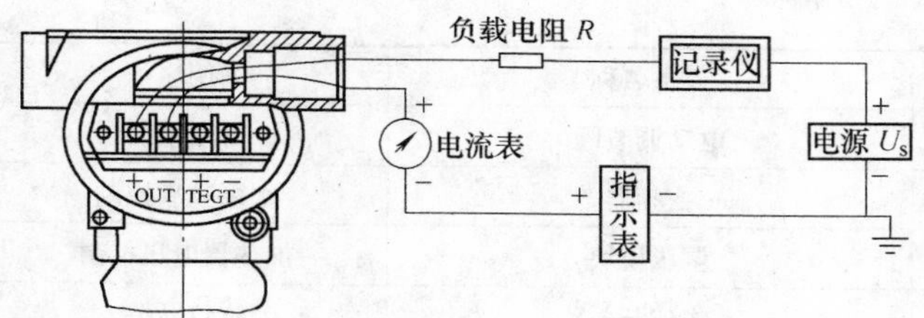

图1-19　压力变送器的外形及接线示意图

1.3.4　A5300 的结构和功能模块

A5300型过程控制实训系统可以满足自动化类相关专业多门课程的知识和技能训练，如仪器仪表的原理接线和校准调试、控制器编程、组态软件学习、控制工艺回路设计、控制系统调试和调节。该系统强调学生的组合设计：自由组合工艺——各个监测仪表和执行仪表可以随意拆装；自由接线——包括仪表的接线和控制器的接线；控制器的自由选择和自由编程。A5300型过程控制系统逻辑结构图如图1-20所示。

1. 工艺流程

A5300型过程控制常用的工艺流程如图1-21所示，在接线端子板上预留仪表的接线，依据工艺需求来连接。整个系统的测点清单如表1-3所示，下面对流量计作简要说明。

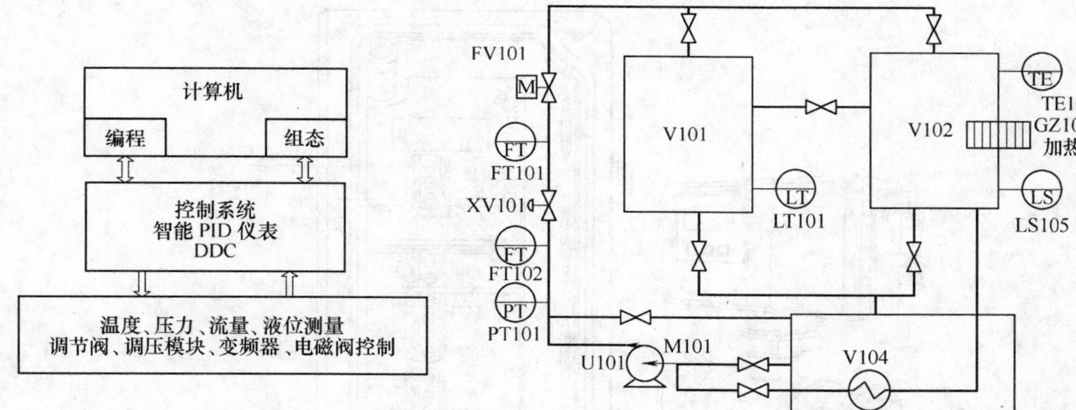

图1-20　A5300型过程控制系统逻辑结构图

图1-21　A5300型过程控制典型工艺流程

表1-3　系统的测点清单

序号	位号	设备名称	用途	类型
1	TE101	热电阻	锅炉水温	AI
2	TE102	热电偶	锅炉温度	AI
3	PT101	扩散硅压力变送器	管道压力	AI
4	LT101	压力式液位变送器	水箱液位	AI
5	FT101	涡轮流量计	管道流量	AI
6	FT102	电磁流量计	管道流量	AI

（续）

序号	位号	设备名称	用途	类型
7	FV101	电动调节阀	开度控制	AO（4～20mA）
8	U101	变频器	水泵频率控制	AO（4～20mA）
9	GZ101	调压模块	加热器电压控制	AO（4～20mA）
10	LS105	物位开关	物位开关	DI
11	XV101	电磁阀	水路紧急切断	DO

涡轮流量计管道里有一个叶轮随着流量转动，通过霍尔效应产生脉冲，然后进行 F/I 转换，转换为 4～20mA 信号；具体使用方法参考“LWGY/LWGB/LWY 型涡轮流量计使用说明书”。

电磁流量计利用法拉第电磁感应定律来测量流量，具体使用方法参考“中文电磁流量计转换器用户手册”、“中文电磁流量计传感器使用说明书”；电磁流量计外形结构及接线图如图 1-22 所示。应用注意事项：①不要在没有水的情况下给电磁流量计加电；②加电几分钟后才能获得准确数值；③只连接 220V 电源 L 和 N 线；④连接“4～20mA”输出以及“输出地”。

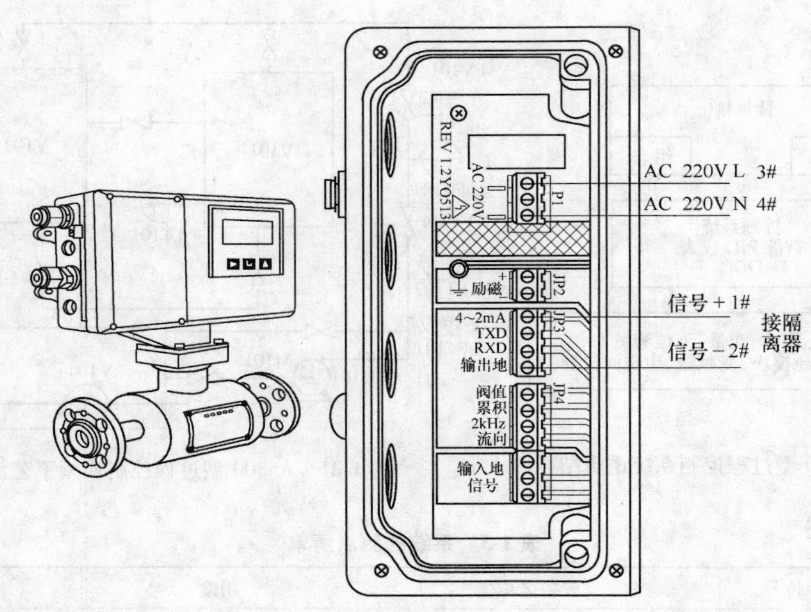

图 1-22　电磁流量计外形及接线

2. 典型接线图

A5300 系统把控制器、智能仪表等引线汇集到了 JX01 端子排上，如图 1-23 所示。实验时，根据实验内容选用控制器，并完成相应接线，然后编程实现相应控制，下面再给出图 1-24 所示的常用变频器接线。项目 3 的现场设备选用 A5300 平台。

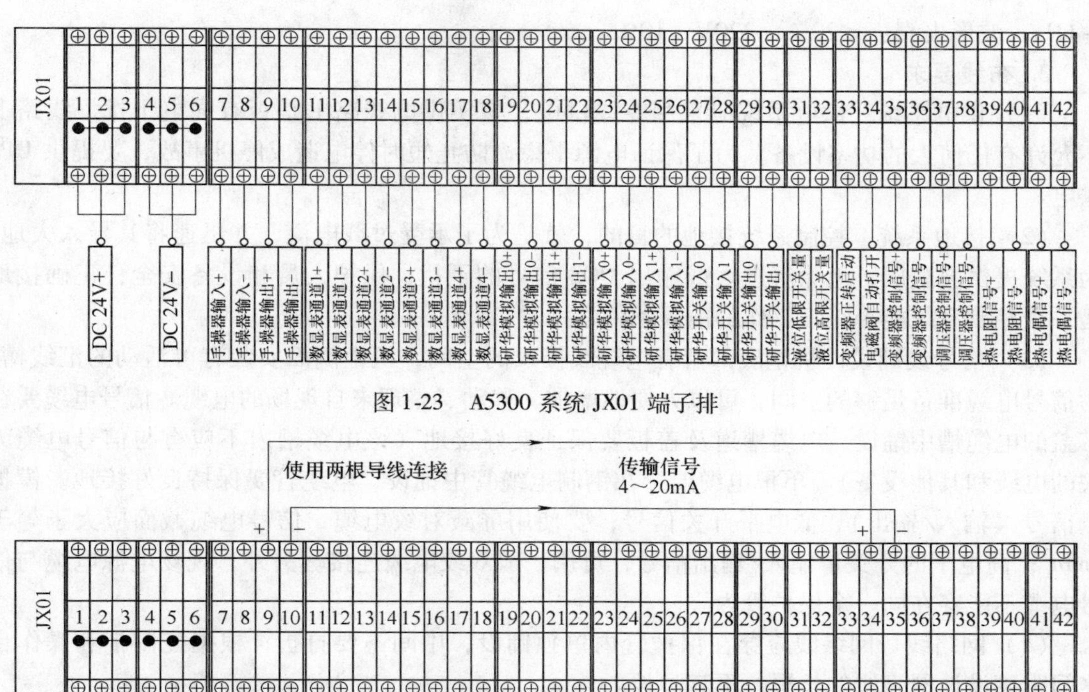

图1-23　A5300系统JX01端子排

图1-24　变频器接线图

1.4　A8000 DCS实训平台的安装

1.4.1　安装方法与规范

1. 控制室布置

控制室环境位置选择，应满足下面几方面的要求：①控制室不宜与高压配电室、压缩机室等毗邻。②控制室应该远离易燃、易爆、腐蚀性气体及灰尘场所。③控制室应该远离大型振动源。④控制室应该远离电磁辐射源。⑤为了操作、维修和其他工作的方便，控制站应靠近所控制的主要装置和操作较频繁的区域。⑥一般要求机柜室与UPS电源室分开，以防止UPS电池释放出的酸性气体腐蚀DCS系统。⑦控制室若无法避免强磁、强辐射干扰，应该在控制室内安装金属屏蔽层，墙、地面和顶面连同金属门窗应进行金属屏蔽并接地。

2. 环境要求

保持控制室内干净，保持操作员站、机柜等设备干净；控制室工作温度：25℃ ±10℃；湿度要求：5% ~85%；振动（工作）：0.25G，3Hz ~300Hz下15分钟；振动（不工作）：0.5G，3Hz ~300Hz下15分钟；供电电源：电压波动：－10% ~ ＋10%，频率变化：－1 ~

+1Hz，波形失真：≤20%、220V±10%。

3. 布线要求

（1）供电系统　供电系统应采用专线供电，核实供电线路上是否有强电干扰，线路上不允许有任何大的功率设备。为了保证电源平稳，防止短时停电造成停机事故，要提供UPS供电。

（2）接地系统　控制系统接地的目的，就是为了承受过载电流，并迅速将其导入大地；为系统提供屏蔽层，消除对进入或输出DCS信号的干扰；保护人员和设备安全；正确接地是一个控制系统能否正常工作的前提条件之一。

（3）信号线铺设　机柜底部留有电缆线接入的空间，机柜侧面安装有可活动的汇线槽，为信号电缆准备足够的空间，可以方便地增加、移动、整理来自现场的电缆。信号电缆要在带盖的电缆槽中铺设，电缆槽道及盖板要保证良好接地（该电缆槽内不应有与信号电缆无关的电线和其他设备）。单根电缆要穿在钢制电缆管中铺设，电缆管要保持良好接地。模拟量信号（输入/输出）、低电平开关信号，要使用屏蔽对绞电缆，信号电缆截面应大于等于1mm^2；高电平的开关量输入/输出信号，可用一般双绞电缆连接。另外，现场电源电缆与信号电缆不能穿在同一个保护管内。

（4）网络线　网络线应穿在保护管内单独铺设，中间不要打折，根据控制柜和操作台之间距离设计网络线的长短，不宜过长。

4. 设备安装

操作台应放在背光、便于操作的位置。控制柜四周距墙壁的距离不可低于800mm，以便于维护方便；控制柜中卡件安装需要采取防静电措施。控制柜安装底座时，不可与建筑地、原系统设备接地相连，并且固定要牢靠。现场走线槽与控制柜不可连接，并要做好隔离。系统接地应采取带绝缘层的电缆，地桩及控制柜连接地线时应采取防腐措施。电源线、信号线接入端子时应连接牢固，不能有虚接、夹皮现象，并且要按图施工，不能接错。

1.4.2　装配演示

A8000实训平台的装配内容较多，因篇幅的原因，下面仅对S7-300 PLC的安装演示作说明。图1-25所示为S7-300 PLC模块示意图，包括导轨（Rack）、电源模块（PS）、CPU模块、接口模块（IM）、输入/输出模块（SM）。各种模块能以不同方式组合在一起，从而可使控制系统设计更加灵活，满足不同的应用需求。主要安装步骤说明如下。

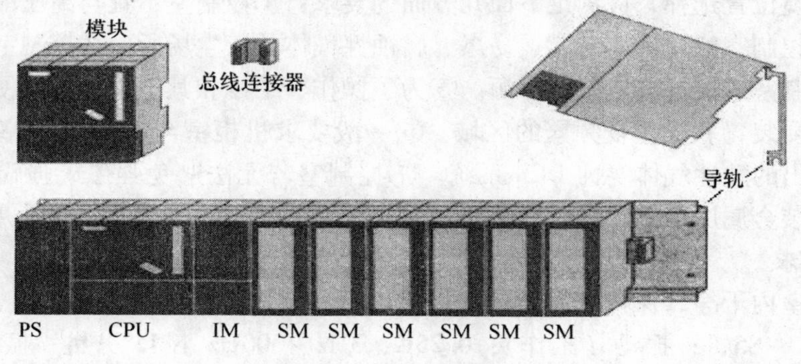

图1-25　S7-300 PLC模块示意图

1. 安装装配导轨

安装装配导轨时，应留有足够的空间用于安装模块和散热，即模块上下的空隙至少为 40mm，左右至少应有 20mm 空间，如图 1-26 所示。在安装表面标记出安装孔，用螺钉将导轨固定在安装表面上，把保护地连到导轨上。

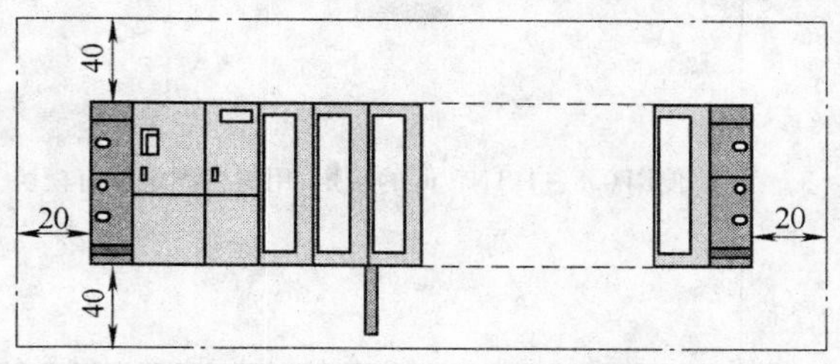

图 1-26　S7-300 PLC 模块安装所需空间

2. 将模块安装到导轨上

从左边开始，按照图 1-27 所示顺序，将模块安装在导轨上，即电源模块、CPU 接口模块、输入/输出模块、功能模块和通信模块；表 1-4 进一步归纳了各模块安装的步骤。

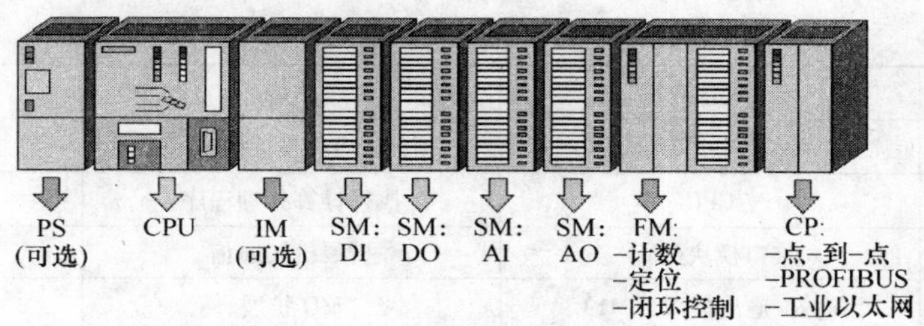

图 1-27　S7-300 模块安装顺序

表 1-4　PLC 模块安装步骤

步骤	连接方法	图　例
1	将总线连接器插入 CPU 和输入/输出模块/功能模块/通信模块/接口模块。每个模块(除了 CPU 以外)都有一个总线连接器。在插入总线连接器时，必须从 CPU 开始；将总线连接器插入前一个模块；最后一块模块不能安装总线连接器	
2	按照模块的规定顺序：①将所有模块悬挂在导轨上，②将模块滑动靠近左边的模块，③然后向下安装模块	② ① ③

（续）

步骤	连接方法	图　例
3	使用 0.8～1.1N · m 的转矩，用螺钉固定所有模块	CPU 0.8～1.2N·m

3. 标识模块

应给每个安装的模块指定一个插槽号，方便在 STEP 7 编程软件的组态表中分配模块，表 1-5 给出了插槽号的分配情况，将插槽号标签贴到模块上。

表 1-5　S7-300 PLC 模块的插槽号

插槽号	模块	功能	备注
1	电源	为 PLC 模块供电	注意容量
2	CPU	执行计算处理程序	类型选择
3	接口模块（IM）	扩展机架通信	
4	输入/输出模块（SM1）	I/O 扩展	模拟量/开关量
…	…	…	…
×	输入/输出模块（SMn）	I/O 扩展	

1.4.3　系统安装及接线

A8000 实训平台详细安装方法及步骤请参照 A8000 实训平台指导书及安装演示视频；实际安装接线内容由所选项目确定，下面作简要说明。A8000 实训平台把传感器、电动机、编码器、加热棒等的引线汇集到端子排 JX01 上（在 A8000 实训平台中间偏下的位置），如图 1-28 下方所示。实验时，根据实验内容把图 1-29 上方对应引线接到所选用的控制器端子上。

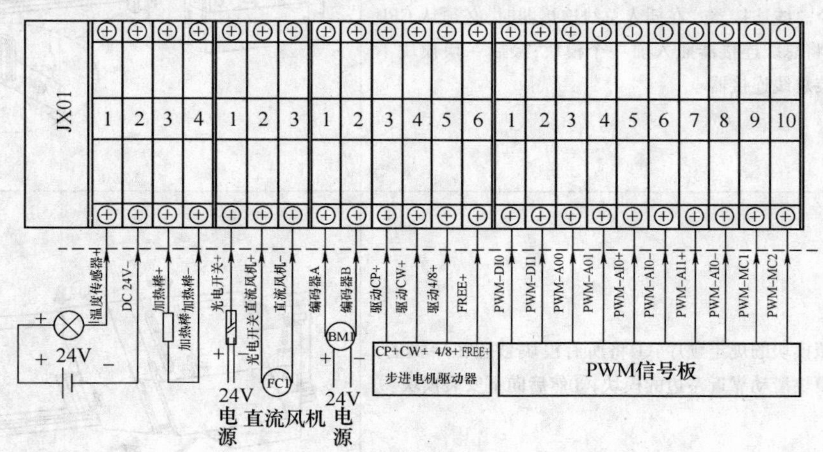

图 1-28　A8000 实训平台的 JX01 端子排 1

温度传感1+
温度传感1−
加热棒1+
加热棒1−
光电开关
直流电动机+
直流电动机−
编码器A
编码器B
驱动CP+
驱动CW+
驱动4/8+
FREE+
脉冲输入1
脉冲输入2
模拟输出1
模拟输出2
模拟输入1+
模拟输入1−
模拟输入2+
模拟输入2−
电压输出1
电压输出2
温度模块单元
直流风机模块单元
步进电动机单元
PWM信号板单元
JX01
1 2 3 4 1 2 3 1 2 3 4 5 6 1 2 3 4 5 6 7 8 9 10

图 1-29　A8000 实训平台的 JX01 端子排 2

A8000 实训平台提供了 8 个拨码开头，8 个 LED 指示灯，用作控制系统的数字量输入/输出，同时还把控制器比如 S7-200、S7-300 等的一部分端子连接到了端子排 JX02、JX03 上，如图 1-30 和图 1-31 所示。

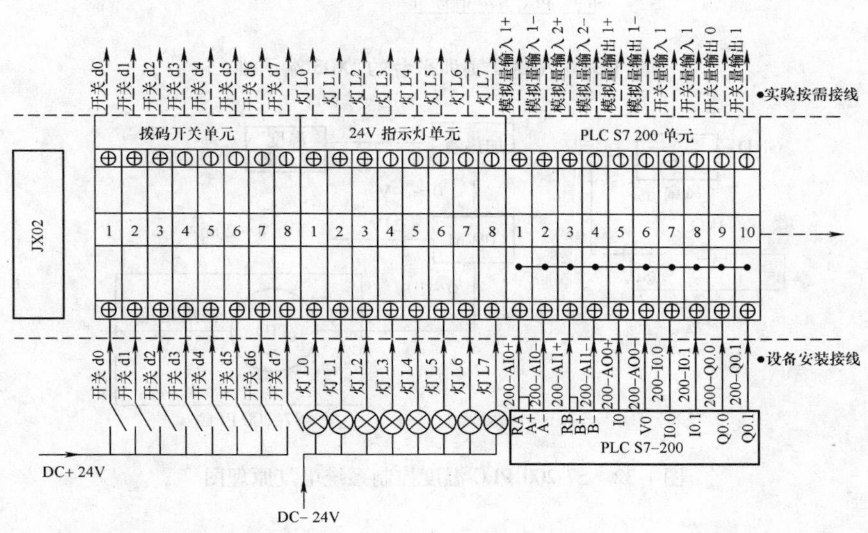

图 1-30　A8000 实训平台的 JX02 端子排

A8000 实训平台可以选用 S7-200、S7-300 作为控制器，完成温度控制、直流电动机控制、步进电动机控制以及液位控制等实验，下面以 S7-200 PLC 温度控制系统实验为例，简单说明如何完成系统接线。

系统的控制原理简要归纳为：根据图 1-32 所示的电气原理图，利用 PLC 程序或监控界面设置所需目标温度，利用温度变送器检测实际温度至 PLC 的 A-D 端口，PLC 利用 PID 指令实现闭环控制，经 PLC 的 D-A 端口输出控制量，控制量作用于 PWM-FV 驱动模块控制加热棒的工作电压，使温度自动调整，满足控制要求。

按照输入和输出信号关系，将 S7-200 PLC 的输入/输出与相应面板符号的接线端用导线连接好；将 S7-200 PLC 的 AI0 + 接到温度模块单元的温度传感器 1 +，AI0 − 接到温度传感

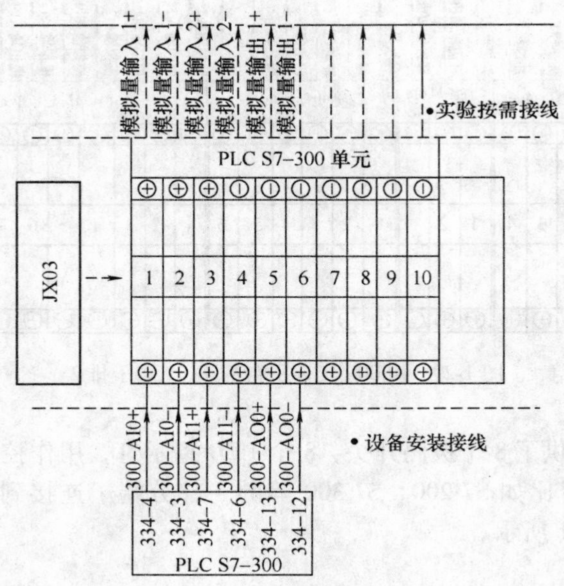

图 1-31 A8000 实训平台的 JX03 端子排

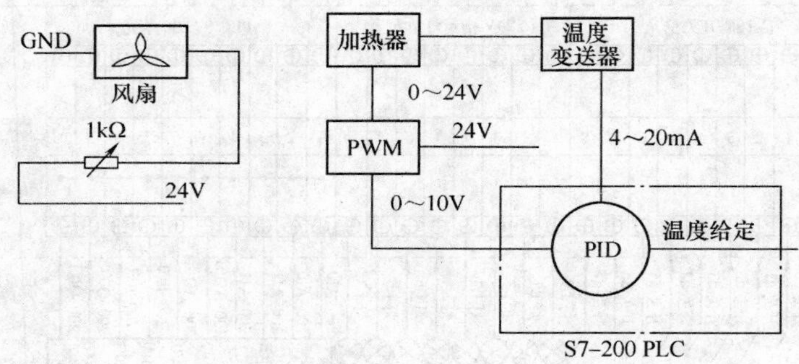

图 1-32 S7-200 PLC 温度控制系统电气原理图

器 1 -；S7-200 PLC 的 AO + 接到 PWM 信号板单元模拟输入 1 +，AO - 接到模拟输入 1 -；PWM 信号板单元的电压输出 PWM-MC1 接到温度模块单元的加热棒 1 -，加热棒 1 + 接到 24 V 电源正端。接线完成后，通过检查，确保正确无误，然后利用 S7-200 PLC 编程实现温度控制。

1.5 DCS 的结构和功能模块

1.5.1 硬件体系结构和功能

1. DCS 的体系结构

集散控制系统经过近 40 年的发展，其结构不断更新。随着 DCS 开放性的增强，其层次化的体系结构特征更加突出，充分体现了 DCS 集中管理、分散控制的基本思想。DCS 是纵向分层、横向分散、设备分级、网络分层的综合计算机控制系统，并以网络为依托，将分散的各种控制设备和数据处理设备连为一个有机的整体，实现各部分信息共享和协调，共同完成各种控制、管理及决策任务。DCS 是由工作站和通信网络两大部分组成的，系统利用通信网络将各工作站连接起来，实现集中监视、操作、信息管理和分散控制，其典型体系结构如图 1-4 所示。集散控制系统的分级、分层结构对应称之为现场控制级、过程控制级、操作员站和工程师站。所谓站，是系统结构中的一个组成环节（是物理上的一套独立设备或是网络中的一个通信节点），在系统功能中完成某一类特定的处理任务。

2. DCS 体系结构功能模块

（1）现场控制级　现场控制级利用现场设备（各类传感器、变送器和执行器）将各种物理量转换为电信号或符合现场总线协议的数字信号（数字智能现场装置）传递给过程控制级；或者将过程控制级输出的控制信号（4 ~ 20mA 的电信号或现场总线数字信号）转换成机械位移或功率带动调节机构，实现对生产过程的控制。现场控制级的信息传递有三种方式：①典型的 4 ~ 20mA（或者其他类型的模拟量信号）模拟量传输方式；②现场总线的全数字量传输方式；③在 4 ~ 20mA 模拟量信号上，叠加上调制后的数字量信号的混合传输方式。

现场控制级主要功能包括：①采集现场过程数据，对数据进行转换控制和处理；②直接通过智能现场装置输出过程操作命令；③实现真正的分散控制；④开放式互联网络，完成与过程控制级及过程管理级的数据通信，实现网络数据库共享，以及对智能现场装置的组态；⑤对现场控制级的设备进行在线监测和诊断。

（2）过程控制级　过程控制级（控制站）位于 DCS 系统的底层，是整个集散控制系统的核心环节，用于实现各种现场物理信号的输入和处理，实现各种实时控制的运算和输出等功能。其主要特点：高可靠性、实时性、控制功能强。为保证现场控制的可靠运行，除了在硬件上采取一系列的保障措施以外，在软件上也开发了相应的保障功能，如主控制器及 I/O 通道插件的故障诊断、冗余配置下的板级切换、故障恢复、定时数据保存等。DCS 利用控制站与现场仪表装置（如变送器、传感器及执行器等）连接，实现自动控制。控制站通常安装在控制室，分为过程控制站、数据采集站和逻辑控制站。

过程控制级主要功能有：①采集过程数据，进行数据转换与处理，获取所需要的输入信息；②对生产过程进行监视和控制，实施各类控制功能；③设备检测、I/O 卡件和系统的测试与诊断；④实施安全性冗余化方面的措施；⑤与过程管理级进行数据通信。

控制站由功能组件、现场电源、各种端子接线板、机柜及相应机械结构组成，其核心部分是功能组件，类同于 PLC 的 CPU 单元和信号模块，控制站的典型架构如图 1-33 所示。功能组件由主控单元（控制器）、智能 IO 单元（I/O 卡件）部分组成，采用分布式结构设计，扩展性强。其中主控单元是一台特殊设计的专用控制器，运行工程师站所下装的控制程序，实现信号的采集、工程单位变换、控制运算，并通过监控网络与工程师站和操作员站进行通信，完成数据交换。智能 IO 单元完成现场内的数据采集和控制输出；现场总线为主控单元与智能 IO 单元之间进行数据交换提供通信链路。现场控制站在应用时，涉及各类技术指标、运行环境和可靠性等基本要求，应结合有关手册了解应用。

（3）过程管理级　过程管理级分为操作员站、工程师站等工作站，其核心设备就是计

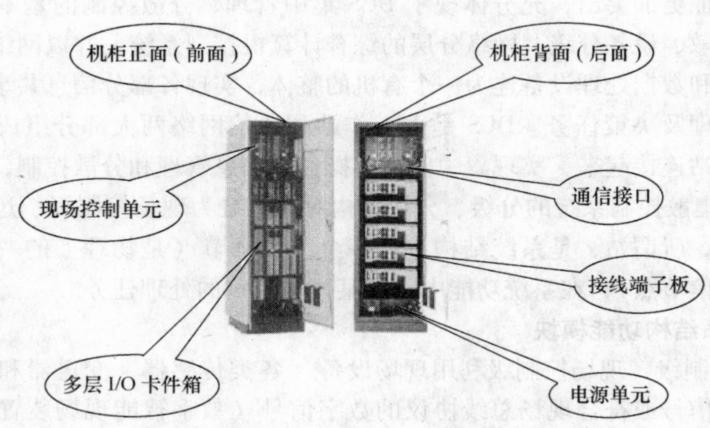

图 1-33　控制站结构示意图

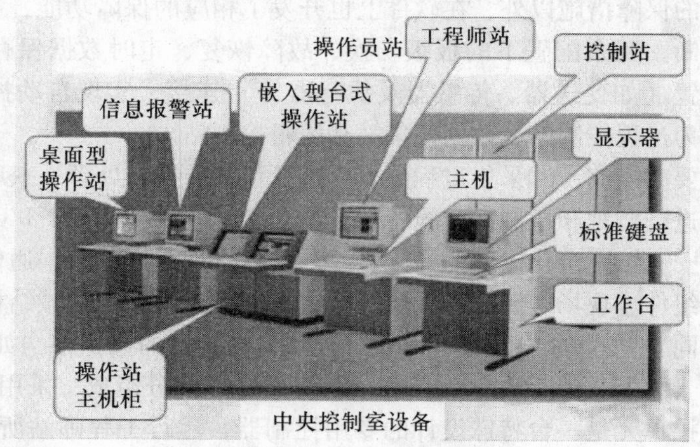

图 1-34　操作员站配置示意图

算机，配置可打印机、硬拷贝机等外部设备，组成人机接口站，其典型配置如图 1-34 所示。过程操作管理级主要功能：①通过网络获取控制站的实时数据，实现监视管理、故障检测和数据存档；②各种过程数据进行显示、记录及处理；③实现系统组态及维护操作管理，以及报警、事件的诊断和处理；④各种报表生成、打印以及画面的拷贝；⑤通过网络功能进行工程数据的共享，实时数据的动态交换；⑥提供安全机制，确保过程操作管理级安全可靠地运行；⑦实现对生产过程的监督控制，运行优化和性能计算，以及先进控制策略的实施。

1）操作员站。操作员站是操作人员与DCS相互交换信息的人机接口设备，也是DCS的显示、操作和管理装置。操作员站由高性能PC及专用工业键盘、轨迹球或触摸屏等设备和操作系统及集散控制系统相关的人机对话、画面显示等软件组成，用来调试和操控生产过程，并完成控制调节，同时在线检测系统硬件、系统网络和现场控制站内主控制器及各I/O模块的运行情况。

操作员站运行相应的实时监控程序，对整个系统进行监视和控制。操作员站主要完成的功能包括：各种监视信息的显示功能（主要有工艺流程图显示、趋势显示、参数列表显示、报警监视、日志查询、系统设备监视等）、操作功能（通过键盘、鼠标或触摸屏等人机设备，通过命令和参数的修改，实现对系统的人工干预，如在线参数修改、控制调节等）、记录、查询、打印等功能。

2）工程师站。工程师站是承担从系统开发到系统维护等工程技术工作的多功能站，工程师站运行相应的组态管理程序，对整个系统进行集中控制和管理。工程师站是为了控制工程师对DCS进行配置、组态、调试、维护所设置的工作站。工程师站的另一个作用是对各种设计文件进行归类和管理，形成各种设计、组态文件，如各种图样、表格等。

工程师站的主要功能包括：组态（包括系统硬件设备、数据库、控制算法、流程、图形、报表）、相关系统参数的设置、系统维护、现场控制站的下载和在线调试、操作员站人机界面的在线修改。在工程师站上运行操作员站实时监控程序后，可以把工程师站作为操作员站使用，实验室及小型企业把工程师站与操作员站合二为一。

（4）经营管理级　全厂自动化系统的最高级，大规模的集散控制系统需要此级。经营管理级可以分成实时监控和日常管理两部分，实时监控是全厂各机组和公用辅助工艺系统的运行管理层，承担全厂性能监视、运行优化、全厂负荷分配和日常运行管理等任务；日常管理承担全厂的管理决策、计划管理、行政管理等任务，主要是为厂长和各管理部门服务。

1.5.2　软件体系结构

DCS软件的体系结构按照硬件体系结构进行划分，相应分为控制站软件、操作员站的软件和工程师站软件；另外，还有运行于各个站的网络软件，作为各个站上功能软件之间共享数据的通信桥梁。

1. 控制站软件

控制站软件是运行在控制站上的软件，主要包括数据采集和处理、控制算法、运算处理和控制输出等功能模块，利用类似于PLC过程控制语言（梯形图语言、助词符语言、功能图语言、顺序功能语言、高级编程语言等）实现应用程序开发；如Honeywell公司的Hybrid-ControlDesigner软件，Siemens公司的STEP软件，Intellution公司的IFIX软件。PLC类控制站可独立构成应用控制系统，其基本工作过程为：现场仪表→采集→数据处理及上层通信→控制运算→I/O输出→执行器。

现场控制站软件的最主要功能是完成对现场的直接控制，主要包括回路控制、逻辑控制、顺序控制和混合控制等多种类型的控制。为了实现这些基本功能，在现场控制站中应包含以下主要的软件模块：

1）现场 I/O 驱动　其功能是完成过程量的输入/输出，其动作包括对过程输入/输出设备实施驱动，具体完成输入/输出工作。

2）对输入的过程量进行预处理。如工程量的转换、统一计量单位、剔除各种因现场设备和过程 I/O 设备引起的干扰和不良数据、对输入数据进行线性化补偿、规范化处理等，确保数字值与现场值一致。

3）实时采集现场数据并存储在现场控制站内的本地数据库中。数据可作为原始数据参与控制计算，也可通过计算或处理成为中间变量，并在以后参与控制计算。所有本地数据库的数据（包括原始数据和中间变量）均可成为人机界面、报警、报表、历史、趋势及综合分析等监控功能的输入数据。

4）进行控制计算。就是根据控制算法和所检测到的数据、相关参数进行计算处理，得到所需控制量，输出到执行器。

5）通过现场 I/O 驱动，将控制量输出到现场。为了实现现场控制站的功能，在现场控制站中建立有与本站的物理 I/O 信号及相关中间变量的本地数据库。本地数据库可以满足本控制站的控制计算和物理 I/O 信号对数据的需求，有时除了本地数据外还需要其他节点上的数据，这时可从网络上将其他节点的数据传送过来，这种操作被称为数据的引用。

2. 操作员站软件

操作员站的软件主要是监控软件，所谓监控软件是指运行于操作员站或工程师站上的软件，简单地说，就是利用组态软件所开发的人机界面，以实现系统监视和控制。主要完成操作人员所发出的各个命令的执行功能、图形与画面的显示、对现场数据和状态的监视及异常报警、历史数据的存档和报表处理。其主要功能模块有：图形处理，操作命令处理，历史和实时数据的趋势曲线显示，报警、事件的信息显示、记录与处理，历史数据的记录与存储、转储及存档，报表、系统运行日志的形成、显示、打印，运行状态诊断监视和实时数据库。显示画面分为总貌显示、分组显示、回路显示、趋势显示、流程显示、报警显示和操作指导等画面，并可在画面上进行各种操作，可以完全取代常规模拟仪表盘。为了实现上述功能，操作员站的软件主要由以下几个部分组成：

1）图形处理软件。该软件根据由组态软件生成的图形文件进行静态画面（又称为背景画面）的显示和动态数据的显示及按周期进行数据更新。

2）操作命令处理软件。其中包括对键盘操作、鼠标操作、画面热点操作的各种命令方式的解释与处理。

3）历史数据和实时数据的趋势曲线显示软件。

4）报警信息的显示、事件信息的显示、记录与处理软件。

5）历史数据的记录与存储、转储及存档软件。

6）报表打印软件。报表打印软件包可以向用户提供每小时、班、日、月工作报表，打印瞬时值、累计值、平均值、时间报警等。

7）系统运行日志的形成、显示、打印和存储记录软件。

为了支持操作员站软件功能，在操作员站上需要建立一个全局的实时数据库，这个数据库集中了各个现场控制站所包含的实时数据及由这些原始数据经运算处理所得到的中间变量。这个全局的实时数据库被存储在每个操作员站的内存之中，而且每个操作员站的实时数据库是完全相同的副本，因此每个操作员站可以完成相同的功能，形成一种可互相替代的冗余结构。当然各个操作员站也可根据运行的需要，通过软件人为地定义其可完成的不同功能，而成为一种分工协作的管理平台。

3. 工程师站软件

工程师站的软件主要使用组态软件，由其完成控制站软件和操作员站监控软件的组态功能，安装在工程师站中。

DCS组态是指根据实际生产过程控制的需要，利用DCS所提供的硬件和软件资源，预先将这些硬件设备和软件功能模块组织起来，以完成特定的任务，此过程称之为组态。具体讲，就是利用DCS所提供的功能模块、组态编辑软件以及组态语言，组成所需的系统结构和操作画面，完成所需功能。工程师站的软件从功能上可分为两部分：①用于实时监控，不仅能实现操作员站的功能，还能实现对DCS本身运行状态的诊断和监视，发现异常时进行报警；②离线的组态软件，是为了将一个通用的、对多个应用控制工程有普遍适应能力的系统，变成一个针对某一个具体应用控制工程的专门系统。为此，系统要针对这个具体应用进行一系列定义：如系统设备的配置，系统要处理哪些现场量，这些现场量要进行哪些显示、报表及历史数据存储等功能操作；系统的操作员要进行哪些控制操作，这些控制操作具体是如何实现的等等。在工程师站上，组态内容主要包括以下方面：

1）系统硬件配置定义。包括系统中各类站的数量、每个站的通信参数、现场I/O卡件、I/O信号特性配置等内容。

2）实时数据库的定义。包括现场物理I/O点（位号）的定义和中间变量定义。

3）历史数据库的定义。包括要进入历史数据库的实时数据、历史数据存储的周期、各个数据在历史数据库中保存的时间及对历史库进行转储的周期等。

4）历史数据和实时数据的趋势显示、列表及打印输出等定义。

5）控制算法的定义。其中包括确定控制目标、控制方法、控制周期及定义与控制相关的控制变量、控制参数等。

6）人机界面的定义。包括操作功能定义（操作员可以进行哪些操作及如何进行操作）、现场模拟图的显示定义（包括背景画面和实时刷新的动态数据）及各类运行数据的显示定义等内容。

7）报警定义。包括报警产生的条件定义、报警方式的定义、报警处理的定义（如对报警信息的保存、报警的确认、报警的清除等操作）及报警列表的种类与尺寸定义等。

8）系统运行日志的定义。包括各种现场事件的认定、记录方式及各种操作的记录等。

9）报表定义。包括报表的种类、数量、报表格式、报表的数据来源及在报表中各个数据项的运算处理等。

10）事件顺序记录和事故追忆等特殊报告的定义。

4. 各种专用功能的节点及软件

随着DCS功能的不断加强，越来越多的监控内容被纳入DCS，系统的规模不断扩大，如当前用在火力发电站单元机组的监控系统，200MW机组的DCS大约有4000个物理I/O点，300MW机组的DCS大约有6000个物理I/O点，而600MW机组的DCS大约有8000个物理I/O点。如此大规模的系统，如果将控制站承担直接控制以外的几乎所有功能集中在操作员站上，每个操作员站上都需要一份全局数据库的实时复制，不仅操作员站的硬件环境无法满足需求，而且操作员站的功能也无法有效实施。操作员站的主要图形显示功能，需要随时根据操作员的操作调出相应的显示画面，而功能具有相当大的随机性，一旦请求发生，就需要立即响应，而图形的处理需要极大的处理器资源，导致许多需要周期执行的任务会受到很多干扰而不能正常完成其功能，如历史存储、报表处理及日志处理等。由此，导致 CPU 严重超负荷运行，造成操作员站不能稳定工作。

为了有效地解决上述问题，在新一代中、大规模的 DCS 中，针对不同功能设置了多个专用的功能节点，如为了解决大数据量的全局数据库的实时数据处理、存储和数据请求服务，设置了服务器；为了处理大量的报表和历史数据，设置了专门的历史站等等。采用服务器结构，有效地分散了各工作站处理的负荷，使各种功能能够顺利实现。为此，每种专用的功能节点上，都要运行相应的功能软件，而所有这些节点也同样使用网络通信软件实现与其他节点的信息沟通和运行协调。

1.5.3　网络和通信

1. 概况

DCS 的通信网络实质就是计算机网络，利用通信网络将各工作站连接起来，并配置网络软件，实现集中监视、操作、信息管理、分散控制和数据通信等功能。数据通信的根本任务是如何以可靠高效的手段来传输信号，涉及的内容包括信号传输、传输介质、信号编码、接口、数据链路控制以及复用；具有很多的专业术语，例如数据信息、传输速率、传输方式、数据交换、网络控制、差错控制等等。

通信网络内容范围甚广，主要包括数据通信、网络连接以及通信协议三个方面的内容。数据通信是计算机或其他数字装置与通信介质相结合，实现对数据信息的传输、转换、存储和处理的通信技术。网络连接是用于连接各种通信设备的技术及其体系结构。通信协议就是网络之间沟通、交流所共同遵守的约定。

通信系统是 DCS 的主干，决定着系统的基本特性。通信系统引入局部网络技术后，促进了 DCS 的进一步发展，增强了全系统的功能。在 DCS 中，各单元之间的数据信息传输就是通过数据通信系统完成的，为实现工业控制提供数据平台。DCS 的通信网络与一般的网络有所不同，应具有快速的实时响应能力、极高的可靠性以及适应于恶劣环境下工作和分层结构特点。

2. 通信协议

接到网络上的设备是各种各样的，需要建立一系列有关信息传递的控制、管理、转换的机制和方法，并需要它们遵守彼此公认的一些规则。所谓通信协议就是网络之间沟通、交流共同遵循的规则，只有相同通信协议的智能设备才能进行信息的沟通与交流。通信协议主要是对信息传输的速率、传输代码、代码结构、传输控制步骤、出错控制等做出规定并制定出标准，通信协议的关键要素为语法、语义和时序。常用的通信协议有：RS-232、RS-485、HDLC（高级数据链路控制规程）、MODBUS、SNMP（简单网络管理协议）、点到点协议 PPI、MPI、现场总线、TCP/IP（传输控制协议/Internet 协议）等等。

3. 网络结构

按功能分类，集散控制系统设备可以分为四级：现场控制级、过程控制级、过程管理级、经营管理级，集散控制系统的通信网络也采用分层结构，与之对应的四层网络分别为现场网络

(Fnet)、控制网络（Cnet)、监控网络（Snet)、管理网络（Mnet)，下面作简要说明。

（1）管理网络（Mnet）　管理网络实现工程师站、操作员站、高级计算站与系统服务器的互联，采用TCP/IP通信协议，为冗余高速以太网链路，使用五类屏蔽双绞线及光纤将各个通信节点连接到中心交换机上。

（2）监控网络（Snet）　用于实现工程师站、操作员站和系统服务器与现场控制站之间数据、资源的互联、共享及打印等；采用TCP/IP通信协议，为冗余高速以太网链路，使用五类屏蔽双绞线及光纤将各个通信节点连接到中心交换机上。

（3）控制网络（Cnet）　控制层的数据通信网络称之为控制网络，控制网络采用工业现场总线与自动化系统各个I/O模块及智能设备连接通信。

（4）现场网络（Fnet）　现场控制级中的传感变送、驱动、执行机构等装置电信号的连接回路，主要包括模拟量输入、模拟量输出、开关量输入和开并量输出等现场物理信号。

为了把集散控制系统中的各个组成部分连接在一起，常常需要把通信系统的功能分成若干个层次去实现，每一个层次就是一个通信子网，通信子网所包含的特征有：通信子网具有自己的地址结构、通信子网相连可以采用自己的专用通信协议、一个通信子网可以通过接口与其他网络相连，实现不同网络上的设备相互通信。

4. 现场总线

根据国际电工委员会（IEC，International Electrotechnial Commission）和现场总线基金会（FF，Fields Foundation）的定义，现场总线是应用在生产现场、在微机化测量控制设备之间实现双向串行数字通信的系统，亦即连接现场智能设备和自动化控制设备的双向、串行、数字式、多节点的通信网络，被称为现场底层设备控制网络。

现场总线可以支持各种工业领域的信息处理、监视和控制系统，可以与工厂自动化控制设备互连，实现现场传感器、执行器和本地控制器之间的通信。由于现场总线遵循国际标准通信协议，因而具有开放、互联、兼容和互操作的特性，使得集散控制系统的功能更加强大。现场总线技术导致了传统控制系统结构的变革，形成了新型的网络集成式全分布控制系统——现场总线控制系统（FCS)，视为第五代集散控制系统。

1.6　拓展

1.6.1　A3000 DCS实训平台

A3000 DCS实训平台如图1-35所示，其逻辑结构如图1-36所示，其结构、控制原理、应用方法与A8000、A5300平台类似，例如温度、压力、液位、流量检测变送设备及控制回路原理等方面应用；下面简要介绍A3000 DCS实训系统特有设备：变频器、调压模块、控制箱的结构和应用，变频器和调压模块作为现场系统的执行器，控制箱作为现场系统的操作控制平台。

1. 变频器接线和操作

变频器采用三菱的FS520S型变频器，或者采用西门子的MM420型变频器，变频器控制水泵P101；对于变频器的具体应用可参考相应变频器的使用手册。三菱变频器典型应用接线示意如图1-37所示。三菱变频器有多种模式，可以通过PU/EXT按钮切换。如果为PU模式，则可以面板操作；按 RUN 键开始运行，按 STOP 键关闭输出；通过转轮设定频率，按 SET 键有效。如果为 EXT 模式，打开变频器正转起动开关，变频器就开始按照给定的电流输出。

图 1-35　A3000 DCS 实训平台

计算机
编程　组态
下载调试　通信调试
控制系统，I/O 模块 AI，DI
I/O 模块 AO，DO
温度、压力、流量、液位、执行器
A3000 现场系统

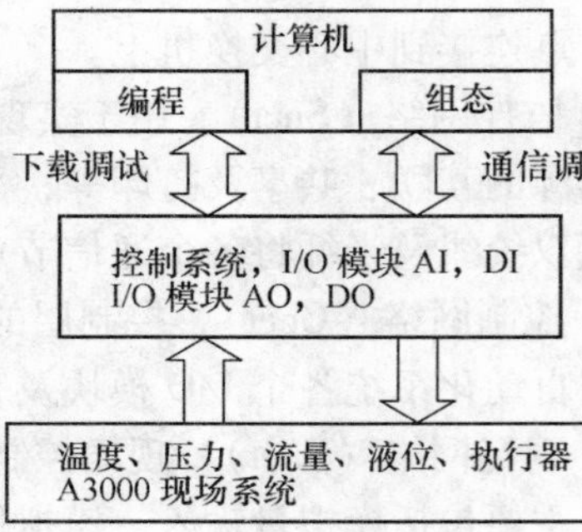

图 1-36　A3000 DCS 实训平台的逻辑结构示意图

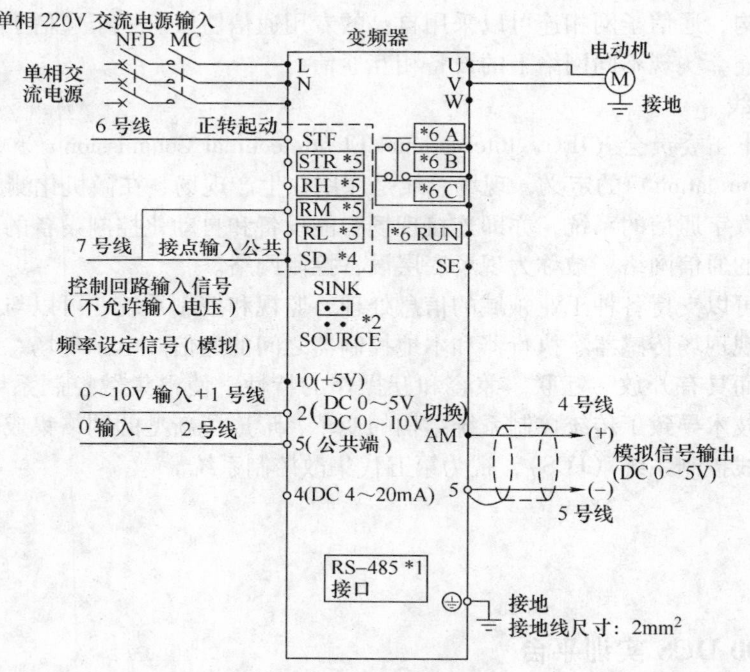

图 1-37　三菱变频器接线图

2. 调压模块接线和操作

调压模块外形如图 1-38 所示，如果采用电压控制，则从 4 号端子的 CON 端输入 2 ~ 10V。如果采用电流控制则从 3 号端子输入 4 ~ 20mA。由调压器为加热管提供可控三相交流电，采用三角形接法。

3. 控制箱操作

控制箱面板如图 1-39 所示，其组成单元及作用为：1 为三相剩余电流断路器，合上该断路器，才能加热；2 为单相剩余电流断路器，合上该断路器，所有设备才能上电；3 为电源

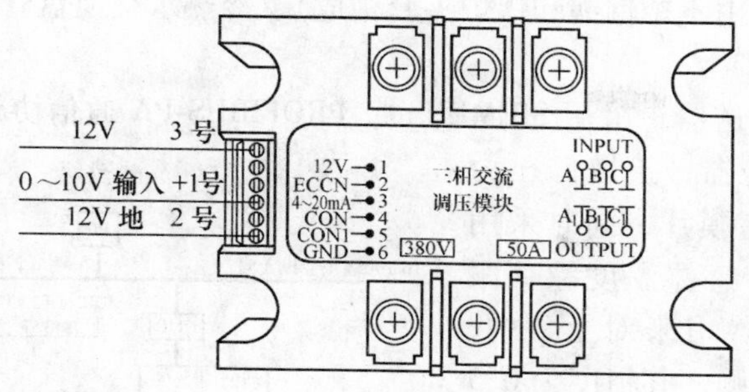

图1-38　调压模块外观

指示灯，三相电供电时亮起；4为电源指示灯，单相电供电时亮起；5为对象顶部照明电灯旋钮开关；6为1号水泵的变频器供电旋钮开关，打开变频器电源；7为2号水泵供电旋钮开关，打开水泵电源；8为变频器正转起动旋钮开关；9为电压表，利用电压表监视调压模块输出端电压；10为变频器面板，操作变频器为水泵提供合适工作电压和频率。

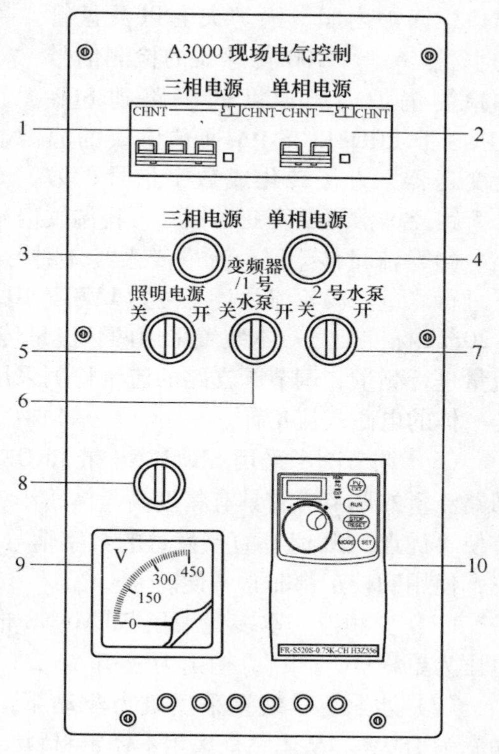

图1-39　控制箱面板

1.6.2　THPCAT-2FCS实训系统

浙江天煌公司推出的THPCAT-2FCS实训系统是基于PROFIBUS和工业以太网通信协议，在传统过程控制实验装置的基础上升级而成的新一代过程控制系统。其主要特点是：①具有被控参数全面，涵盖了连续性工业生产过程中的液位、压力、流量及温度等典型参数。②具有分级分层结构，本装置由控制对象、综合上位控制系统、上位监控计算机三部分组成。③能实施多级控制功能，多信号耦合对被调参数分别整定，或进行解耦实验；能进行单变量到多变量控制系统及复杂过程控制系统实验；各种控制算法和调节规律在开放的实验软件平台上都可以实现。

整个实验装置分为上位控制系统和控制对象两部分，上位控制系统逻辑结构如图1-40所示。系统软件分为上位机软件和下位机软件两部分，下位机软件采用SIEMENS的STEP7，上位机软件采用SIEMENS的WINCC。

1. 系统组成

本实验装置由被控对象和上位控制系统两部分组成。系统动力支路分两路：一路由三相（380V交流）磁力驱动泵、气动调节阀、直流电磁阀、PA电磁流量计及手动调节阀组成；另一路由变频器、三相磁力驱动泵（220V变频）、涡轮流量计及手动调节阀组成。

（1）被控对象　被控对象由不锈钢储水箱、上、中、下三个串接圆筒形有机玻璃水箱、

4.5kW 电加热锅炉（由不锈钢锅和锅炉夹套构成）、冷热水交换盘管、塑料与不锈钢组成的管路。

（2）压力传感变送器　采用 SIEMENS 带 PROFIBUS-PA 通信协议的压力传感器和工业用的扩散硅压力变送器，扩散硅压力变送器含不锈钢隔离膜片，同时采用信号隔离技术，对传感器温度漂移跟随补偿。压力传感器用来对上、中、下水箱的液位进行检测，其精度为 0.5 级，为二线制，工作时需串接 24V 直流电源。

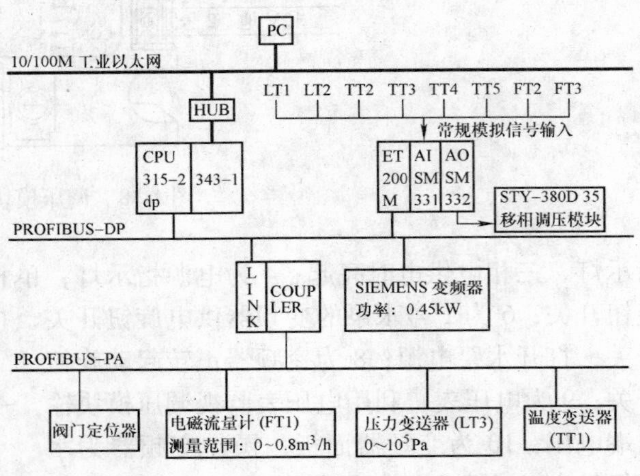

图 1-40　上位控制系统逻辑结构

（3）温度传感器　本装置采用 6 个 Pt100 传感器，分别用来检测上水箱出口、锅炉内胆、锅炉夹套以及盘管的水温。6 个 Pt100 传感器的检测信号中检测锅炉内胆温度的 1 路到 SIEMENS 带 PROFIBUS-PA 通信协议的温度变送器，直接转化成数字信号；另外 5 路经过常规温度变送器，可将温度信号转换成 4～20mA 直流电流信号。

（4）流量传感器　流量传感器分别用来对调节阀支路、变频支路及盘管出口支路的流量进行测量。涡轮流量计型号为 LWGY-10，流量范围为 0～1.2m^3/h，精度为 1.0%，输出 4～20mA 标准信号。本装置采用两套流量传感器、变送器分别对变频支路及盘管出口支路的流量进行测量，调节阀支路的流量检测采用 SIEMENS 带 PROFIBUS-PA 通信接口的检测和变送一体的电磁式流量计。

（5）调节阀　采用 SIEMENS 带 PROFIBUS-PA 通信协议的气动调节阀，用来进行控制回路流量的调节。它具有精度高、体积小、重量轻、推动力大、耗气量少、可靠性高和操作方便等优点。由 CPU 直接发送的数字信号控制阀门的开度，本气动调节阀自动进行零点校正，使用和校正都非常方便。

（6）变频器　本装置采用 SIEMENS 带 PROFIBUS-DP 通信接口模块的变频器，其输入电压为单相 AC 220V，输出为三相 AC 220V。

（7）水泵　本装置采用磁力驱动泵，型号为 16CQ-8P，流量为 32L/min，扬程为 8m，功率为 180W。泵体完全采用不锈钢材料，以防止生锈，使用寿命长。其中一只为三相 380V 恒压驱动，另一只为三相变频 220V 输出驱动。

（8）调压模块　采用可控硅移相触发装置，输入控制信号为 4～20mA 标准电流信号。输出电压用来控制加热器加热，从而控制锅炉的温度。

（9）电磁阀　在本装置中作为气动调节阀的旁路装置，起到阶跃干扰的作用。电磁阀型号为 2W-160-25；工作压力：最小压力为 0kg/cm^2，最大压力为 7kg/cm^2；工作温度：－5～80℃。

（10）控制器　控制器采用 SIEMENS 公司的 S7300 CPU，型号为 315-2DP，本 CPU 既具有能进行多点通信功能的 MPI 接口，又具有 PROFIBUS-DP 通信功能的 DP 通信接口。

（11）空气压缩机　用于给气动调节阀提供气源，电动机的动力通过三角胶带带动空压机曲轴旋转，经连杆带动活塞做往复运动，使气缸、活塞、阀所组成的密闭空间容积产生周期变化，完成吸气、压缩、排气的空气压缩过程，压缩空气经绕有冷却翅片的排气铜管、单向阀进入储气罐。空气压缩机设有气量自动调节系统，当储气罐内的气压超过额定排气压力时，压力开关会自动切断电源使空气压缩机自动停止工作，当储气罐内的气体压力因外部设备的使用而下降到额定排压以下 0.2～0.3MPa 时，气压开关自动复位，空气压缩机又重新工作，使储气罐内压缩空气压力保持在一定范围内。

2. 电源控制屏和总线控制柜

（1）电源控制屏面板　充分考虑人身安全保护，带有剩余电流断路器、电压型漏电保护器、电流型漏电保护器。仪表综合控制台包含了原有的常规控制系统，预留了升级接口，因此它在总线控制系统中的作用就是为上位控制系统提供信号。

（2）总线控制柜　由两部分组成：①控制系统供电板，主要作用是把工频 AC 220V 转换为 DC 24V，给主控单元和 DP 从站供电。②控制站，控制站主要包含 CPU 模块、以太网通信模块、DP 链路、分布式 I/O DP 从站和变频器 DP 从站。

总　结

本项目主要介绍了集散控制系统的基本常识，可归纳为下述要点：①回顾自动控制系统基本概念。分为模拟控制系统和计算机闭环控制系统等，控制系统中应用最广泛的一种控制规律是 PID 控制。②学习 DCS 体系结构。DCS 通过某种通信网络将分布在工业现场附近的现场控制站和控制中心的操作员站及工程师站等连接起来，以完成对现场生产设备的分散控制和集中操作管理；DCS 硬件体系按垂直方向分解成现场控制级、过程控制级、过程管理级、经营管理级。各级相互独立又相互联系，并详细描述了各级功能。③DCS 软件的基本构成也是按照硬件的划分形成的，分成现场控制站软件、操作员站监控软件和工程师站组态软件，同时，还有运行于各个站的网络软件，作为各个站上功能软件之间的桥梁。④介绍 A8000、A1000、A5300 和 A3000 实训平台结构与功能模块，重点围绕 A8000 DCS 实训平台进行说明，为后续项目学习奠定基础。

思　考　题

1. 什么是集散控制系统？它的主要特点是什么？
2. 试述 DCS 的硬件和软件体系结构，并介绍各层的主要功能。
3. 主流集散控制系统有哪些？查阅典型应用案例。
4. 绘制 A8000 DCS 实训平台的结构框图，并简要叙述各功能模块的作用。
5. 以 A8000 DCS 实训平台为例，绘制温度控制的 DCS 安装接线图。

项目2　水箱液位双位监控系统的设计

2.1　项目基本情况

2.1.1　概况

工控组态软件在实现工业控制的过程中免去了大量繁琐的编程工作，解决了长期以来控制工程人员缺乏计算机专业知识与计算机专业人员缺乏控制工程现场操作技术和经验的矛盾，极大地提高了自动化工程的工作效率。组态软件大都支持各种主流工控设备和标准通信协议，并且通常都提供分布式数据管理和网络功能；组态软件还能使用户快速建立自己的HMI（人机界面）的软件工具或开发环境。

初次接触组态软件，基于组态软件的仿真设备实现简单控制，以教师示范和项目教学法为基础，并结合组态软件的帮助文档自主深化学习。一方面，逐步理解项目教学法在“工程”项目分析、开发、实施流程应用步骤；其二，通过完成项目，掌握组态软件的基本应用，为完成后续教学项目奠定良好的基础；其三，利用仿真设备有助于学生对DCS组态软件的自主学习。项目教学法的核心环节资讯、计划、决策、实施对应归纳为项目目标、项目任务书、项目工作计划表单、项目方案设计和项目实施。

2.1.2　项目目标

1. 主要学习内容

1）组态王的基本常识。了解组态王版本选用、安装和特点。

2）双位控制工艺理解和实现。

3）组态王基本功能模块理解及应用。主要包括：工程管理器及工程文件建立、I/O设备及仿真设备、变量定义与数据库、图库、组态画面、动画连接、用户脚本编程、调试运行。

2. 学习目标

根据项目主要学习内容，结合课程体系结构要求，其主要目标围绕：初步建立DCS组态思想、工艺仿真实施、组态软件学习与应用。下面从知识目标、专业技能目标和能力素质目标作进一步说明。

1）知识目标。主要包括：理解组态软件架构、理解组态软件功能模块、理解组态软件专业术语、双位控制原理及仿真意义、熟悉组态软件应用步骤。

2）专业技能目标。主要包括：组态软件安装、工程文件建立、项目方案设计、组态软件应用及项目实施、项目调试、运行、改进方法。

3）逐步形成能力素质目标。主要包括：能够利用多种手段进行资料检索，按照要求将项目资料进行分析整理，理解项目教学流程、理论联系实践，会分析控制工艺与项目实施关系、沟通、管理和组织能力。

2.1.3　项目及控制工艺要求

项目要求通过项目任务书形式，为方案设计和具体实施工作提供指导，如表 2-1 所示。

表 2-1　“水箱液位双位监控系统”项目任务书

<table>
<tr><td colspan="2">项目名称:水箱液位双位监控系统</td><td>教学课时:10</td></tr>
<tr><td colspan="2">教学资源:参考书、手册、课件、网络资源库</td><td>组织形式:4 ~5 人/组</td></tr>
<tr><td colspan="2">教学方法:项目教学,示范演示、讨论、操作</td><td>考核方式:演示验证、答辩</td></tr>
<tr><td colspan="2">1. 学生要求
(1) 熟练利用各种方法查找资料
(2) 具有一定的自主学习能力
(3) 具有一定的专业知识和技能
(4) 具有一定的写作及交流表达能力</td><td>2. 教师要求
(1) 具有自动控制专业理论体系知识
(2) 具有自动控制专业的工程经验
(3) 良好的教学能力
(4) 熟悉 DCS 应用</td></tr>
<tr><td rowspan="3">3. 项目工艺要求</td><td colspan="2">(1) 总体要求。利用组态软件中的仿真设备及功能模块,仿真出一个水箱液位双位控制系统,具备自动及手动启/停进水阀门和出水阀门的功能,利用按钮可实现系统启/停控制;通过此项目学习,基本掌握组态软件功能模块内涵和应用步骤</td></tr>
<tr><td colspan="2">(2) 工艺说明。液位控制在工业、生活等领域具有十分重要的现实意义,液位过高或过低,都将带来影响;本仿真系统利用进水阀门和出水阀门的打开和关闭状态,实现液位双位控制,参考监控界面见图 2-6</td></tr>
<tr><td colspan="2">(3) 控制要求。①初始液位为 0,液位上限为 1000,启/停控制按钮默认为停止状态,单击启/停按钮可在启动、停止之间互相切换,若此按钮在停止状态,则液位保持不变。②若启/停按钮在启动状态,当水位低于总水位的 10% 时将自动打开进水阀门送水,并关闭出水阀门;当水位高于总水位的 90% 时将关闭进水阀门,打开出水阀门;单击进水阀门和出水阀门按钮,阀门在打开、关闭两个状态之间切换。③如水位在 30% ~70% 之间时,报警指示灯为绿色;否则为红色。④若只有进水阀门打开,则水位每工作周期(1000ms)升高 10%;若只有出水阀门打开,则水位每工作周期降低 5%;若两个阀门同时打开,则水位每工作周期上升 5%</td></tr>
<tr><td>4. 重点和难点</td><td colspan="2">(1) 组态软件功能模块理解和应用
(2) 控制工艺的脚本编程
(3) 设备管理及仿真设备应用
(4) 变量确定和定义</td></tr>
</table>

2.1.4　项目工作计划表

工作计划是目标和要求的细化、具体化，使组织、管理、目标实施更有效，根据项目目标和任务书，制订表 2-2 所示的项目工作计划表。

表 2-2 “水箱液位双位监控系统”项目工作计划表

项目名称	水箱液位双位监控系统		总课时:10 学时
组长:	组别:	成员:	
步骤课时	工作过程摘要		
1. 资讯(2 学时)	(1) 阅读项目任务书 (2) 了解水位控制基本情况 (3) 查阅、了解组态软件基本知识 (4) 了解应用组态软件步骤 (5) 参考项目案例		
2. 计划及决策(1 学时)	(1) 小组成员分工 (2) 项目实施要素:项目分析、设备平台,确定模拟量、开关量数量,监控界面,双位液位仿真控制方案 (3) 规划项目实施进度 (4) 经讨论、审核,制订实施方案:确定设备、变量清单、监控界面、控制流程		
3. 实施(5 学时)	(1) 利用组态软件的工程管理器,新建“项目工程” (2) 定义所需设备:利用组态软件自带的仿真设备进行命名 (3) 建立数据变量,注意关联 I/O 设备 (4) 新建画面文件 (5) 利用图形工具箱和图库构建监控静态画面 (6) 实现静态画面的动画连接 (7) 脚本编程实现控制要求 (8) 运行、调试、验证、改进		
4. 检查与评价(2 学时)	(1) 学生自查 (2) 演示项目 (3) 提交项目报告 (4) 教师点评总结		
5. 拓展	自主学习拓展内容		

2.2 组态王软件的基本知识

组态王（Kingview）软件由北京亚控自动化软件有限公司开发，是具有适应性强、集成能力强、开放性好、易于扩展、经济、开发周期短等优点的通用组态软件。应用组态王可以使工程师把精力放在控制对象上，而不是形形色色的通信协议、复杂的图形处理、枯燥的数字统计。只需要进行填表操作，即可生成适合于用户的监控和数据采集系统。可以在整个生产企业内部将各种系统和应用集成在一起，实现“厂际自动化”的最终目标。

组态王软件是一种通用的工业监控软件，它融过程控制设计、现场操作以及工厂资源管理于一体，将一个企业内部的各种生产系统和应用以及信息交流汇集在一起，实现最优化管理。它基于 Microsoft Windows XP/NT/2000 操作系统，用户在企业网络的所有层次的各个位置上都可以及时获得系统的实时信息。采用组态王软件开发监控工程，可以极大地增强用户生产控制能力、提高工厂的生产力和效率、提高产品的质量、降低成本及原材料的消耗；而其良好的中文界面更适合于国人习惯。

2.2.1　组态王软件的安装

1. 组态王软件的版本

（1）开发版　有64点、128点、256点、512点、1024点和不限点共六种规格，所谓点指允许用户定义的变量个数，决定了系统应用规模；内置编程语言、支持网络功能、内置高速历史库、支持运行环境在线运行8h。

（2）运行版　有64点、128点、256点、512点、1024点和不限点共六种规格。支持网络功能，可选用通信驱动程序。

（3）NetView　有512点和不限点两种规格。支持网络功能，不可选用通信驱动程序。

（4）For Internet　有5用户、10用户、20用户、50用户和无限用户共五种规格，针对网络工作站；在组态王的普通版本上增加Internet远程浏览功能。

（5）演示版　支持64点，内置编程语言，在线运行2h，可选用通信驱动程序。

（6）Web全新版　随着Internet科技日益渗透到生活、生产的各个领域，传统自动化软件的e页浏览趋势已发展成为整合IT与工业自动化的关键。组态王提供了Web全新版，Web全新版基于ActiveX技术，采用B/S结构，客户可以随时随地通过Internet/Intranet实现远程监控。客户端有着强大的自主功能，Internet/Intranet网络上的任何一台PC都可以通过IE浏览器浏览工业现场的实时画面，监控各种工业数据，实现了对客户信息服务的动态性、实时性和交互性。

组态软件是根据实时数据库的点数收费的，组态王的工程组态需要软件狗，否则，只能打开64点以内的工程；同时，运行时还需要软件狗，否则运行2h就退出。一般实验室的计算机安装演示版，可升级为不限点版本。组态王目前应用较多的版本为6.5，所有版本都可以运行在Windows NT（补丁6）、Windows 2000和Windows XP系统下。

2. 安装主要步骤

1）运行安装光盘install.exe，将打开图2-1所示的安装界面。

图2-1　组态王安装界面

2）在安装向导中，单击“安装组态王程序”按钮，将会自动安装组态王软件，之后，系统将弹出“欢迎”对话框，单击“下一个”按钮，即可打开“软件许可证协议”对话框。

3）单击“是”按钮将继续安装，即可打开“用户信息”对话框；输入“姓名”和“公司”。单击“下一个”按钮，系统将弹出“确认用户信息”对话框。确认用户注册信息后，系统将弹出“选择目标位置”对话框，选择程序的安装路径，如图2-2所示。

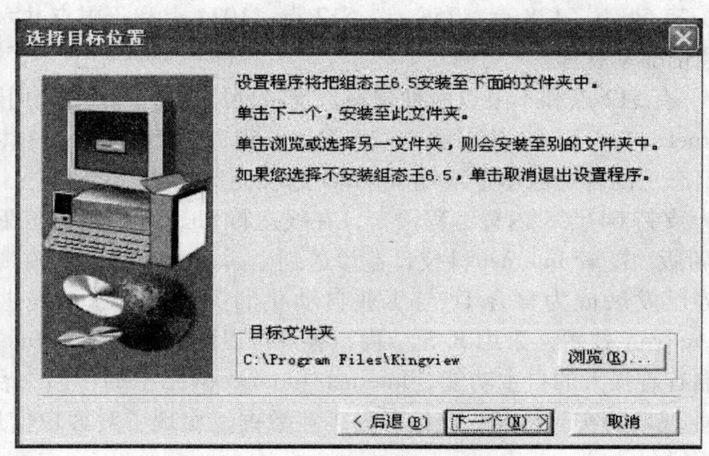

图2-2 “选择目标位置”对话框

4）单击“浏览”按钮，系统将弹出“选择安装路径”的对话框，输入新的安装目录，如“C：\Kingview”，然后单击“确定”按钮，系统将弹出图2-3所示的对话框。

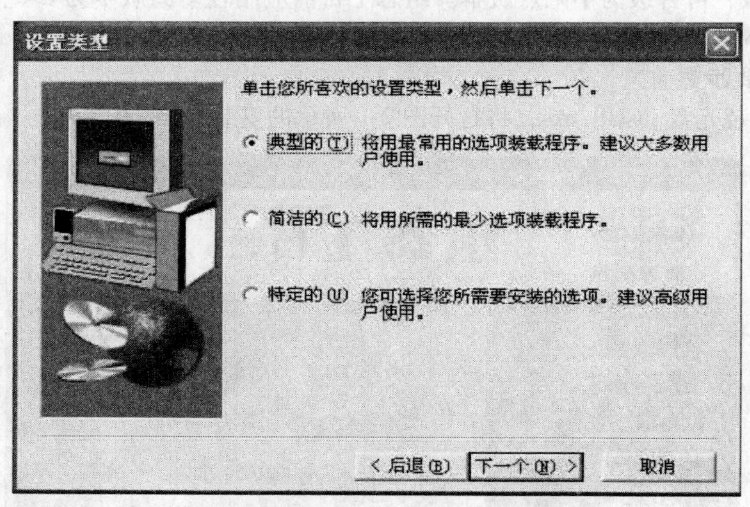

图2-3 “选择安装类型”对话框

5）选择“典型的（T）”选项，单击“下一个”按钮，系统将弹出组态王的程序组名称。

6）如果有什么问题，单击“后退”按钮可修改前面有问题之处；如果没有问题，单击“下一个”按钮，将开始安装；如在安装过程中发现前面有问题，单击“取消”按钮即可停止安装。

7）单击“下一个”按钮，开始安装。安装程序将光盘上的压缩文件解压缩并复制到默认或指定的目录下。解压缩过程中有显示进度提示，直到安装结束。组态王的软件安装结束后，系统将弹出图2-4所示的对话框。

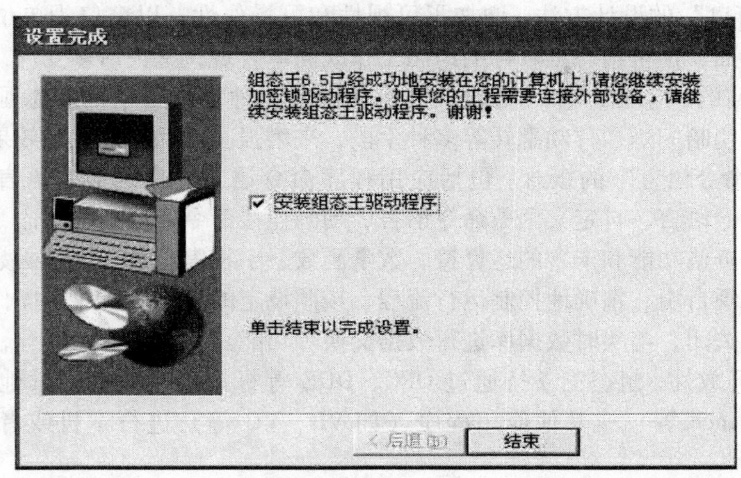

图2-4　安装组态王驱动程序完成对话框

8）安装组态王驱动程序。只有安装驱动，操作员站的组态软件才能与作为控制站的I/O设备实现通信。在图2-4对话框中有一个“安装组态王驱动程序”选项，选中该项，单击“结束”按钮，系统将会自动按照组态王的安装路径安装组态王的I/O设备驱动程序，弹出相应对话框。如果不选该项，可以以后再安装。

9）根据实际情况安装硬件加密锁（没有经过授权，也可进入受限的开发和运行系统）和系统补丁安装。

10）组态王软件安装结束后，一定要重新启动计算机，组态王软件才能正常使用。另外，对于组态王软件的卸载、版本升级及重装，过程比较繁琐，参考亚控公司的相关说明。

2.2.2　组态王软件的特点

组态软件是数据采集与过程控制的专用软件，是自动控制系统监控层一级的软件平台和开发环境，能以灵活多样的组态方式（而不是编程方式）提供良好的用户开发界面，可向控制层和管理层提供软、硬件的全部接口，进行系统集成。组态软件的发展趋势体现为集成化与定制化、纵向的功能向上与向下延伸、横向的监控、管理范围及应用领域扩大。常用国内外组态软件有：组态王、力控、MCGS、IFIX、WINCC。项目2与项目3采用组态王软件。组态王具有如下的特点：

1）概念简单，易于理解和使用。普通工程人员经过短时间的培训就能正确掌握、快速完成多种简单工程项目的监控程序设计和运行操作。

2）功能齐全，便于方案设计。组态王软件为解决工程监控问题提供了丰富多样的方法，从设备驱动到数据处理、报警处理、流程控制、动画显示、报表输出、曲线显示、安全管理等各个环节，均有丰富的功能组件和常用图形库可供选用。

3）实时性与并行处理。组态王软件充分利用了Windows操作平台的多任务、按优先级分时操作的功能，使PC广泛应用于工程测控领域的设想成为可能。

4）建立实时数据库，便于用户分步组态，保证系统安全可靠运行。在组态王组态软件中，实时数据库是整个系统的核心。实时数据库是一个数据处理中心，是系统各个部分及其各种功能性构件的公用数据区。

5）“面向窗口”的设计方法。增加了可视性和可操作性，以窗口为单位，构造用户运行系统的图形界面，使得组态王软件的组态工作既简单直观，又灵活多变。

6）利用丰富的“动画组态”功能。可快速构造各种复杂生动的动态画面。用大小变化、颜色改变、明暗闪烁、移动翻转等多种手段，来增强画面的动态显示效果。

7）引入“命令语言”的概念。包括应用程序命令语言、热键命令语言、事件命令语言、数据改变命令语言、自定义函数命令语言、动画连接命令语言和画面命令语言等。具有完备的词法语法查错功能和丰富的运算符、数学函数、字符串函数、控件函数、SQL 函数和系统函数等。实现自由、精确地控制运行流程，按照设定的条件和顺序，操作外部设备，控制窗口的打开或关闭，与实时数据库进行数据交换等功能。

8）良好的开放性。组态王支持通过 OPC、DDE 等标准传输机制和其他监控软件（如 Intouch、Ifix、Wincc 等）或其他应用程序（如 VB、VC 等）进行本机或者网络上的数据交互。

2.2.3　组态王软件的基本应用步骤

1）将所有 I/O 点的参数整理齐全，并以表格的形式保存，以便在组态软件组态和实现控制工艺编程时使用。明确所使用的 I/O 设备的生产商、种类、型号，使用的通信接口类型，采用的通信协议，以便在定义 I/O 设备时做出正确配置。

2）创建新工程。为工程创建一个目录用来存放与工程相关的文件。

3）定义硬件设备并添加工程变量，添加工程中需要的硬件设备和工程中使用的变量，包括内存变量和 I/O 变量。

4）根据工艺过程绘制、设计画面结构和画面框架。制作图形画面并定义动画/数据连接，按照实际工程的要求绘制监控画面并使静态画面随着过程控制对象产生动态效果。

5）编写命令语言，通过脚本程序的编写在上位机中完成较复杂的操作控制。

6）根据控制工艺的需要，对控制站软件实现组态编程。

7）根据实际需要，对系统进行配置，对运行系统、报警、历史数据记录、网络、用户等进行设置。

8）保存工程并运行、调试、验证，完成以上步骤后，工程开发基本完成。

2.3　项目方案设计

2.3.1　项目分析

围绕项目学习主要目标和要求，为指导项目方案设计和具体实施工作，首先，对项目进行分析工作，其分析的主要内容包括：分析项目的软、硬件平台和工艺流程与实施方法，明确监控要求和动画显示方式；分析项目中的数据对象的来源、功能、应用及相关环节的关系。其次，确定方案设计内容，主要围绕项目硬件设计及实施平台、工艺流程控制方案、数据库变量与动画连接、监控界面等几方面开展工作。

2.3.2　项目实施平台

由于本项目基于计算机和组态王软件实现液位双位仿真控制，因此，项目实施平台可确定为：硬件——计算机及组态王软件中的仿真设备；软件——常规软件＋北京亚控公司组态王软件。为在计算机监控界面上直观地反映系统设备及工艺状况，利用组态王软件中的图形工具箱、图库的对象，通过与变量的动画连接，改变图形对象的颜色、尺寸、位置、填充百分数等方式，使图形对象呈现良好的动画效果。另外，在组态王软件中，把需要与组态王软件之间交换数据的设备或者程序都视为I/O设备，即需要在组态王软件中定义逻辑设备关联实际设备，并借助于组态王软件中的数据库，即I/O变量实现现场状态或参数与监控界面的互动；根据项目要求，引用组态王软件中的仿真设备，定义其名称为“PLC _组号”。

2.3.3　工艺流程控制方案

在本项目中，系统分为自动工作方式和手动工作方式。自动工作方式要求根据图2-5中的液位数值实现阀门状态自动切换；而手动工作方式在监控界面上直接操纵阀门状态，使液位相应调整。监控界面的水箱液位与仿真设备PLC寄存器连接，出水阀门按钮、进水阀门按钮、手动/自切换按钮的数据与内存变量关联；而水箱双位供水系统的控制逻辑由组态王中的应用程序命令语言编程实现。综合项目要求和上述分析，编程实现图2-5所示自动工作方式的工艺流程及手动控制功能。

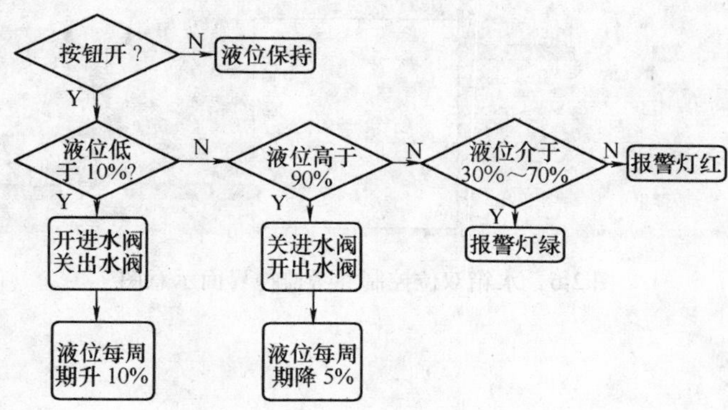

图2-5　工艺流程控制框图

2.3.4　数据库变量与动画连接

数据库（DB）是整个应用系统的核心，是构建分布式应用系统的基础，它负责整个系统的实时数据处理、历史数据存储、统计数据处理、报警信息处理和数据服务请求处理，而数据库通过变量方式实现功能组合及数据关联。在组态王软件中，变量包括系统变量和用户定义的变量，变量的基本类型分为两类：I/O变量和内存变量。I/O变量是指可与外部数据采集程序/设备直接进行数据交换的变量，如下位机数据采集设备PLC，此种数据交换具有双向的、动态的特征；内存变量是指那些不需要和其他应用程序交换数据、也不需要从下位机得到数据、只在组态王软件工程项目内使用的变量，如计算过程的中间变量。

动画连接是将画面中的图形对象与变量之间建立某种关系，当变量的值发生变化时，在监控画面上图形对象的动画效果以动态变化方式体现出来，把静态监控界面激活，相当于赋予它“生命”。综合项目要求和上述分析，所需定义的变量基本情况如表2-3所示。

表2-3 数据库变量规划表

序号	名称	类型	I/O设备寄存器	关联动画连接
1	液位	I/O整数	STATIC1000，读写	水箱填充及文本液位显示
2	出水阀门	内存离散	无关	关联图库可操作阀门
3	进水阀门	内存离散	无关	关联图库可操作阀门
4	启停切换	内存离散	无关	关联按钮
5	指示灯	内存离散	无关	关联液位报警图库指示

2.3.5 项目监控界面

经过分析，并结合A1000实训平台结构，监控界面的图形对象主要包括：具备液位动画填充功能的水箱、带状态切换功能的出水阀门、带状态切换功能的进水阀门、液位状态指示灯、启动/停止切换与系统退出运行按钮、管道；其参考监控界面示意图如图2-6所示。

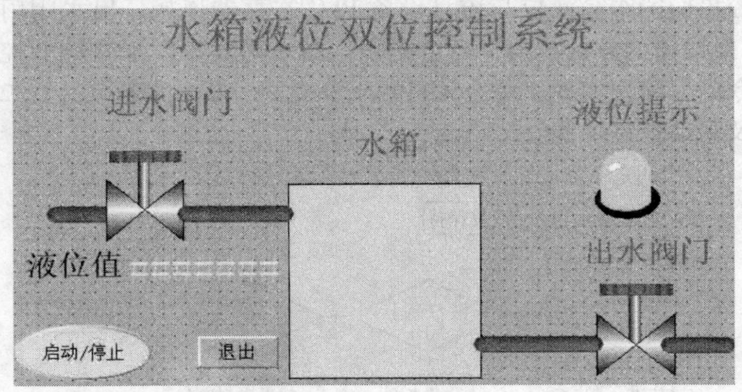

图2-6 水箱双位控制参考监控界面示意图

2.4 项目实施

2.4.1 工程的建立

1）打开组态王6.5组态环境。单击“开始”菜单，按“开始”→“所有程序”→“组态王6.5”的顺序打开“组态王工程管理器”，如图2-7所示。或用桌面上的快捷图标“组态王6.5”打开“组态王工程管理器”。

2）新建工程。选择“文件”菜单或工具按钮→“新建工程”，系统将弹出图2-8所示的窗口。

3）选择“下一步”按钮，系统将弹出图2-9所示的对话框。

4）输入组态王新建工程所在的路径。如果是新路径，则系统会弹出图2-10所示的对话框。

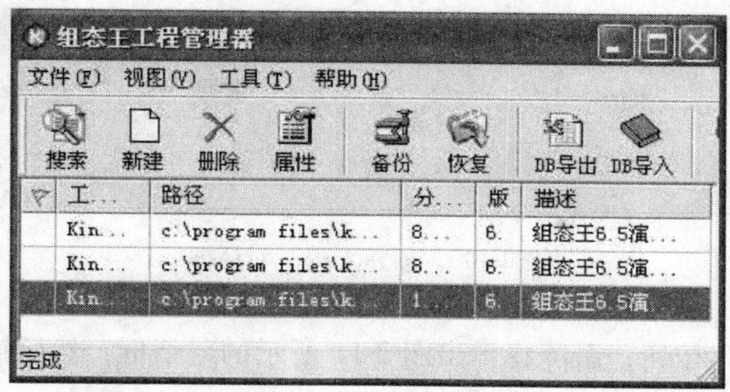

图2-7　组态王工程管理器

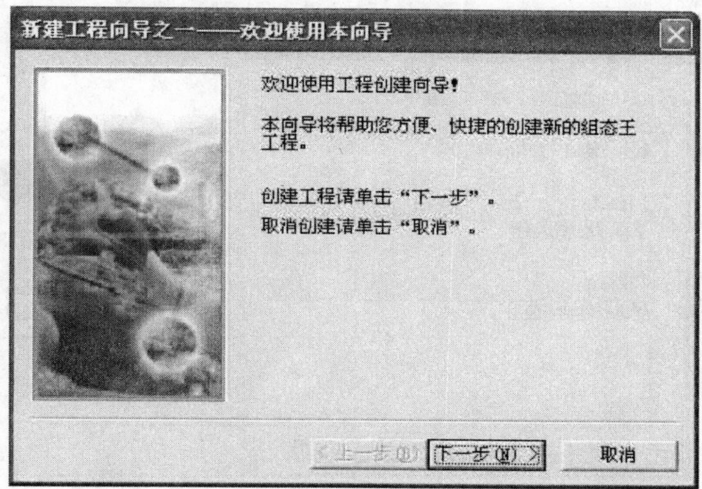

图2-8　新建工程向导

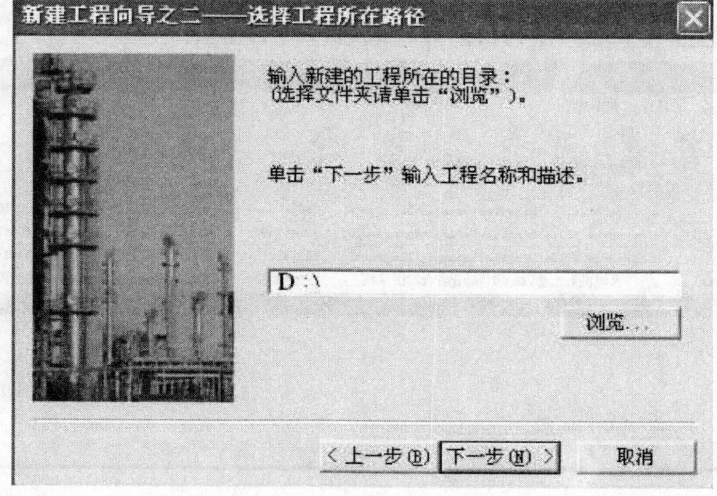

图2-9　“选择工程路径”对话框

图 2-10　“新建工程”对话框

5）单击“确定”按钮，系统将弹出图 2-11 所示的对话框，然后输入组态王新建工程的名称及对工程的描述，如图 2-11 所示。

6）单击“完成”按钮，系统将弹出图 2-12 所示的提示“是否将新建的工程设为当前工程？”信息对话框。

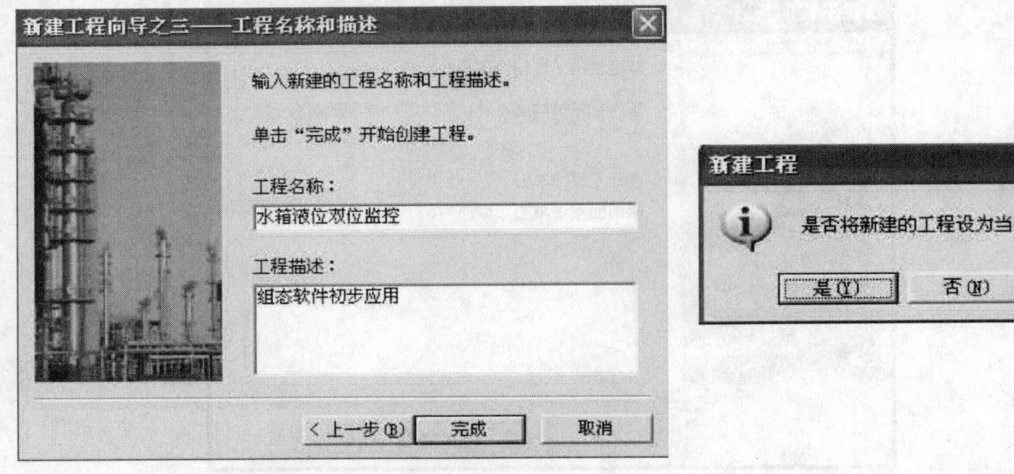

图 2-11　“新建工程名称和描述”对话框　　图 2-12　设置工程提示信息对话框

7）单击“是”按钮，完成工程的新建，如图 2-13 所示。当前工程针对工程管理器中多个工程项目，选择其中之一作为目前开发或运行的工程项目。

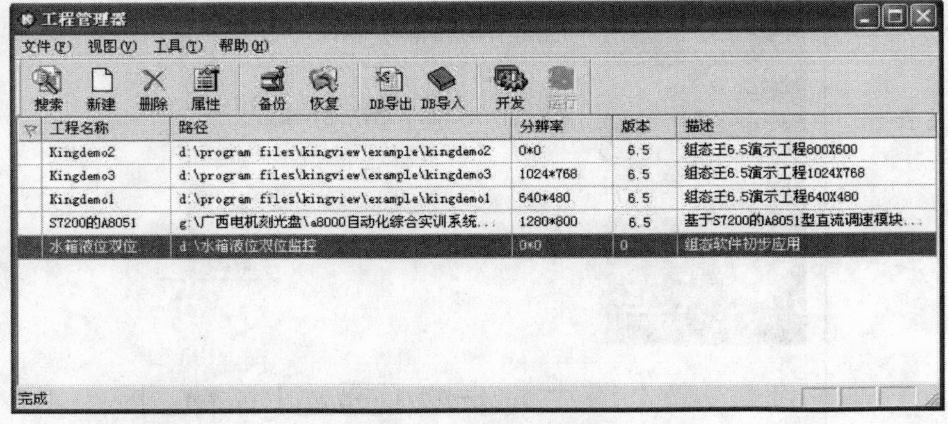

图 2-13　“完成新建工程提示信息”对话框

【知识链接】 工程管理器和浏览器

1. 工程管理器

在组态王中，所建立的每一个实际的应用案例/项目都称为工程。每个工程包括数据库、I/O设备、人机界面、网络等组态和运行数据。不同的组态王工程数据文件都存放在不同的目录下，这个目录又包含多个子目录和文件，如＊. PIC——每一个画面对应一个扩展名为“. PIC”的文件，它包含画面中所有图素的信息；APPSCRIP. CFG——此文件包含应用程序命令语言的信息。所建立的工程项目是基于工程管理器实现集中管理。

（1）作用　组态王工程管理器是用来建立新工程，对添加到工程管理器的工程做统一的管理。工程管理器的主要功能包括：新建、删除工程，对工程重命名，搜索组态王工程，修改工程属性，工程备份、恢复，数据词典的导入与导出，切换到开发或运行环境等作用。

（2）启动　单击“开始”→“程序”→“组态王6.5”，或直接双击桌面上组态王的快捷方式，启动后的工程管理窗口如图2-7所示。

（3）认识工程管理器　工程管理器由文件菜单、视图菜单、工具菜单、帮助菜单、工程管理器工具条、快捷菜单组成，下面通过介绍界面快捷键进一步认识工程管理器。

1）搜索。单击“搜索”图标，系统将弹出“浏览文件夹”对话框，如图2-14所示。在弹出的“浏览文件夹”对话框中选择某一驱动器或某一文件夹，系统将搜索指定目录下的组态王工程，并将搜索完毕的工程显示在工程列表区中。“搜索工程”是用来把计算机的某个路径下的所有的工程一起添加到组态王的工程管理器，它能够自动识别所选路径下的组态王工程，为我们一次添加多个工程提供了方便。

随后，选定要添加工程的路径；将要添加的工程添加到工程管理器中；单击工程浏览窗口“文件”菜单中的“添加”命令，可将保存在目录中指定的组态王工程添加到工程列表区中，以便对工程进行管理。

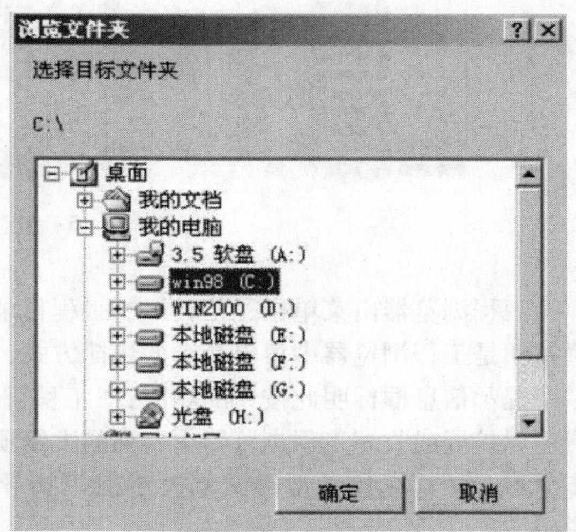

图2-14　搜索工程路径选择对话框

2）新建。工程管理器上的“新建”快捷键功能完全类同于前面的菜单“文件”→“新建工程”选项功能。

3）删除。在工程列表区中选择某工程后，单击此快捷键可删除选中的工程，当前工程不能直接删除，需要先把其他工程设为当前工程。

4）属性。在工程列表区中选择某工程后，单击此快捷键系统将弹出工程属性对话框，在工程属性窗口中可查看并修改工程属性。

5）备份。工程备份是在需要保留工程文件的时候，把组态王工程压缩成组态王自己的“＊. cmp”类压缩文件。

6）恢复。单击此快捷键可将备份的工程文件恢复到工程列表区中。

7）DB导出。利用此快捷键可将组态王工程数据词典中的变量导出到EXCEL表格中，用户可在 EXCEL 表格中查看或修改变量的属性。在工程列表区中选择某工程后，单击此快捷键可在弹出的“浏览文件夹”对话框中输入保存文件的名称，系统自动将选中工程的所有变量导出到 EXCEL 表格中。

8）DB 导入。与 DB 导出类同。

9）开发。单击“开发”快捷键可以直接进入组态王工程浏览器及工程的开发环境。

10）运行。在工程列表区中选择某工程后，单击此快捷键可进入工程的运行环境。

2. 工程浏览器

工程浏览器是组态王 6.5 的集成开发环境，可以从中看到工程的各个组成部分，包括 Web 、文件、数据库、设备、系统配置、SQL 访问管理器，它们以树形结构显示在工程浏览器窗口的左侧。工程浏览器的使用和 Windows 的资源管理器类似，如图 2-15 所示。

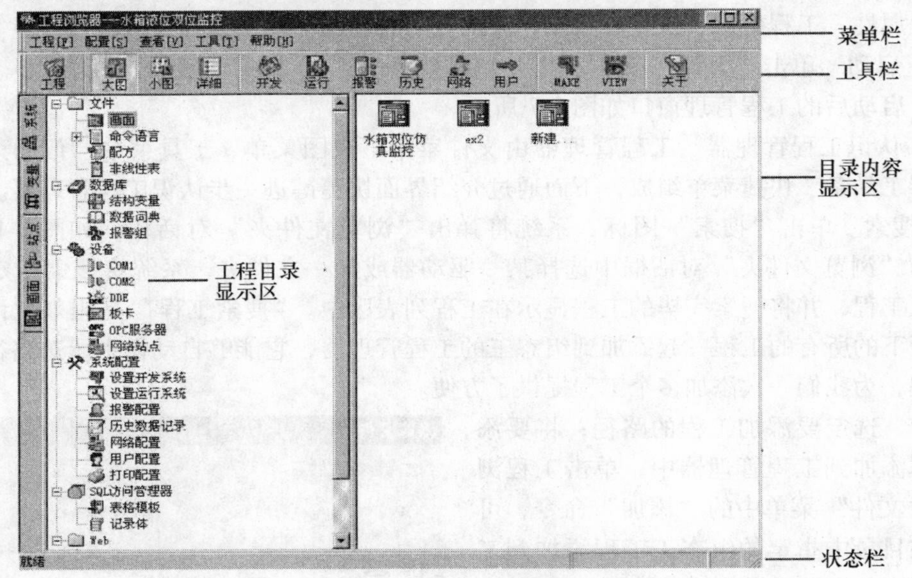

图 2-15　组态王工程浏览器

工程浏览器由菜单栏、工具栏、工程目录显示区、目录内容显示区和状态栏组成。工具栏按钮是工程浏览器中菜单命令的快捷方式，当鼠标放在工具栏的任一按钮上时，立刻出现一个提示信息框标明此按钮的功能；“工程目录显示区”以树形结构图显示大纲项节点，用户可以扩展或收缩工程浏览器中所列的大纲项。理解、应用工程浏览器有待于后续内容进一步学习，尤其应参考帮助文档及手册以指导学习。下面对工程浏览器中的菜单栏做简要说明。

（1）工程菜单　包括启动工程管理器、工程导入/导出/退出。

（2）配置菜单　单击菜单栏上的“配置”菜单，即可弹出下拉式菜单，包括：开发系统、运行系统、报警配置、历史数据记录、网络配置、用户配置、打印配置和串口配置。

（3）查看菜单　单击菜单栏上的“查看”菜单，即可弹出下拉式菜单，包括：工具栏、状态栏、大图标、小图标和详细资料。

（4）工具菜单　单击菜单栏上的“工具”菜单，即可弹出下拉式菜单，包括：查找数据库变量、变量使用报告、更新变量计数、删除未用变量、替换变量和工程加密。

2.4.2　设备组态

新建工程项目后，定义所需逻辑设备的过程称为设备组态，下面介绍设备组态的基本步骤。

（1）进入设备组态界面　在工程管理器中，选择新建工程项目，单击“开发”快捷键，打开工程浏览器。在组态王工程浏览器中选择设备标签中的“COM1”，系统将弹出图2-16所示的窗口。

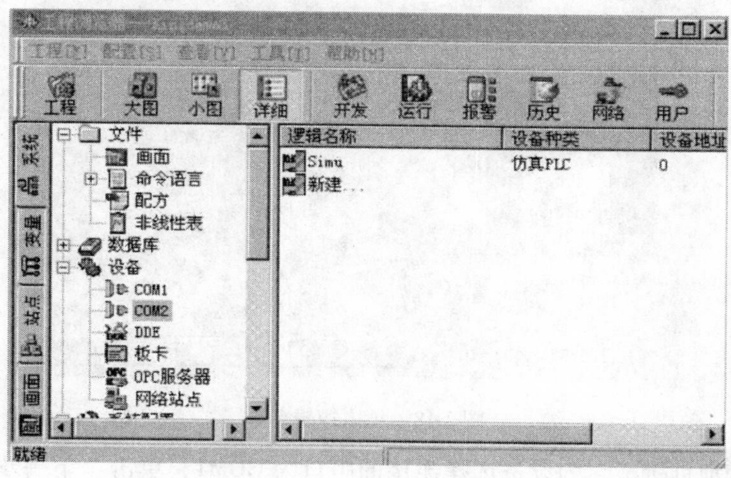

图2-16　选择设备窗口

（2）选择关联设备　双击图2-16所示右侧窗口中的“新建”图标，系统将弹出图2-17所示的对话框，根据项目要求选择所需定义设备。

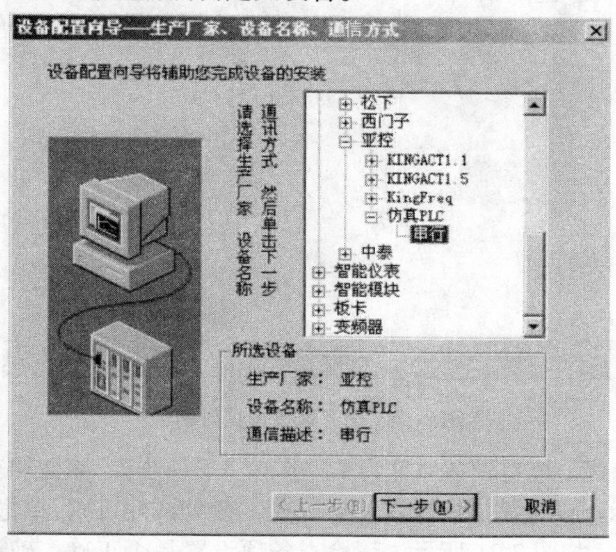

图2-17　选择设备类型对话框

（3）逻辑设备命名　选择“亚控”提供的“仿真 PLC”的“串行”项后单击“下一步”，为仿真 PLC 设备取一个名称，如“PLC-1”，如图 2-18 所示，单击“下一步”，系统将弹出连接串口对话框。

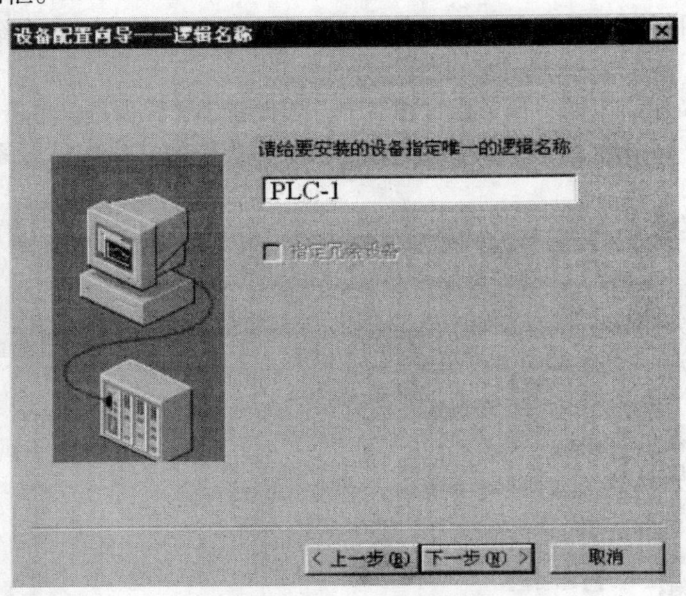

图 2-18　填入逻辑名称

（4）端口和地址定义　为设备选择连接的串口为 COM1，单击“下一步”，系统将弹出设备地址设置对话框，如图 2-19 所示。

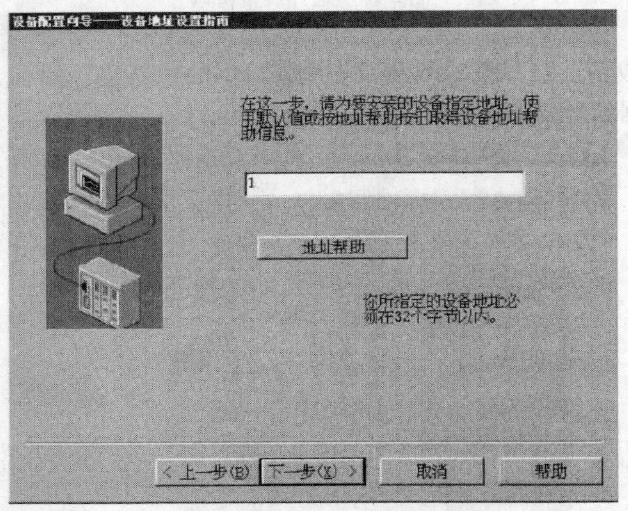

图 2-19　设备地址设置对话框

（5）通信参数设置　填写设备地址为 1，单击“下一步”，系统将弹出通信参数设置对话框，如图 2-20 所示。设置通信故障恢复参数（一般默认即可），单击“下一步”，系统将弹出信息总结对话框，如图 2-21 所示。请检查各项设置是否正确，确认无误后，单击“完成”按钮。

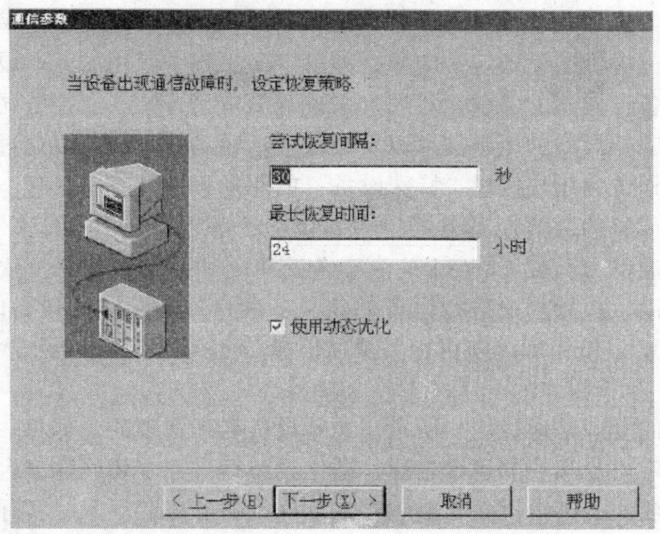

图 2-20　通信参数设置对话框

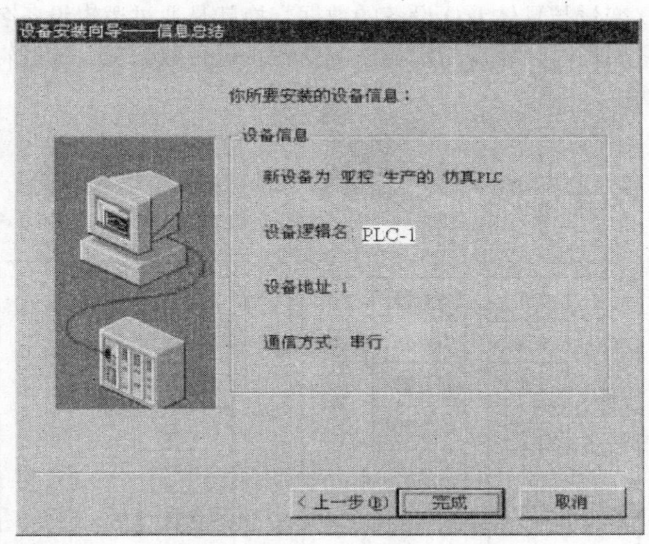

图 2-21　设备定义信息总结对话框

【知识链接】 I/O（外部）设备

1. 概况

组态王采用工程浏览器界面来管理硬件设备，已配置好的设备统一列在工程浏览器界面下的设备分支中。组态王把那些需要与之交换数据的硬件设备或软件程序都作为外部设备使用，只有在定义了外部设备之后，组态王才能通过 I/O 变量和它们交换数据。外部硬件设备通常包括 PLC、仪表、模块、变频器、板卡等，外部软件程序通常指包括 DDE、OPC 等服务程序；另外，为方便软件学习，组态王自带仿真设备。

组态王与 I/O 设备进行通信一般是通过调用 *. dll 动态库来实现的，不同的设备、协议对应不同的动态库（或驱动程序）。工程开发人员无须关心复杂的动态库代码及设备通信协议，只须使用组态王提供的设备定义向导，即可定义工程中使用的I/O设备，并通过变量的定义实现与I/O设备存储器的关联，对用户来说既简单又方便。亚控公司不断地进行新设备驱动的开发，有关支持设备的最新信息以及设备最新驱动的下载可以通过亚控公司的网站下载；另外，亚控公司也为用户提供“特殊设备”的驱动程序开发工具包。

计算机和外部设备的通信连接方式，主要包括：串行通信（RS232/422/485）、现场总线、以太网、专用通信卡（如CP5611）等。组态王对所支持的设备及软件都提供了相应的联机帮助及驱动帮助，指导用户进行设备的定义；用户在实际定义设备时，单击图2-19中所显示的“地址帮助”按钮即可获得相关帮助信息。

2. 逻辑设备

组态王对设备的管理是通过用户所定义逻辑设备名来实现的，即每一个实际I/O设备都必须在组态王中指定一个唯一的逻辑名称，即使设备型号完全相同的多台I/O设备，也要指定不同的逻辑设备名。此逻辑设备名对应着该I/O设备的生产厂家、实际设备名称、设备通信方式、设备地址、与上位PC的通信方式等信息内容，组态王设备管理中的逻辑设备分为DDE、板卡类、串口类、人机界面卡和网络模块等类型。

组态王中的I/O变量与具体I/O设备的数据交换就是通过逻辑设备名来实现的，当工程人员在定义I/O变量属性时，就需指定与该I/O变量进行数据交换的逻辑设备名，它们的对应关系如图2-22所示。

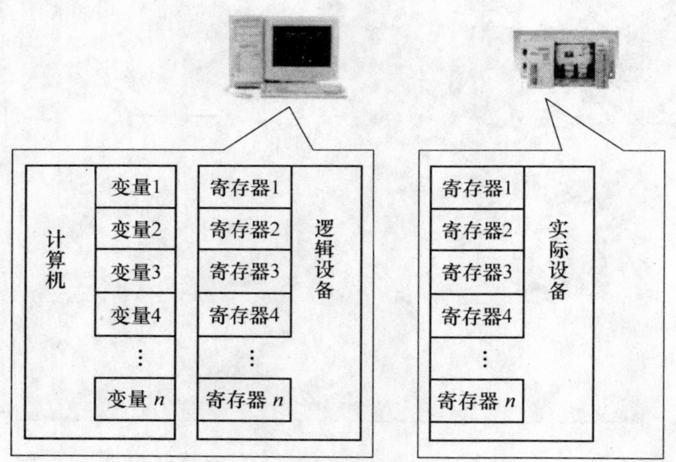

图2-22　变量、逻辑设备与实际设备的对应关系

3. 定义设备

在了解组态王逻辑设备的概念后，工程人员可以轻松地在组态王中定义所需的设备。进行I/O设备的配置，利用弹出的配置向导页，可以方便快捷地添加、配置、修改硬件设备。另外，对所定义设备端口可进行通信参数设置，确保它们的数据位数、波特率等参数一致；对联网设备进行通信测试工作，确保运行之前通信正常。组态王提供大量不同类型的驱动程序，工程人员根据自己实际安装的I/O设备选择相应的驱动程序即可；参考上述仿真设备“PLC1”定义过程。

4. 仿真PLC设备

程序在实际运行中是通过I/O设备和下位机交换数据的，当程序在调试时，可以使用仿真I/O设备模拟下位机向组态画面提供数据，为画面程序及工艺的调试提供方便；组态王提供一个仿真PLC设备，便于自主学习组态王软件的功能模块。仿真PLC设备在使用前也需定义，在定义相关I/O变量时，应用的关键在于了解仿真PLC的寄存器符号及规则：自动加1寄存器（INCREA）、自动减1寄存器（DECREA）、静态寄存器（STATIC）、随机寄存器（RADOM）、CommErr寄存器，可参考帮助文档进一步了解相关应用规则及示例。

2.4.3　数据变量

根据前面的数据库变量规划表有关内容，分别定义所需变量；本项目只需对变量的“基本属性”进行定义，至于“报警定义”和“记录和安全区”定义及应用将在后续项目中介绍。

1. 定义“液位”变量

1）在组态王工程浏览器中选择数据库标签中的“数据词典”，在右侧双击“新建”图标，系统将弹出变量基本属性对话框，如图2-23所示。

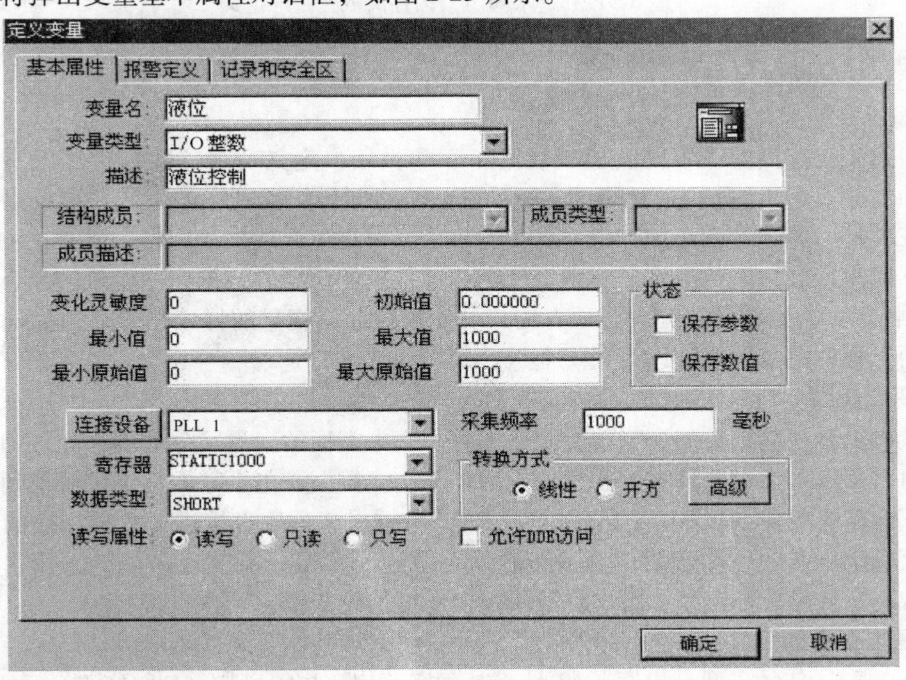

图2-23　变量基本属性对话框

2）在该对话框中，设置变量名为“液位”，变量类型为“I/O整数”，最大值为“1000”，连接设备为“PLC-1”，寄存器为STATIC1000，数据类型为“SHORT”，采集频率为“1000”ms，读写属性为“读写”。

2. 建立四个内存离散变量

首先建立“进水阀门”内存离散变量，如图2-24所示。采用类似“进水阀门”变量的方法，完成出水阀门、起/停切换、指示灯三个内存离散变量定义工作。

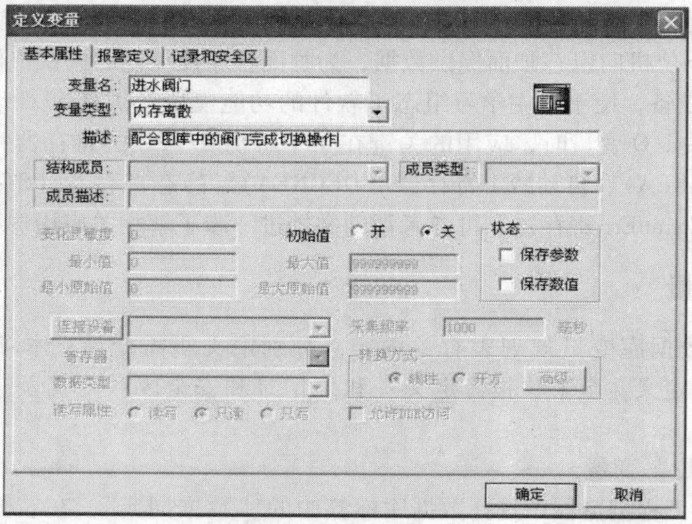

图 2-24 “进水阀门”内存离散变量的定义

【知识链接】 变量定义和管理

1. 概况

在组态王工程浏览器中提供了“数据库”项供用户定义变量，数据库是组态王软件最为核心的部分。在 TouchView（画面运行系统）运行时，工业现场的生产状况要以动画的形式反映在屏幕上，操作者在计算机前发布的指令也要迅速送达生产现场，所有这一切都是以实时数据库为核心，即数据库是联系上位机和下位机的桥梁。数据库中变量的集合形象地称为“数据词典”，数据词典记录了所有用户可使用的数据变量的详细信息；数据词典中存放的是应用工程中定义的变量以及系统变量。

2. 变量类型

变量可以分为基本类型和特殊类型两大类，基本类型的变量又分为内存变量和 I/O 变量两种。内存变量是指那些不需要和其他应用程序交换数据、也不需要从下位机得到数据、只在组态王内需要的变量；I/O 变量是指可与外部数据采集程序直接进行数据交换的变量，这种数据交换是双向的、动态的；变量的数据类型分为实型、离散、字符串、整数、结构变量；特殊变量分为报警窗口、历史趋势曲线、系统预设变量。

3. 基本变量的定义

内存离散、内存实型、内存长整型、内存字符串、I/O 离散、I/O 实型、I/O 长整型、I/O 字符串，这八种基本类型的变量是通过“变量属性”对话框来定义变量的相关属性；“定义变量”对话框中还有“报警定义”和“记录和安全区”两个选项卡；另外，还有结构变量、变量组、变量域、变量导入与导出、变量删除等相关功能应用需参考帮助文档及后续项目学习；下面对变量的“基本属性”的有关选项作简要说明。

（1）变量名　唯一标识一个应用程序中数据变量的名字，同一应用程序中的数据变量不能重名，数据变量名区分大小写，最长不能超过 31 个字符。单击编辑框的任何位置都可进入编辑状态，工程人员此时可以输入变量名，变量名可以是汉字或英文名字，第一个字符不能是数字。其命名规则是：变量名命名时不能与组态王中现有的变量名、函数名、关键字、构件名称等相重复；命名的首字符只能为字符，不能为数字等非法字符，名称中间不允许有空格、算术符号等非法字符存在；名称长度不能超过31个字符。

（2）变量类型 从对话框中选择八种基本类型中的一种，用鼠标单击变量类型下拉列表框列出可供选择的数据类型。当定义有结构模板时，一个结构模板就是一种变量类型。

（3）描述 用于输入对变量的描述信息。例如若想在报警窗口中显示某变量的描述信息，可在定义变量时，在描述编辑框中加入适当说明，并在报警窗口中加上描述项，则在运行系统的报警窗口中可见该变量的描述信息，最长不超过39个字符。

（4）变化灵敏度 数据类型为模拟量或整型时此项有效。只有当该数据变量的值变化幅度超过“变化灵敏度”时，“组态王”才更新与之相连接的画面显示，默认为0。

（5）最小值 指该变量值（工程量）在数据库中的下限。

（6）最大值 指该变量值（工程量）在数据库中的上限。

（7）最小原始值 变量为I/O模拟变量时，驱动程序中输入原始模拟值（I/O变量对应存储单元处理后）的下限。

（8）最大原始值 变量为I/O模拟变量时，驱动程序中输入原始模拟值（I/O变量对应存储单元处理后）的上限。

（9）保存参数 在系统运行时，如果变量的域（可读可写型）值发生了变化，组态王运行系统退出时，系统自动保存该值。组态王运行系统再次启动后，变量的初始域值为上次系统运行退出时保存的值。

（10）保存数值 系统运行时，如果变量的值发生了变化，组态王运行系统退出时，系统自动保存该值。组态王运行系统再次启动后，变量的初始值为上次系统运行退出时保存的值。

（11）初始值 这项内容与所定义的变量类型有关，定义模拟量时出现编辑框可输入一个数值，定义离散变量时有“开/关”两种选择。定义字符串变量时出现编辑框可输入字符串，此选项规定了程序开始运行时变量的初始值。

（12）连接设备 只对I/O类型的变量起作用，工程人员只需从下拉式“连接设备”列表框中选择相应的设备即可（事先已定义的逻辑设备）。此列表框所列出的连接设备名是组态王设备管理中已定义的逻辑设备名。用户要想使用自己的I/O设备，首先单击“连接设备”按钮，则“变量属性”对话框自动变成小图标出现在屏幕左下角，同时系统将弹出“设备配置向导”对话框，工程人员可根据安装向导完成相应设备的安装，当关闭“设备配置向导”对话框时，“变量属性”对话框又自动弹出；工程人员也可以直接从设备管理中定义自己的逻辑设备名。

如果连接设备选为Windows的DDE服务程序，则“连接设备”选项下的选项名为“项目名”；当连接设备选为PLC等，则“连接设备”选项下的选项名为“寄存器”；如果连接设备选为板卡等，则“连接设备”选项下的选项名为“通道”。

（13）寄存器 指定要与组态王定义的变量进行连接通信的寄存器符号及序号，该寄存器与工程人员指定的连接设备有关，具体参考组态王软件的驱动帮助文档介绍。

（14）转换方式 规定I/O模拟量输入原始值到变量数据库使用值的转换方式。有线性、开方、非线性表和直接累计、差值累计等转换方式。转换方式不仅直接关系到控制站相关寄存器单元数据化规格编程，也是变量组态时正确处理原始值与工程量关系的基础。

（15）数据类型　只对I/O类型的变量起作用，定义变量对应的寄存器的数据类型，共有9种数据类型供用户使用，分别是：BIT、BYTE、SHORT、USHORT、BCD、LONG、LONGBCD、FLOAT、STRING，使用时需要特别注意它们对应的数据范围。

（16）采集频率　用于定义数据变量的采样频率。与组态王的基准频率设置有关。当采集频率为0时，只要组态王上的变量值发生变化时，就会进行写操作；当采集频率不为0时，则按照采集频率周期性的输出值到设备。

（17）读写属性　定义数据变量的读写属性，工程人员可根据需要定义变量为“只读”属性和“只写”属性和“读写”属性，I/O输入量定义为“只读”，I/O输出量定义为“只写”，监控界面上可人为改变的变量定义为“读写”属性。

4. I/O变量的转换方式

在实际应用时，对于I/O模拟变量经过不同环节时，其数值存在确定的数学关系，即需要按照不同的方式进行转换。比如一般的信号与工程值都是线性对应的，可以选择线性转换；有些需要进行累计计算，则选择累计转换。组态王为用户提供了线性、开方、非线性表、直接累计、差值累计等多种转换方式，下面主要介绍最为常用的线性转换方式。

所谓线性转换方式就是将设备中寄存器单元的值与工程值按照确定的比例系数进行转换。在变量基本属性定义对话框的“最大值”、“最小值”编辑框中输入变量工程值的范围，在“最大原始值”、“最小原始值”编辑框中输入设备中转换后的数字量值的范围，则系统运行时，按照指定的量程范围进行自动转换，得到当前实际的工程值。在控制站编程和工程师站组态变量时，I/O模拟变量转换至关重要；尤其，PLC中的PID指令的回路参数表及组态变量线性关系的正确处理为项目3中的PID单回路液位恒定控制奠定基础。

设PLC的A-D输入模块连接的温度传感器在0℃时为4MA电流，在100℃时对应电流值为20mA。如果在变量基本属性定义时，输入如下的数值：最小原始值=0，最小值=4；最大原始值=100，最大值=20；其转换比例=(20-4)/(100-0)=0.16；如果温度传感器的原始值为10mA时，组态王内部变量对应的工程值为10×0.16℃=16℃。

2.4.4 监控界面组态

监控界面是操作员站实现集中显示、集中操作、集中管理的人机交互接口，构筑形象、友好、实用的工作界面是用户衡量系统优劣的重要指标之一。监控界面既可由简单的图素组成，也可由功能强大的控件组成，监控界面的组态分为静态画面制作和动画连接两个阶段；下面简要介绍监控界面组态的基本步骤。

1）在组态王工程浏览器中选择文件标签中的“画面”，系统将会出现图2-25所示的窗口。

2）双击右侧窗口中的“新建”图标，系统将弹出图2-26所示的对话框。

在“画面名称”处输入新的画面名称，如“水箱液位双位仿真系统”，其他属性目前不用更改。单击“确定”按钮进入内嵌的组态王画面开发系统，如图2-27所示。

3）根据监控界面方案要求，在组态王开发系统中从“工具箱”或“图库”中分别选择矩形框、阀门、按钮、管道、文本、指示灯等图符，拖动光标到画面所需位置。

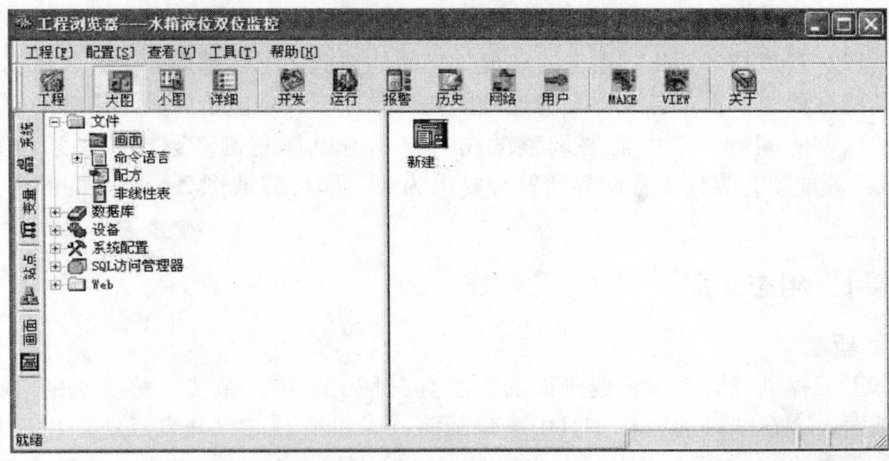

图2-25　画面组态窗口

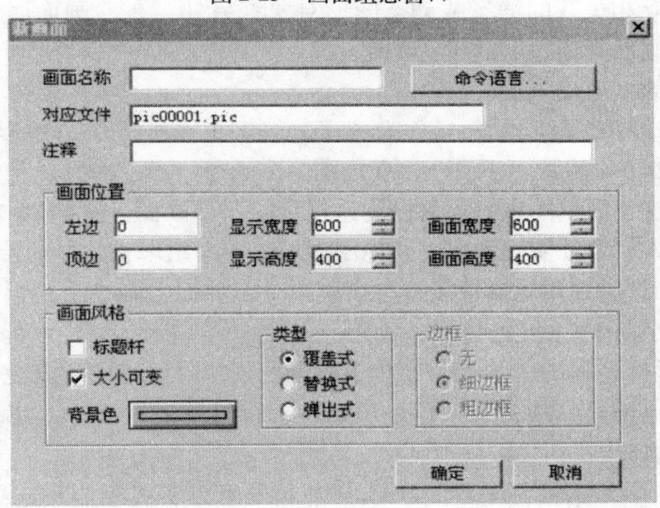

图2-26　“新画面”对话框

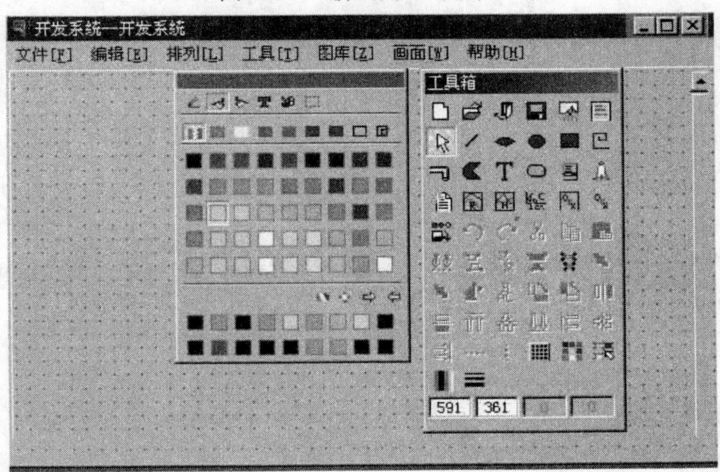

图2-27　组态王画面开发系统

4）在工艺流程图绘制中，要求画面清晰、美观，能较准确地反映“水箱液位”中的实际情况，所以对管道与各元件的镶嵌，各元件之间的彼此搭配等都遵循工艺及审美要求。但是在实际画图过程中，由于各元件及管道画的先后顺序不一定能恰好满足美观的要求，此时就涉及显示调整的问题。选中需要调整的图符，单击鼠标右键，选择“图素位置”中的“图素后移”等选项，直到流程图界面符合要求为止，即可完成图 2-6 所示的静态界面组态工作。

【知识链接】 组态画面

1. 画面新建

在组态王工程浏览器中，新建画面的方法有三种：①在“系统”标签页的“画面”选项下新建画面；②在“画面”标签页中新建画面；③在组态王“开发系统”中选择“文件\新画面”菜单命令。进入组态王开发系统后，就可以为每个工程建立数目不限的画面，在每个画面上生成互相关联的静态或动态图形对象；另外，在“画面属性”上可进行画面位置、画面风格、画面类型选项的设置工作。

2. 简单图素对象

组态王开发系统中的图形对象又称为图素，组态王系统提供了矩形（圆角矩形）、直线、折线、椭圆（圆）、扇形（弧形）、点位图、多边形（多边线）、立体管道、文本等简单图素对象，利用这些简单图素对象可以构造复杂的图形画面。下面以“圆角矩形”为例，进一步了解简单图素对象的使用情况，其他图素对象参考组态王软件的帮助文档。

1）单击工具箱中的圆角矩形符按钮，在动画组态界面上画一个矩形框，用鼠标拖动矩形框，可改变其大小。

2）选中该矩形框，利用“工具”菜单中的调色板选择所需的填充色，设置矩形框的颜色属性；利用过渡色工具，结合线条色、填充色、背景色设置工作，可增添立体效果；另外，还可实现动画填充。

3）为了使“矩形”水箱更逼真，水箱的边框线用粗实线绘制。选择工具箱中的“直线”画出边框，再用工具箱中的“线形”加粗即可。另外，也可借助图库中的资源，选择所需设备。

3. 复杂图素对象

组态王开发系统中还提供了按钮、实时（历史）趋势曲线窗口、报警窗口、报表窗口等特殊的复杂图素对象以及图库，这些特殊的复杂图素把设计人员从重复的图形编程中解放出来，能更专注于对象的控制；对于这些特殊的复杂图形对象以后逐步学习其使用方法，下面以“退出”按钮为例了解其使用方法。

1）单击工具箱中的“按钮”图标，在动画组态界面上画一个“按钮”图标，鼠标拖动“按钮”图标，可改变其大小。

2）选中“按钮”图标，用鼠标右击可弹出“菜单”选项，选择“按钮类型”、“字符串替换”选项，分别修改为所需“退出”字符串标识，如图 2-28 所示。

3）双击“按钮”图标，进入“动画连接”，选择其“命令语言连接”下的“按下时”；在命令语言编程界面中，输入“exit（0）”，exit（ ）应用可参考函数帮助文档；组态监控系统运行时，单击此“退出”按钮时，组态监控系统退出运行状态。

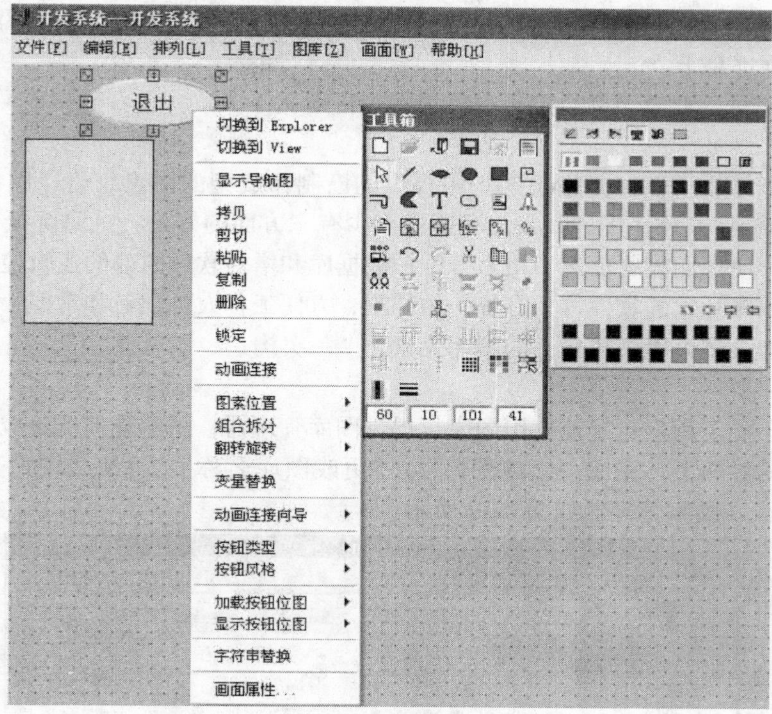

图 2-28 “按钮”图标

4. 画面开发系统

组态王画面开发系统内嵌于组态王工程浏览器中，又称为界面开发系统，是应用程序的集成开发环境，工程人员在这个环境里进行系统开发，其典型界面如图 2-28 所示，下面对其菜单作简要说明，进一步学习应结合手册进行实操训练。

（1）文件菜单　单击“文件”菜单，即可弹出下拉式菜单选项，各命令用于对画面进行建立、打开、保存、删除等操作。若某一菜单条为灰色，表明此菜单命令当前无效，其他菜单命令为灰色时，意义相同。

（2）编辑菜单　主要命令有：取消、重做、剪切、拷贝、粘贴、删除、复制、锁定、粘贴点位图、位图-原始大小、拷贝点位图、点位图透明、全选、画面属性、动画连接、水平移动向导、垂直移动向导、滑动杆水平输入向导、滑动杆垂直输入向导、旋转连接向导、变量替换、字符串替换、插入控件、插入通用控件；各命令用于对图形对象进行编辑的命令，为了使用这些命令，应首先选中要编辑的图形对象。

（3）排列菜单　各命令用于调整画面中图形对象排列方式，在使用这些命令之前，首先要选中需要调整排列方式的两个或两个以上的图形对象，再从“排列”菜单项的下拉式菜单中选择命令，执行相应的操作。

（4）工具菜单　各命令用于激活绘制图素的状态，图素包括线、填充形状（封闭图形）和文本三类简单对象和按钮、趋势曲线、报警窗口等特殊复杂图素。每种对象都有影响其外观的属性，如线颜色、填充颜色、字体颜色等，可在绘制时定义。

（5）图库菜单　用于打开图库、调出图库内容、创建新图库精灵、转化图素等操作。

（6）画面菜单　在其下方列出已经打开的画面名称，选取其中的一项可激活相应的画面，使之显示在屏幕上。

（7）帮助菜单　此菜单命令用于查看组态王帮助文件。

5. 图库

（1）图库管理器　图库是指组态王中提供的已制作成型的图素组合，图库中的每个成员称为“图库精灵”。使用图库开发工程界面至少有三方面的好处：一是降低了工程人员设计界面的难度，使他们能更加集中精力于维护数据库和增强软件内部的逻辑控制，缩短开发周期；二是用图库开发的软件将具有统一的外观，方便工程人员学习和掌握；三是利用图库的开放性，工程人员可以生成自己的图库元素，“一次构造，随处使用”，提高了工程人员开发效率。

组态王为了便于用户更好地使用图库，提供图库管理器，图库管理器集成了图库管理的操作，在统一的界面上，完成“新建图库”、“更改图库名称”、“加载用户开发的精灵”、“删除图库精灵”。图库管理器如图 2-29 所示。

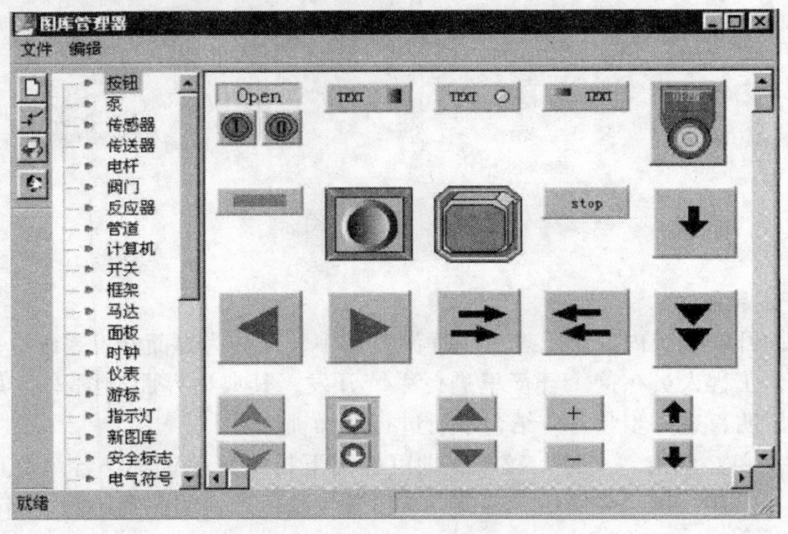

图 2-29　图库管理器

（2）图库精灵概况　图库中的元素称为“图库精灵”，之所以称为“精灵”，是因为它们具有自己的“生命”。图库精灵在外观上类似于组合图素，但内嵌了丰富的动画连接和逻辑控制，工程人员只需把它放在画面上，做少量的文字修改，就能动态控制图形的外观，同时能完成复杂的功能。

用户可以根据自己工程的需要，将一些需要重复使用的复杂图形做成图库精灵，加入到图库管理器中。组态王提供两种方式供用户自制图库：一种是编制程序方式，即用户利用亚控公司提供的图库开发包，自己利用 VC 开发工具和组态王开发系统中生成的精灵描述文本制作，生成“ *. dll”文件；另一种是利用组态王开发系统中建立动画连接并合成图素的方式直接创建图库精灵。

（3）图库精灵使用的基本步骤　首先，在画面上放置所需的图库精灵。其次，修改图库精灵，双击画面上的图库精灵，系统将弹出改变图形外观和定义动画连接的“属性向导”

对话框；对话框中包含了图库精灵的外观修改、动作、操作权限、与动作连接的变量等各项设置，对于不同的图库精灵，具有不同的属性向导界面。用户只需要输入变量名，合理调整各项设置，就可以设计出符合自己使用要求的个性化图形。

（4）“阀门”应用示例　本项目需要利用图库中的“阀门”设备，其主要过程为：其一，在“开发系统”界面中，选择“图库”菜单；其二，选择“打开图库”子菜单，并在图库管理中，选择“阀门”设备，系统将弹出图 2-30 所示阀门图库管理器；其三，双击所需设备，在组态界面上绘制所选设备符号；其四，双击此阀门，进入图 2-31 所示的阀门动画连接对话框，关联相应变量。

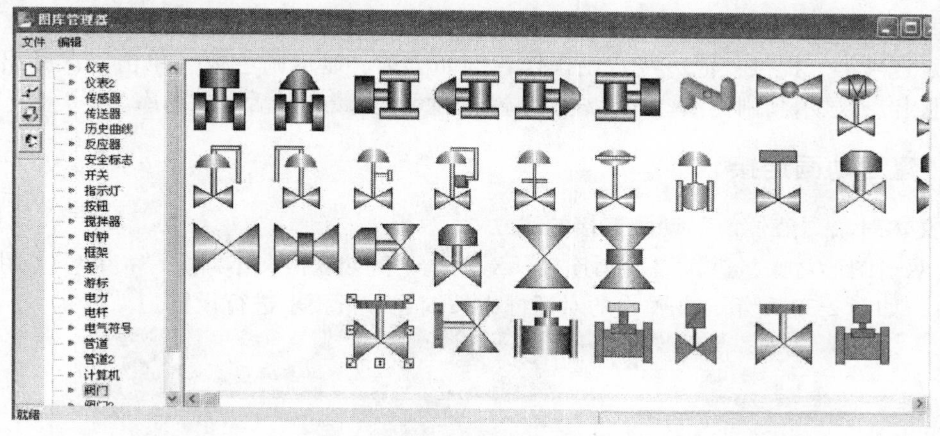

图 2-30　阀门图库管理器示意图

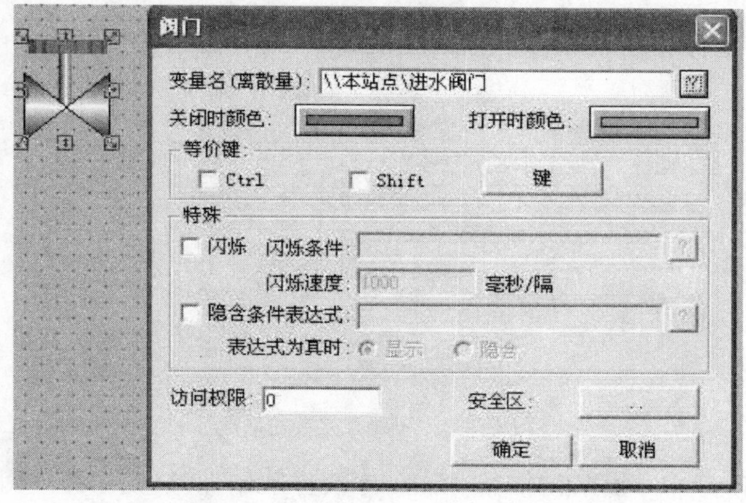

图 2-31　阀门动画连接对话框

6. 工具箱

组态王的工具箱经过精心设计，把使用频率较高的命令集中在一块面板上；图形编辑工具箱是绘图菜单命令的快捷方式。工具箱提供了许多常用的菜单命令，也提供了菜单中没有的一些操作，非常便于操作。工具箱中的每个工具按钮都有“浮动提示”，以帮助了解各

“工具”选项的用途。工具箱中的工具大致分为如下四类：

（1）画面类　提供对画面的常用操作，包括新建、打开、关闭、保存、删除、全屏显示等功能。

（2）编辑类　绘制各种图素（矩形、椭圆、直线、折线、多边形、圆弧、文本、点位图、按钮、菜单、报表窗口、实时趋势曲线、历史趋势曲线、控件、报警窗口）的工具；剪切、粘贴、复制、撤销、重复等常用编辑工具；合成、分裂组合图素，合成、分裂单元；对图素的前移、后移、旋转、镜像等操作工具。

（3）对齐方式类　这类工具用于调整图素之间的相对位置，能够以上、下、左、右、水平、垂直等方式把多个图素对齐；或者把它们水平等间隔、垂直等间隔放置。

（4）选项类　提供其他一些常用操作，例如全选、显示调色板（单击一次弹出，再单击一次退出）、显示画刷类型、显示线形、网格显示/隐藏、激活当前图库。

2.4.5　建立动画连接

1. 文本对象“液位值”动画连接的建立

1）双击图形对象，进入“动画连接”对话框，例如双击文本对象“####”（用于显示液位值），如图 2-32 所示，在弹出的对话框中按前述分析要求进行设置。

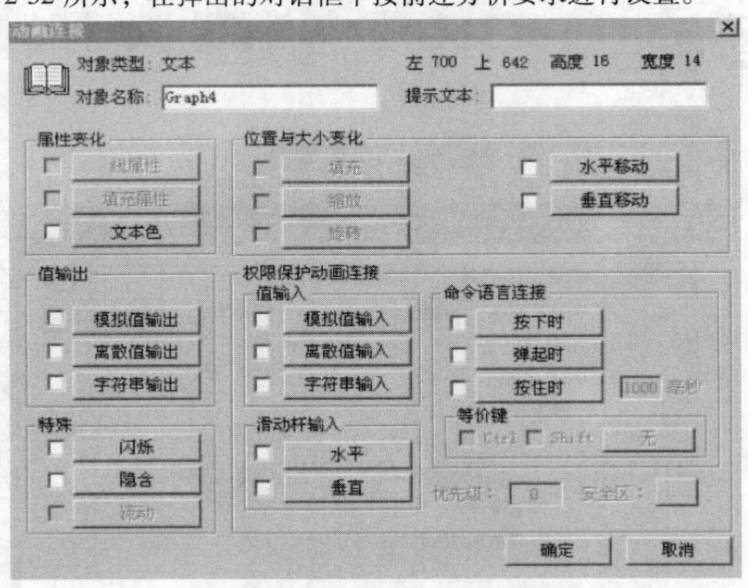

图 2-32　“动画连接”对话框

2）单击图 2-32 中“模拟值输出”按钮，系统将弹出图 2-33 所示的“模拟值输出连接”对话框，在对话框的“表达式”处输入所定义的“水箱液位”变量，其余属性目前不用更改，单击“确定”按钮，返回到组态王开发系统。另外，也可利用图 2-33 中的变量浏览器“?”按钮，单击“?”按钮可以打开“选择变量名”窗口，用于查看、选择本机和其他站点已定义的基本变量和结构变量以及变量域。

2.“阀门动画”的设置

在画面上双击“进水阀门”图形，系统将弹出该图库对象的动画连接对话框。对话框设置如下：变量名（离散量）：\\ 本站点 \ 进水阀门；关闭时颜色——红色；打开时颜色——绿色。单击“确定”按钮后“进水阀门”动画设置完毕。当系统进入运行环境时用鼠标单击此阀门，将变成绿色，表示阀门已被打开，再次单击关闭阀门，从而达到了控制阀门的目的。用同样方法设置其他图形对象的动画连接，例如作为水箱的“矩形”需要实现“动画填充”效果。

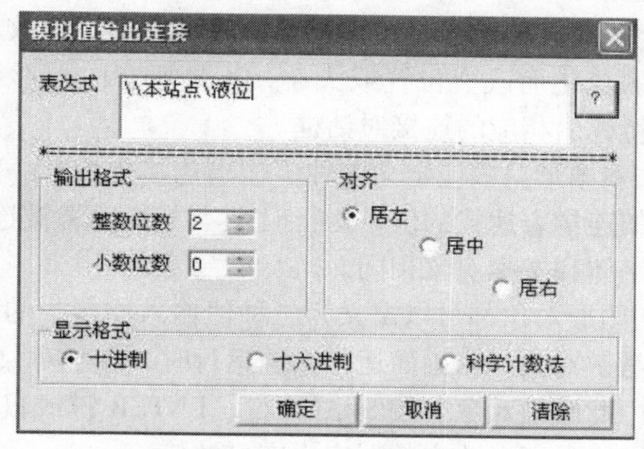

图2-33　系统将“模拟值输出连接”对话框

【知识链接】　动画连接

1. 概况

工程人员在组态王开发系统中制作的画面都是静态的，为了能反映工业现场的状况，需要通过实时数据库，因为只有数据库中的变量才是与现场状况同步变化的。数据库变量的变化通过“动画连接”静态画面呈现形象的动画效果，所谓“动画连接”就是建立画面的图素与数据库变量的对应关系。

动画连接的引入是设计人机接口的一次突破，它把工程人员从重复的图形编程中解放出来，为工程人员提供了标准的工业控制图形界面，并且由可编程的命令语言连接来增强图形界面的功能。图形对象与变量之间有丰富的连接类型，给工程人员设计图形界面提供了极大的方便。“组态王”系统还为部分动画连接的图形对象设置了访问权限，这对于保障系统的安全具有重要的意义。

图形对象可以按动画连接的要求改变颜色、尺寸、位置、填充百分数等，一个图形对象又可以同时定义多个连接。把这些动画连接组合起来，应用程序将呈现出令人难以想象的图形动画效果。

2. 动画连接对话框

给图形对象定义动画连接是在“动画连接”对话框中进行的，不同类型图形对象的“动画连接”对话框大致相同。但是对于特定属性对象，有些是灰色的，表明此动画连接属性不适应于该图形对象，或者该图形对象定义了与此动画连接不兼容的其他动画连接。

根据图2-32所示“动画连接”对话框，对话框的第一行标识出被连接对象的类型和左上角在画面中的坐标以及图形对象的宽度和高度。对话框的第二行提供“对象名称”和“提示文本”编辑框；“对象名称”是为图素提供的唯一的名称，供以后的程序开发使用；“提示文本”的含义为：当图形对象定义了动画连接时，在运行的时候，鼠标放在图形对象上，将出现开发中定义的提示文本。下面对其他选项作简要说明：

1）属性变化：共有三种连接（线属性、填充属性、文本色），它们规定了图形对象的颜色、线型、填充类型等属性如何随变量或连接表达式的值变化而变化。单击任一按钮系统将弹出相应的连接对话框。线条类型的图形对象可定义线属性连接，填充形状的图形对象可定义线属性、填充属性连接，文本对象可定义文本色连接。

2）位置与大小变化：这五种连接（水平移动、垂直移动、缩放、旋转、填充）规定了图形对象如何随变量值的变化而改变位置或大小，不是所有的图形对象都能定义这五种连接，单击任一按钮系统将弹出相应的连接对话框。

3）值输出：只有文本图形对象能定义三种值输出连接中的某一种，这种连接用来在画面上输出文本图形对象的连接表达式的值，运行时文本字符串将被连接表达式的值所替换，输出的字符串的大小、字体和文本对象相同。

4）值输入：所有的图形对象都可以定义为三种值输入连接中的一种，输入连接使被连接对象在运行时成为了触敏对象。当画面运行系统运行时，触敏对象的周围出现反显的矩形框，可由鼠标或键盘选中此触敏对象。按 SPACE 键、ENTER 键或鼠标左键，系统会弹出输入对话框，可以从键盘输入数据以改变数据库中变量的值。

5）特殊：所有的图形对象都可以定义闪烁、隐含两种连接，这是两种规定图形对象可见性的连接；只有部分图形对象可以定义流动连接。

6）滑动杆输入：所有的图形对象都可以定义两种滑动杆输入连接中的一种，滑动杆输入连接使被连接对象在运行时成为触敏对象。

7）命令语言连接：所有的图形对象都可以定义三种命令语言连接中的一种，命令语言连接使被连接对象在运行时成为触敏关联对象。

8）等价键：设置被连接的图素在被单击执行命令语言时与鼠标操作相同功能的快捷键。

9）优先级：其编辑框用来确定输入被连接的图形元素的访问优先级的级别。当软件在 TouchVew 中运行时，只有优先级级别大于此值的操作员才能访问它，这是组态王软件保障系统安全的一个重要功能。

10）安全区：其编辑框用于设置被连接元素的操作安全区。当工程处在运行状态时，只有在设置安全区内的操作员才能访问它，安全区与优先级一样是组态王软件保障系统安全的一个重要功能。另外，对于动画连接的进一步学习应参考相应帮助文档。

3. 变量浏览器

变量浏览器是供用户在进行动画连接或编写命令语言脚本时选择变量或变量域时用的。在动画连接对话框（见图 2-31）中单击变量名右边的“?”按钮可以打开“选择变量名”窗口，如图 2-34 所示，用于查看、选择本机和其他站点已定义的基本变量和结构变量以及变量域。

4. 表达式和运算符

连接表达式是定义动画连接的主要内容，因为连接表达式的值决定了画面上图素的动画效果。表达式由数据字典中定义的变量、变量域、报警组名、数值常量以及各种运算符组成，与 C 语言中的表达式非常类似。在连接表达式中不允许出现赋值语句，表达式的值在组态王运行时计算。变量名和报警组名可以直接从变量浏览器中选择，出现在表达式中，不必加引号，但区分大小写；变量的域名不区分大小写。

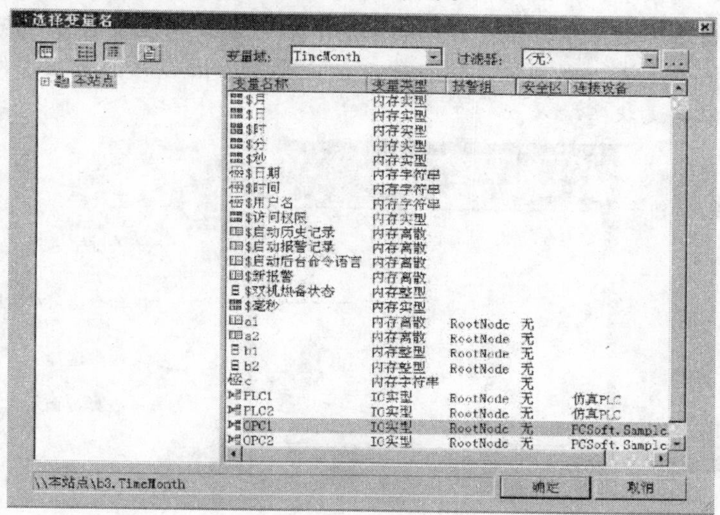

图 2-34　变量浏览器选择变量界面示意图

连接表达式中可用到的运算符有：“~”取补码、“*”乘法、“/”除法、“%”模运算、“+”加法、“-”减法、“&”整型量按位与、“|”整型量按位或、“^”整型量按位异或、“&&”逻辑与、“‖”逻辑或、“<”小于、“>”大于、“<=”小于或等于、“>=”大于或等于、“==”等于、“!=”不等于。

2.4.6　工艺控制流程编程

1. 双位仿真工艺控制编程

本项目使用的是组态王的仿真设备，为了实现水箱的控制工艺，要在“应用程序命令语言”中实现。在工程浏览器的目录显示区，选择“文件/命令语言/应用程序命令语言”，则在右边的内容显示区出现“请双击这儿进入<应用程序命令语言>对话框……”图标，如图 2-35 所示。

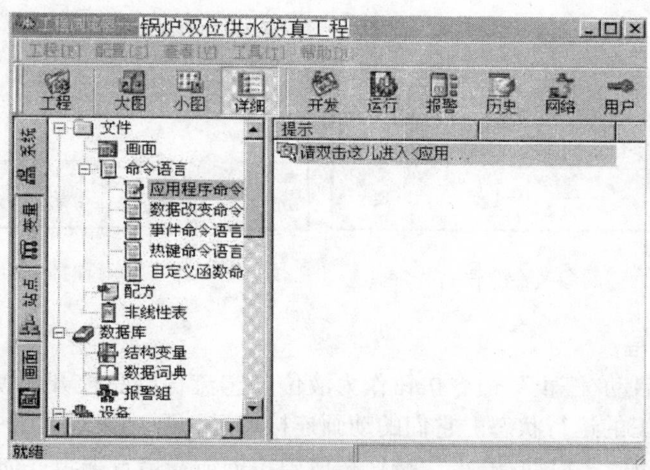

图 2-35　选择应用程序命令语言

双击该图标，则系统将弹出“应用程序命令语言”对话框，如图 2-36 所示。应用程序命令语言是指在组态王运行系统应用程序启动时、运行期间和程序退出时执行的命令语言程序，用户根据工艺要求进行编制。特别**注意**：在输入命令语言时，除汉字外，其他关键字，如标点符号必须以英文状态输入。

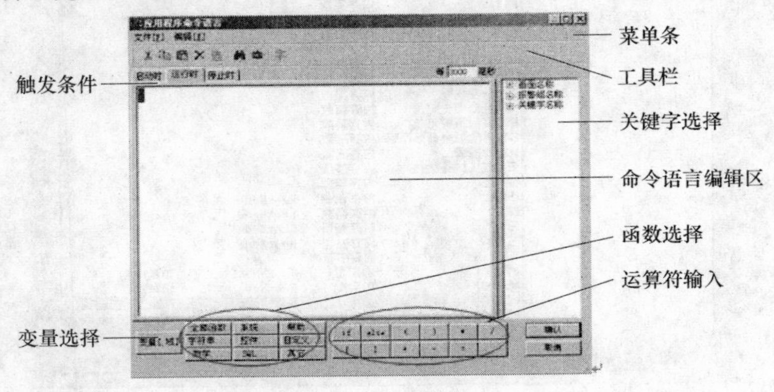

图 2-36 “应用程序命令语言”对话框

1）“启动时”的命令语言程序。根据控制要求，其命令语言程序如图 2-37 所示，完成初始状态设置。

2）“运行时”的命令语言程序。根据控制要求，其命令语言参考程序如图 2-38 所示；图 2-38 中“液位”变量针对组态王的 6.5 版本的仿真设备寄存器取值范围。在此基础上，也可进一步完善项目的控制工艺及编程实施。

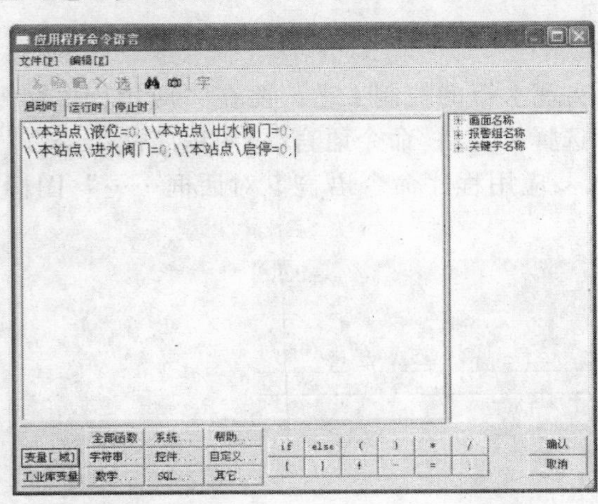

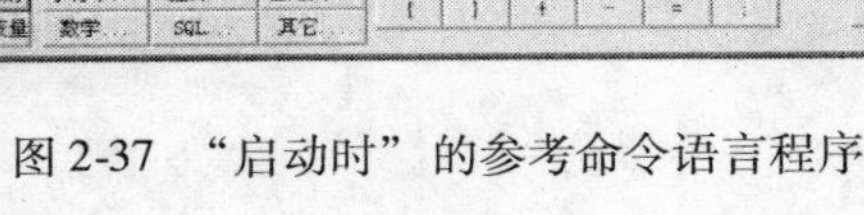

图 2-37 “启动时”的参考命令语言程序

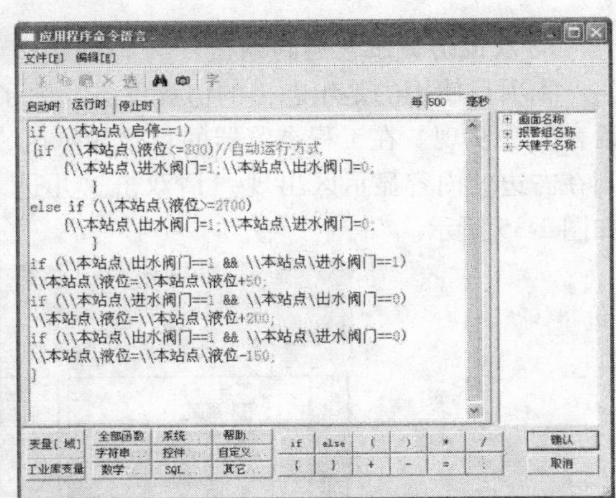

图 2-38 “运行时”参考命令语言程序

2. 命令按钮编程

图 2-6 中的“启动/停止”命令按钮作为液位工艺流程的总控开关使用；“退出”命令按钮用于终止组态王的运行状态。它们的动画连接通过动画连接对话框中“命令语言连接”项的“按下时”实现，“启动/停止”按钮在所弹出的命令语言编辑界面中输入如图 2-39 所示内容；“退出”按钮在所弹出的命令语言编辑界面中输入“：exit（0）”。

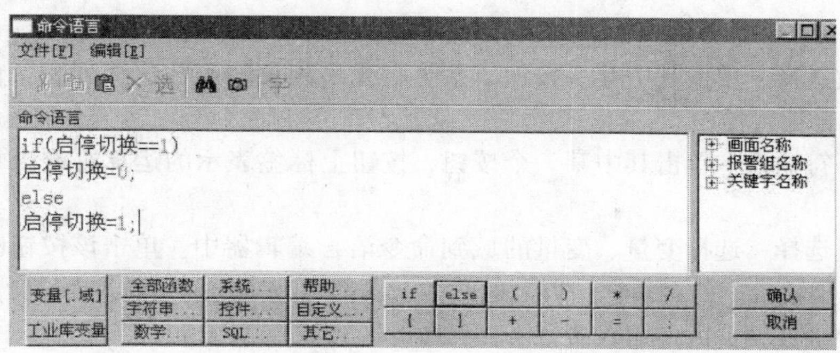

图 2-39 “启动/停止”命令按钮编程

【知识链接】 用户脚本程序

用户脚本程序是为满足组态王软件在监控运行时，通过操作或周期性触发运行代码段，执行一定功能的程序。用户脚本程序采用命令语言结构具体实施编程。组态王中命令语言是一种在语法上类似于 C 语言的程序，工程人员可以利用这些程序来增强应用程序的灵活性、处理一些算法和操作等。命令语言都是利用事件触发后再执行，如定时、数据的变化、键盘键的按下、鼠标的单击等，并具有完备的词法语法查错功能和丰富的运算符、数学函数、字符串函数、控件函数、SQL 函数和系统函数。各种命令语言通过“命令语言编辑器”编辑输入，在组态王运行系统中被编译执行。

1. 命令语言类型

根据事件和功能的不同，命令语言包括应用程序命令语言、热键命令语言、事件命令语言、数据改变命令语言、自定义函数命令语言、动画连接命令语言和画面命令语言等。其中应用程序命令语言、热键命令语言、事件命令语言、数据改变命令语言可以称为“后台命令语言”，它们的执行不受画面打开与否的限制，只要符合条件就可以执行。另外可以使用运行系统中的菜单“特殊/开始执行后台任务”和“特殊/停止执行后台任务”来控制所有这些命令语言是否执行；而画面和动画连接命令语言的执行不受影响。也可以通过修改系统变量“$启动后台命令语言”的值来实现上述控制，置“0”时停止执行，置“1”时开始执行。下面主要基于“应用程序命令语言”进行相关介绍，其他命令语言类型参见帮助手册。

2. 认识命令语言编辑器

命令语言编辑器是组态王提供的用于输入、编辑命令语言程序的地方，编辑器的组成部分如图 2-36 所示。所有命令语言编辑器的大致界面和主要部分及功能都相同，唯一不同的是，在界面上“触发条件”部分会有所不同。

（1）菜单条 提供给编辑器的操作菜单，“文件”菜单下有“确认”和“取消”两个菜单项；“编辑”菜单提供使用编辑器编辑命令语言时提供的一些操作工具，其作用类同于工具条。

（2）工具栏 提供命令语言编辑时的工具。包括剪切、复制、粘贴、删除、全选、查找、替换、更改命令语言编辑器中的内容的显示字体、字号等。

（3）关键字选择列表 可以在这里直接选择现有的画面名称、报警组名称、其他关键字到命令语言编辑器里。如选中一个画面名称，然后双击它，则该画面名称就被自动添加到了编辑器中。

（4）函数选择　单击其中某一按钮，系统将弹出相关的函数选择列表，直接选择某一函数到命令语言编辑器中。

（5）运算符输入　单击其中某一个按钮，按钮上标签表示的运算符或语句自动被输入到编辑器中。

（6）变量选择　选择变量、变量的域到命令语言编辑器中。单击该按钮时，弹出变量浏览器“选择变量名”的对话框。以上这几种工具都是为减少手工输入而设计的。

（7）命令语言编辑区　输入命令语言程序的区域。

（8）触发条件　触发命令语言执行的条件，不同的命令语言类型有不同的触发条件。

3. 应用程序命令语言

应用程序命令语言是指在组态王运行系统应用程序启动时、运行期间和程序退出时执行的命令语言程序。如果是在运行系统运行期间，只要组态王运行系统处于运行状态（无论打开画面与否），该程序按照指定时间间隔定时执行。选择“启动时”标签，在该编辑器中输入命令语言程序，该段程序只在运行系统程序启动时执行一次。选择“停止时”标签，在该编辑器中输入命令语言程序，该段程序只在运行系统程序退出时执行一次。

4. 命令语言语法

命令语言程序的语法与一般 C 程序的语法没有大的区别，每一程序语句的末尾应该用分号“;”结束，在使用 If-Else、While（ ）等语句时，其程序段要用花括号“{}”括起来使用；主要涉及：运算符、赋值语句、If-Else 语句、While（ ）语句、注释方法应用规则。

5. 自定义变量

自定义变量是指在组态王的命令语言里单独指定类型的变量，这些变量的作用域为当前的命令语言，在命令语言里，可以参加运算、赋值等。当该命令语言执行完成后，自定义变量的值随之消失，相当于局部变量。自定义变量不被计算在组态王的点数之中，自定义变量功能的提供可以极大地方便用户编写程序；其在命令语言中的使用方法与组态王变量相同。自定义变量的类型有 BOOL（离散型）、LONG（长整型）、FLOAT（实数型）、STRING（字符串型）和自定义结构变量类型。另外，注意自定义变量的特点：在使用之前必须要先定义、自定义变量没有“域”的概念，只有变量的值。

6. 命令语言函数及使用方法

组态王支持使用内建的复杂函数，其中包括字符串函数、数学函数、系统函数、控件函数、SQL 函数及其他函数，常用的函数例如“exit（ ）”退出、“showpicture（ ），”显示窗体等等，具体见《组态王命令语言函数速查手册》。另外，根据需要也可自行定义所需的“自定义函数”，下面示例一个求两个数平均值的自定义函数“aver（ ）”。

在工程浏览器的目录显示区中选择“命令语言”→“自定义函数命令语言”选项，双击右边内容显示区“新建”图标，系统将出现“自定义函数命令语言”界面，如图 2-40 所示。在“自定义函数命令语言”界面中输入所需的自定义函数“aver（ ）”的返回类型、函数名称、形式参数和函数体语句，如图 2-40 中命令语句。aver（ ）定义后，其应用类同于组态王自带的函数，不同之处在于调用时通过“自定义快捷”选项进行选择。

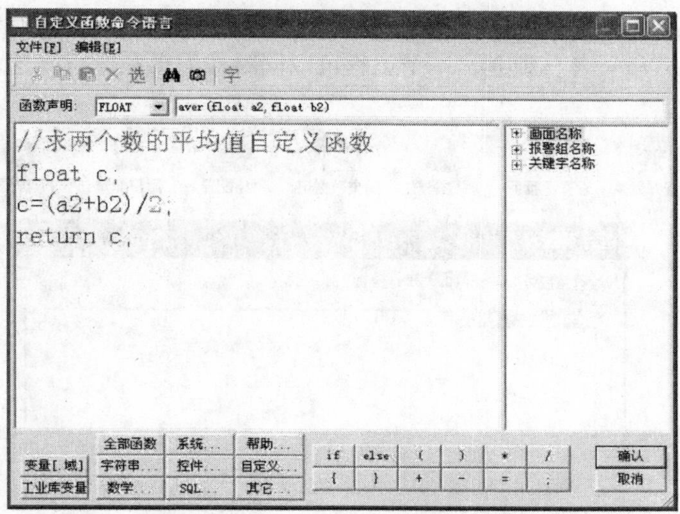

图2-40　自定义函数aver（）

2.4.7　自动运行画面设置

在运行组态王工程之前首先要在开发系统中对运行系统环境进行配置，在开发系统中单击菜单栏“配置”→“运行系统”命令或工具条中“运行”按钮，或单击工程浏览器的“工程目录显示区”→“系统配置”→“设置运行系统”按钮后，系统将弹出“运行系统设置”对话框，如图2-41所示。单击“主画面配置”选项卡，如图2-42所示，选择“水箱双位仿真控制”作为启动界面，再单击“确定”按钮，完成自动运行画面设置。

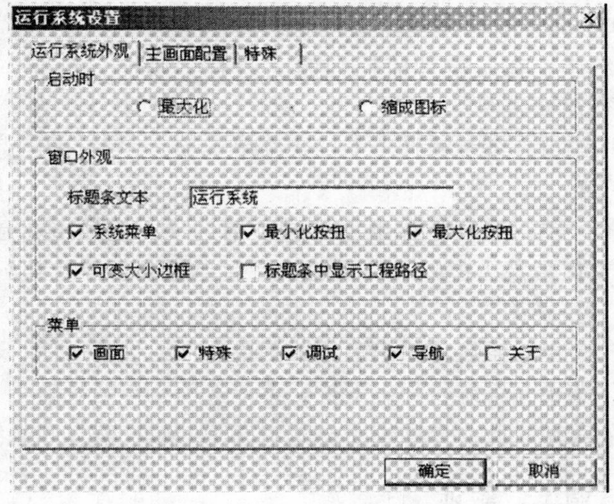

图2-41　“运行系统设置”对话框

【知识链接】　组态王的运行系统

组态王软件包由工程管理器（Project Manage）、工程浏览器（Touch Explorer）和画面运行系统（Touch View）三部分组成。其中工程浏览器内嵌组态王画面制作开发系统，生成人机界面工程。画面制作开发系统中设计开发的画面工程在Touch View运行环境中运行。Touch Explorer和Touch View各自独立，一个工程可以同时被编辑和运行，这对于工程的调试是非常方便的。

图2-42　运行系统设置——主画面配置

1. 配置运行系统

在运行组态王工程之前首先要在开发系统中对运行系统环境进行配置。在开发系统中单击菜单栏“配置”→“运行环境”命令或工具条“运行”按钮或工程浏览器“工程目录显示区”→“系统配置”→“设置运行系统”按钮后，系统将弹出“运行系统设置”对话框，如图2-41所示，包括“运行系统外观”、“主画面配置”和“特殊”三个选项卡。

2. 运行系统菜单

在组态王运行系统中，在所设计监控画面上还有“画面、特殊、调试、导航、关于”菜单项，下面对它们作简要说明。

1）单击“画面”菜单，系统将弹出下拉式菜单选项，包括打开、关闭、打印设置、屏幕拷贝、退出（Alt+F4）。

2）单击“特殊”菜单，系统将弹出下拉式菜单选项，包括重新建立DDE连接、重新建立未成功的连接、重启报警历史记录、开始执行后台任务、停止执行后台任务、登录开、修改口令、配置用户、登录关。

3）单击“调试”菜单，系统将弹出下拉式菜单选项，包括通信、命令语言。

4）单击“导航”菜单，系统将弹出下拉式菜单选项，包括导航图、移动画面。

5）单击“关于”菜单，此命令项用于显示组态王的版权信息和系统内存信息。

2.4.8　项目运行、调试、验证

项目组态完成后，选择开发系统中的菜单“文件”→“全部存”后；再选择“文件”→“VIEW”，自动进入“水箱双位监控系统”运行界面。根据工艺流程要求，通过在监控界面上对“按钮”或“阀门”相应操作，观察“液位值”和“阀门状态”的工作情况，判断是否符合系统要求，从而完成项目的调试和验证工作。

2.5 考核评价

根据绪论，本项目属于“工程性应用成果”，立足于过程考核特点，采用分层次考核方法，提高考核的客观性、实用性和可操作性。按照“工程性应用成果”相关要求和方法，由师生共同完成考核评价工作。考核的主要内容和过程为：各小组提交项目报告、各小组演示项目、各小组完成答辩、填写评价表，具体参见绪论中表0-5。另外，针对项目方案设计和实施过程所存在的主要问题，引导学生进一步讨论交流，进一步提升专业知识和技能。

2.6 拓展

2.6.1 基于PLC双位监控系统

本项目基于计算机和组态软件实现“液位双位控制仿真”的基本控制工艺及监控界面功能要求，在此基础上，根据学生完成情况和进度，可进一步引入基于A8000、A1000实训平台，用实际设备取代仿真设备，用PLC的输入/输出继电器和PLC程序实现液位双位控制工艺。其重点和难点在于设备定义、变量定义、动画连接、工艺控制的PLC编程和硬件设备安装接线。既能深化DCS组态思想、体系结构、软件功能应用，强化项目分析、设计、解决问题的思维方法，又为后续项目的实施奠定了良好基础。

2.6.2 开关量组态工程项目

根据教学实际情况，也为拓宽学生的视野，可进一步引入基于PLC的灯塔控制系统、抢答器控制系统、交通灯控制系统等开关量组态工程项目。它们的实施要点包括：控制要求、监控系统的组成、硬件配置及控制接线图、控制原理、系统组态、系统的运行调试；下面仅对项目的控制要求作简要说明。

1. 灯塔控制系统的控制要求

基于浙江天煌公司的PLC实训平台的灯塔和8段数码管显示模块，利用组态王软件实现灯塔监控。灯塔上的9盏灯工作状态控制要求为：按下“启动按钮”后，首先EL1灯亮，并显示1；2s后，EL1灯灭，EL2灯亮，并显示2；以此类推，直到EL9灯灭，EL1灯亮，进入下一个循环周期；按下“停止按钮”后，灯熄灭。

2. 抢答器控制系统的控制要求

基于浙江天煌公司的PLC实训平台的基本模块区和8段数码管显示模块，利用组态王软件实现6组抢答器监控。其工作状态控制要求为：当主持人按下启动按钮时，准备抢答信号灯灭，允许抢答；第一位抢答有效，对应信号灯亮，并显示组号，其他无效；主持人按下复位按钮，回到初始状态，准备抢答信号灯亮；如在准备抢答信号灯亮时抢答，犯规者对应信号灯亮，同时犯规信号灯亮，并显示组号，蜂鸣器发声。

3. 交通灯控制系统的控制要求

基于浙江天煌公司PLC实训平台的交通灯模块，利用组态王软件实现交通灯系统开发。其控制要求为：按下启动按钮时，东西方向红灯亮第0~15s，16~27s绿灯亮，28~31s黄灯亮；南北方向 0 ~ 11s 绿灯亮，12 ~ 15s 黄灯亮，16 ~ 31s 红灯亮；按下南北交通管制按钮时，南北红灯亮，东西绿灯亮；按下东西交通管制按钮时，南北绿灯亮，东西红灯亮；按下复位按钮时，灯全部熄灭。

2.6.3 PLC 中的 PID 指令

PID 是闭环控制系统中的比例、积分、微分控制算法，能够抑制系统闭环内的各种因素所引起的扰动，使反馈跟随给定变化。PID 控制器根据设定值与被控对象的实际值的偏差，按照 PID 算法计算出控制器的输出量，控制执行机构动作调整被控对象的变化，使其满足控制要求。

由于 PID 控制规律的优点，在过程控制中占据主导地位；在集散控制系统中，实施过程控制主要利用其“控制站”，最为典型的“控制站”为 PLC，根据 PLC 市场占有率及学生实际情况，同时，为后续项目的顺利实施，自主回顾 S7-200 PLC 中的 PID 指令相关内容。

S7-200 PLC 能够进行 PID 控制，最多可以支持 8 个 PID 控制回路。在 S7-200 中 PID 功能是通过 PID 指令功能块定时执行实现控制作用；PID 指令通过一个 PID 回路参数表关联数据。另外，编程软件 Micro/WIN 提供了 PID 指令向导，以方便实现数据转换和处理。有关具体规则和应用，可参考相关手册。PID 控制的比例、积分、微分系数根据对象的不同，应选择合适的值，确保性能满足工艺要求，新一代的 S7-200 PLC 提供了自整定的 PID 细调功能。

总　　结

组态软件已经成为工业自动化系统的必要组成部分，是集散控制系统中的灵魂和核心，组态软件使用户能快速建立自己的 HMI（人机界面）软件工具或开发环境。基于国产品牌市场占用率最高的组态王软件，结合液位双位监控系统实施为目标；理解组态王软件的基本功能模块内涵和使用方法，以项目为载体，逐步理解项目教学法在工程项目分析、开发、实施流程中的应用。

本项目围绕液位双位监控工艺和功能要求，重在掌握组态王软件的基本功能模块：工程建立、设备及通信组态、数据变量组态、监控画面组态及图像动画连接应用，通过帮助文档强化相关功能模块学习及应用；并结合方案分析、考核评价等环节，逐步领会项目教学法的核心环节资讯、计划、决策、实施工作流程。对于拓展部分的内容，根据具体情况灵活取舍。

思　考　题

1. 简要归纳组态王软件的安装步骤。
2. 组态王软件中的工程、画面、变量等命名遵循的基本规则是什么？
3. 什么叫动画连接？说明文本框中动画连接各选项的作用。
4. 如何完善液位双位控制方案？
5. 简要归纳组态王软件应用的基本步骤。
6. 阅读 A8000、A1000 实训指导书，设计液位控制系统逻辑结构图。

项目3 锅炉液位恒定监控系统的设计与实现

3.1 项目基本情况

3.1.1 概况

1. 锅炉简介

锅炉是一种能量转换设备，向锅炉输入的能量有燃料中的化学能、电能、高温烟气的热能等形式，而经过锅炉转换，向外输出具有一定热能的蒸汽、高温水或有机热载体。锅炉中产生的热水或蒸汽可直接为工业生产和人民生活提供所需热能，也可通过蒸汽动力装置转换为机械能，或再通过发电机将机械能转换为电能。提供热水的锅炉称为热水锅炉，主要用于生活，工业生产中也有少量应用；产生蒸汽的锅炉称为蒸汽锅炉，多用于火电站、船舶、机车和工矿企业，总之锅炉作为能量转换装置应用广泛。

尽管锅炉由于类型、结构、工作原理、使用场合及功能的不同，导致了控制参数及控制系统的复杂多样性，但锅炉液位控制具有广泛的代表性。确保锅炉液位在工艺允许范围内，是锅炉安全和正常运行的基本条件之一，液位是影响锅炉安全运行的重要参数。液位过高，会破坏汽水分离装置的正常工作，严重时会导致蒸汽带水增多，增加在管壁上的结垢和影响蒸汽质量；液位过低，则会破坏水循环，引起水冷壁管的破裂，严重时会造成干锅，损坏汽包。本项目立足于锅炉的液位恒定控制背景，也可类推到其他领域控制应用。

2. 项目简介

在“水箱双位仿真控制”基础上，深化DCS工程项目开发，以简便实用的单回路PID控制学习使用DCS硬件和软件基本功能模块。基于DCS实训装置设备平台模拟“锅炉液位恒定控制”，以项目教学和学生自主学习为主，强化理论与实践结合。一方面，深化理解项目教学法在“工程”项目分析、开发、实施流程中的应用；另一方面，通过完成项目进一步掌握DCS硬件和软件在“工程”项目中的应用。

3.1.2 项目目标

本项目的主要学习内容为：PID单回路恒定控制原理、DCS体系结构及DCS实训装置关系、I/O设备PLC与操作员站通信、DCS实训装置A1000、A5300、A8000和THP-CAT-2FCS的结构与功能、组态软件复杂功能模块内涵及应用。根据项目主要学习内容，结合课程体系结构要求，其主要目标围绕：理解DCS组态思想、液位控制工艺模拟实施、组态软件功能学习与应用。下面进一步从知识目标、专业技能目标和能力素质目标明确学习目标。

1. 知识目标

知识目标包括：理解锅炉液位系统结构及原理，深化组态软件功能模块应用，掌握实训装置结构和应用，理解 PID 控制原理，理解 DCS 体系结构及功能。

2. 专业技能目标

通过项目 3 的学习，应达到的专业技能主要包括：①了解 DCS 的组成，掌握操作员站与控制站通信；②初步具备简单工程的分析能力、简单控制系统的构建能力；③掌握 DCS 操作员站与控制站 I/O 组态、实时数据库、监控界面实现，尤其要学会重要参数趋势曲线、报警组态的设置；④掌握控制站组成及西门子 PLC 编程；⑤初步具备对 PID 闭环控制系统的设计能力、定值控制系统的统调能力；⑥初步了解 DCS 安装、调试、运行工程规范。

3. 能力素质目标

通过项目 3 的学习，应逐步形成能力素质包括：①能够利用多种手段进行资料检索；②能按照要求将项目资料进行分析整理；③理论联系实践，分析工艺、控制要求和应用关系；④培养沟通、交际和组织能力，培养分工协作意识，形成团队观念；⑤培养勤于思考、谦虚、好学的精神，形成自主学习意识；⑥建立分析问题、解决问题、综合应用知识和技能的基本方法。

3.1.3 项目控制工艺要求

项目要求以项目任务书形式表示，用以指导方案设计和具体实施工作，如表 3-1 所示。

表 3-1 “锅炉液位恒定监控系统设计与实现”项目任务书

<table>
<tr><td colspan="2">项目名称：锅炉液位恒定监控系统设计与实现</td><td>教学课时：18 学时</td></tr>
<tr><td colspan="2">教学资源：参考书、手册、课件、实训装置、计算机、教学资源库</td><td>组织形式：4～5 人/组</td></tr>
<tr><td colspan="2">教学方法：项目教学，现场教学、讨论、操作</td><td>考核方式：演示验证、报告、答辩、互评</td></tr>
<tr><td colspan="2">1. 学生要求
（1）熟练利用各种方法查找资料
（2）具有一定的自主学习能力
（3）具有一定的专业储备（计算机操作、控制系统、PID、闭环控制、PLC）
（4）硬件和软件架构及组态技术
（5）书写报告、交流组织能力</td><td>2. 教师要求
（1）具有自动控制专业理论体系知识
（2）具有自动控制专业的工程经验
（3）良好的教学能力
（4）熟悉 DCS 应用</td></tr>
<tr><td rowspan="2">项目要求</td><td colspan="2">（1）总体要求。以 A5300/A1000 作为被控对象、A8000 作为控制系统（DCS 的控制站）、组态王（操作员站）构成液位恒定控制的 DCS 系统，也可选用 THPCAT-2FCS、CS2000 平台构筑液位 DCS 监控系统；利用 PID 构成单回路，自动调整流量大小，确保液位恒定；并提供系统启动/停止控制按钮；通过此项目学习，基本掌握 DCS 设计和应用步骤</td></tr>
<tr><td colspan="2">（2）工艺说明。液位恒定控制或恒压供水在工业、生活等领域具有十分重要的现实意义，压力过高或过低，都将带来影响；本系统将测量变送器检测到的上水箱液位信号作为测量信号，通过控制器控制流量的大小，以达到控制上水箱液位恒定的目的，实现液位恒定控制，其结构示意如图 3-1 所示</td></tr>
</table>

（续）

<table>
<tr><td>项目要求</td><td>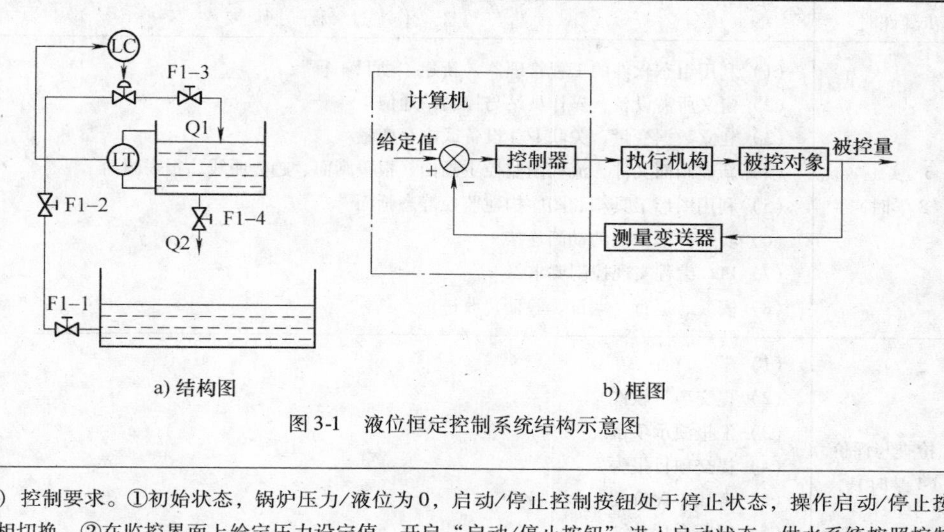

a) 结构图　b) 框图

图 3-1　液位恒定控制系统结构示意图</td></tr>
<tr><td></td><td>（3）控制要求。①初始状态，锅炉压力/液位为 0，启动/停止控制按钮处于停止状态，操作启动/停止按钮可互相切换。②在监控界面上给定压力设定值、开启“启动/停止按钮”进入启动状态，供水系统按照控制方案工作，即被控量（上锅炉的液位）稳定在给定值。③在监控界面上设置 PID 参数调节对话框、趋势曲线和报警功能模块，实现系统统调和跟踪。④控制器由 S7-200/S7-300 编程实现，PID 单回路闭环控制</td></tr>
<tr><td>重点和难点</td><td>（1）组态软件功能模块的报警、趋势曲线、报表、控件理解和应用
（2）控制工艺的 PLC 编程，重点是 PID 指令
（3）系统组成及安装接线
（4）设备通信、变量确定和定义
（5）组态王软件的复杂功能模块学习应用</td></tr>
</table>

3.1.4 项目工作计划表

根据本项目情况，其工作计划如表 3-2 所示。

表 3-2 “锅炉液位恒定监控系统设计与实现”项目工作计划表

<table>
<tr><td>项目名称</td><td colspan="2">锅炉液位恒定监控系统设计与实现</td><td>总课时：18 学时</td></tr>
<tr><td>组长：</td><td>组别：</td><td colspan="2">成员：</td></tr>
<tr><td>步骤课时</td><td colspan="3">工 作 过 程 摘 要</td></tr>
<tr><td>1. 资讯（2 学时）</td><td colspan="3">（1）阅读项目任务书
（2）了解液位恒定控制基本情况
（3）查阅 A5300、A1000、A8000、THPCAT-2 实训平台手册
（4）回顾 S7-200、S7-300 编程
（5）回顾 DCS 体系结构及组态王应用</td></tr>
<tr><td>2. 计划及决策（2 学时）</td><td colspan="3">（1）小组成员分工
（2）项目实施要素：项目分析、设备平台选用，确定模拟量、开关量数量及监控界面、液位恒定 PID 控制方案
（3）项目实施进度
（4）经讨论、审核制订实施方案，列出设备、测点清单、监控界面、控制流程</td></tr>
</table>

（续）

步骤课时	工 作 过 程 摘 要
3. 实施 （8 学时）	（1）利用组态软件的工程管理器，新建“项目工程” （2）定义所需设备，操作员站与控制站通信 （3）建立数据变量，关联 I/O 设备或内存变量 （4）新建画面文件，流程图监控主画面、报警画面、趋势曲线、报表画面 （5）利用图形工具箱和图库构建监控静态画面 （6）实现静态画面的动画连接 （7）PLC 编程实现控制要求 （8）安装、运行、调试、验证、改进
4. 检查与评价 （4 学时）	（1）学生自查 （2）提交项目软件 （3）汇报演示项目 （4）提交项目报告 （5）考核、评价 （6）教师点评总结 （7）项目完善改进
5. 拓展（2 学时）	拓展内容在老师讲解和指导下，学生进一步自主学习

3.2　项目方案设计

3.2.1　项目分析

围绕项目构筑 DCS 硬件，实现工艺控制编程，完成操作员站监控组态，其分析内容主要包括：①工程项目的系统构成、技术要求和工艺流程；②系统实施平台，弄清系统的控制流程和测控对象的特征，确定控制方案，明确监控要求和动画显示方式；③工程中的数据采集通道及输出通道与软件中数据词典中变量的对应关系，分清哪些变量是需要利用 I/O 通道与外部设备进行连接的，哪些变量是软件内部用来传递数据及动画显示的。主要完成的工作及项目实施要点：根据工艺要求和 I/O 变量进行 DCS 硬件设计与安装、设备定义、变量定义、操作员站监控静态和动态界面组态、PLC 程序的编辑、系统的调试与运行及改进。

3.2.2　项目实施平台

根据实训室配置情况，本项目硬件实施平台可选用基于 A8000 + A1000/A5300、A3000、THPCAT-2FCS 及浙江中控的 CS2000 等多种平台，A1000 实现最简单，THPCAT-2FCS 平台实现比较复杂。本项目基于 A8000 和 A5300 组合的实训平台，硬件包括计算机、A8000、A5300，软件包括常规软件、组态王软件；其他平台实现方法与 A8000 + A5300 类似。计算机作为 DCS 的工程师站和操作员站，A8000 上的 S7-200PLC 及其模块作为控制站，A5300 上的模块、仪表、水泵等设备作为现场控制级，锅炉（水箱代替）作为被控对象；操作员站与控制站的通信采用 PPI；控制站与现场控制级采用 4 ~ 20mA 或 0 ~ 10V 模拟信号；项目对应的 DCS 结构示意图如图 3-2 所示。

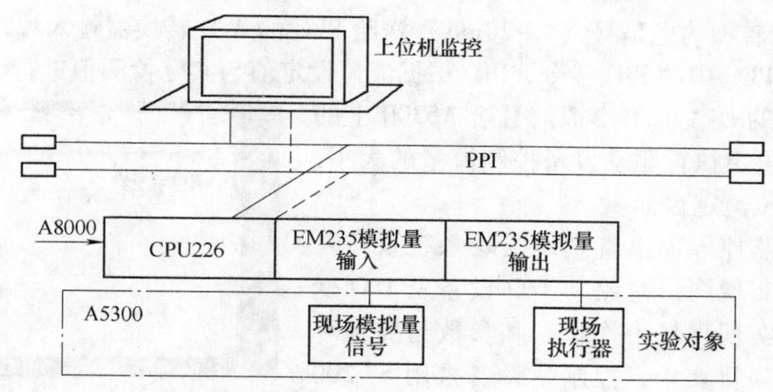

图 3-2　液位恒定监控系统 DCS 结构示意图

3.2.3　控制方案

本项目属于单回路控制，为提高系统可靠性，对接生产现场，规划为两种工作方式：一种为 PLC 应用系统，另一种为“操作员站 + 控制站 PLC”组合的工作方式。结合工艺需要，对有关数字开关量和模拟量控制关系进行相应分解整合；下面从理论上对 PID 单回路控制性能作进一步分析验证。

根据图 3-1b 所示系统结构框图，以水箱的流入量为输入量，以水箱的液位作为输出量，根据水箱物料平衡原理，水箱的数学模型属于滞后的惯性环节：$G(s)=\dfrac{K}{1+Ts}e^{-ts}$。式中，$K$ 为水箱的放大系数，T 为水箱的时间常数，t 为滞后时间，由于纯延迟时间 t 相对系统时间比较少，延迟可忽略不计。利用实验飞升曲线确定水箱的数学模型有关工作参数，即 $K=4.0$、$T=369$。分析系统中其他环节，其数学模型可简化为滞后的惯性环节：$G(s)=\dfrac{K}{1+Ts}e^{-ts}$，经测试确定 $K=2.5$、$T=127.5$。

引入 PID 控制，K_P、K_I、K_D 的值用 N-C 方法进行整定，初步确定为 $K_P=2$、$K_I=0.0015$、$K_D=100$；利用 MATLAB 中的 Simulink 组件进行仿真分析，其仿真结构图和阶跃响应仿真输出特性曲线分别如图 3-3 和图 3-4 所示，分析图 3-4 说明水箱液位恒定控制系统采用 PID 控制方案完全满足要求。实际应用时，需根据现场情况进一步调整 K_P、K_I、K_D 值，使控制性能符合工艺要求。

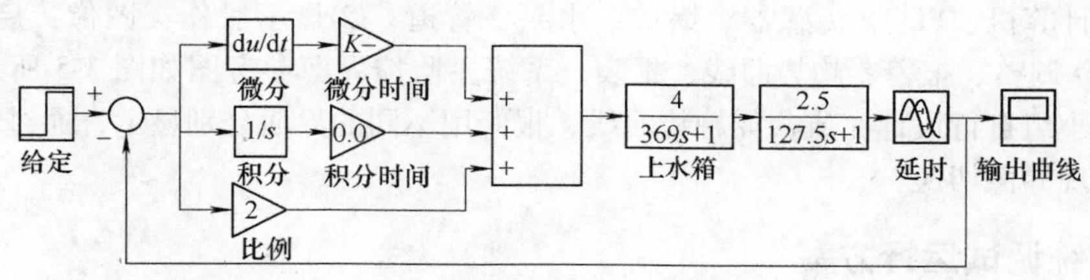

图 3-3　PID 控制方案仿真结构示意图

3.2.4　控制系统的工作原理

结合图 3-1 和图 3-2，水箱液位恒定控制系统的工作原理为：压力传感器将水箱中液体的压力/液位信号转换为电信号（4～20mA）送给PLC的A-D转换器输入端；经PLC程序数据处理后，执行PLC中的PID指令，PID根据液位设定值与实际检测值进行PID运算，输出控制量；经PLC的D-A输出模拟信号给A5300上的执行驱动设备，再由执行驱动设备控制流量的大小，达到控制水箱液位恒定目标。

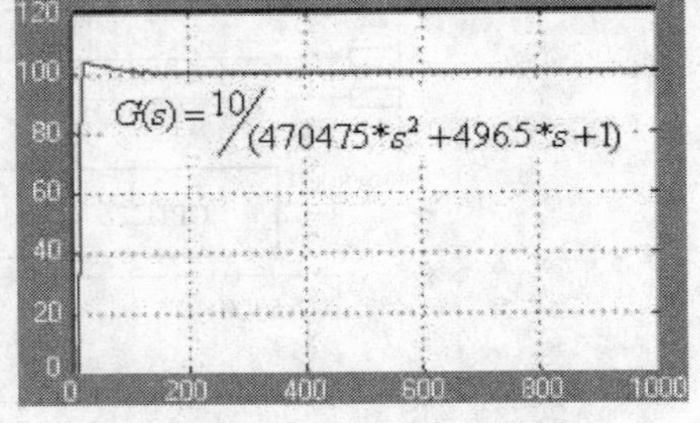

图3-4　液位恒定控制仿真阶跃响应曲线

为在计算机监控界面上直观地反映系统设备及工艺状况，需要实现图形对象与I/O设备及I/O变量的动画连接，实现现场工作状态和参数与监控界面的互动；根据项目要求，控制站设备采用S7-200 PLC，实现I/O变量关联，从而在操作员站上进行有效监控和管理。

3.2.5　项目监控界面

监控界面基于工艺控制要求和用户功能需求，在该系统中，操作员站主要实现四个方面功能。

（1）系统工艺及运行情况的动态模拟　本系统中主要模拟部件包括：水泵、PLC、锅炉、变频器、管道、调节阀。水泵采用颜色的变化方法来表示其开和关，锅炉采用液位填充动画显示的方法，变频器、调节阀用文本框显示电压值表示其运行状况，锅炉、水泵、出水阀之间的供水管道流动效果采用流动块来表示。

（2）系统的启动/停止的控制及重要参数的显示　系统中启动和停止信号用按钮控件来实现，既可关联现场设备，也可采用内在变量；本系统中主要的参数是调节阀的工作电压和锅炉的液位值，显示采用文本框实现动态跟踪显示。

（3）系统运行的趋势及报警　系统运行趋势有助于确定系统状态，以指导操作员进行调整；报警功能主要对锅炉液位的值高于或低于一定的限定值时，系统产生报警，提醒工作人员处理。

（4）PID参数调整功能　对于单回路PID过程控制，必须把比例放大系数K_P、积分时间K_I和微分时间K_D调整为合适的值，才能确保系统得到良好的性能，为此，监控界面提供“PID调整窗体”。

综合上述分析，并结合图3-1所示系统结构示意图，监控界面的图形对象主要包括：①工艺类图形计算机、PLC、传感器、锅炉、水泵、管道；②显示操作类图像：启动/停止切换按钮、PID调整、报警、趋势曲线、报表；系统主监控界面参考图如图3-5所示。其他监控界面由各小组自行设计完成，如趋势曲线、报警用不同的界面分别显示，通过命令按钮或菜单操作实现界面切换。

3.2.6　系统调试运行方案

在该系统中，系统调试涉及比较多的设备，一方面，为了确保系统安全、正常、有序地工作；另一方面，制定调试方案便于指导后续工作实施，并促进培养工程素质和良好的习惯。经过系统硬件设计、安装和组态软件开发后，项目调试运行方案主要流程及内容为：①设备检测，对设备外观、接线、固定安装进行检测。②对系统接线进行测试，检查接线端子标号、安装固定机械强度，检测电气特性。③电源测试，对直流和交流电源供电回路接线和电气特性分别进行检测。④系统设备通电，观察是否有异常，并检测通电后的电气特性。⑤计算机、PLC、变频器等设备开机，进入运行状态。⑥运行测试程序，判断相关设备的逻辑、过程控制关系、通信是否正常。⑦运行开发项目，验证是否满足设计要求，记录运行情况；对异常情况进行处理、改进和完善，并做好记录整理工作，完成项目报告。⑧系统停电，恢复设备常规配置，填写设备使用保养单。

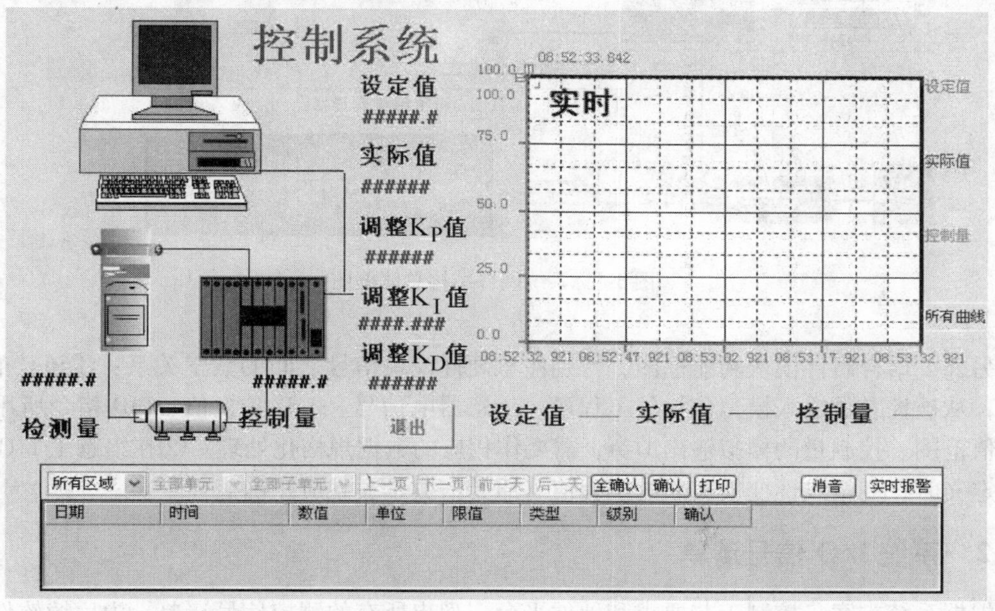

图3-5　锅炉液位恒定监控系统主监控界面参考图

3.3　系统硬件设计

项目所选用的实训平台为计算机 + A8000 + A5300，计算机作为工程师站或操作员站，实现全面监控；A8000平台的S7-200或S7-300 PLC作为控制站，监控系统的主要控制逻辑由PLC编程实现，模拟输入/输出量由EM235模块实现转换；A5300平台的有关锅炉、水箱、仪表、水泵等功能模块作为现场设备。下面进一步从系统结构设计和I/O信号作进一步说明，有关安装接线参考项目1及A5300实训指导书的相关内容。

3.3.1　硬件结构设计

根据所选实训平台，结合控制工艺要求，锅炉液位恒定监控系统的硬件结构总体框图如图3-6所示。为了理解A5300平台所涉及的主要设备的工作关系，并为指导后续软件开发提供依据，下面简要介绍它们的主要工作关系及作用。

（1）电动调节阀　本系统PID单回路控制方案的执行器，接受控制站的输出量，自动调节阀门开度，确保锅炉液位恒定。

（2）变频器与水泵　用于“控制”供水管道水流量的大小，它们为供水管道提供合适的“恒定”流量；另外，根据需要可通过变频器面板或A5300平台上的手操器输出来改变水泵的工作电压及频率值，从而改变流量大小。

(3) 液位检测变送器　用于测量 V1 水箱液位实际值，并反馈给控制站及操作员站，起 PID 控制运算及监控显示作用。

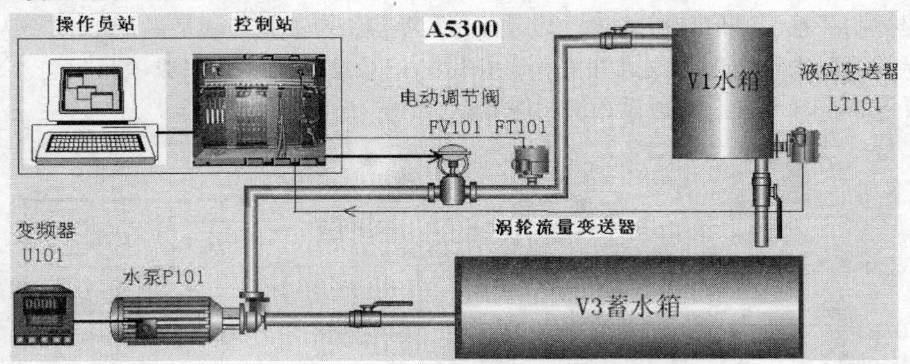

图 3-6　系统硬件结构总体框图

另外，结合硬件模块功能框图，特别注意硬件模块信号之间的数学关系：①PLC 的 PID 编程，从被控参数输入模拟信号的工程量、传感器电信号、A-D 转换值、PID 指令所用实际测量值范围、控制量的模拟输出 D-A，需要作相应的数据规格化处理。②在组态王 I/O 数据变量定义时，变量线性变换关联的工程值、原始值数学关系应正确处理。

3.3.2　系统 I/O 信号清单

根据系统方案、控制工艺要求和硬件平台，列出所有的测控信号清单，为后续软件开发提供依据。本系统 I/O 参考信号见表 3-3，分为必备和可选信号两大类。可选信号为拓展控制应用，工艺及编程稍微复杂；为简化液位单回路 PID 控制，可基于必备信号进行设计开发工作。

表 3-3　系统 I/O 参考信号清单表

序号	名称	类型	作　用	信号范围	备注
1	锅炉液位	I/O 实数	液位传感变送器经 PLC 采集后，控制及监控使用	4～20mA 对应 0～50cm	必备
2	控制量	I/O 实数	PLC 的 PID 输出，用于驱动执行机构	4～20mA 对应全关、开	必备
3	管道流量	I/O 实数	利用流量传感变送器经 PLC 采集流量，用于监控	4～20mA	可选
4	启动按钮	I/O 离散	PLC 输入开关，用于编程控制及监控	0～24V	可选
5	停止按钮	I/O 离散	PLC 输入开关，用于编程控制及监控	0～24V	可选
6	运行指示灯	I/O 离散	PLC 输出，用于编程控制及监控	0～24V	可选
7	手动/自动	I/O 离散	控制量来源方式选择	0～24V	可选
8	报警指示灯	I/O 离散	PLC 输出，用于编程控制及监控	0～24V	可选

3.3.3　系统安装接线

DCS的安装分硬件安装和软件安装，硬件安装包括控制站、操作员站、通信网络、电源、现场设备的安装；软件安装一般包括计算机常规软件、组态软件和控制站开发软件的安装。在工程领域，DCS设备的现场就位与安装工作，一般由DCS厂家技术人员到现场指导安装单位进行现场安装及调试。DCS的安装是一项系统而复杂的工作，对安装人员有严格的要求，有关具体安装工作需参考《安装调试手册》及其他标准规范文件执行。就本“锅炉液位恒定监控系统”项目而言，其安装内容主要涉及控制站PLC的模块与现场设备的接线、计算机与控制站通信连接。

根据系统硬件结构总体框图、I/O参考信号清单表和所选平台，根据设备模块的相关接线端子，完成系统安装接线。安装接线主要围绕模拟输入量、输出量与相关模块的端子连接形成回路。PLC输入为传感变送器→PLC的A-D转换模块EM235，PLC输出控制量由D-A模块EM235→驱动放大模块→具体执行机构。参照项目1和实验指导书有关内容，各小组自主绘制本项目的接线图，系统的主接线示意图如图3-7所示。

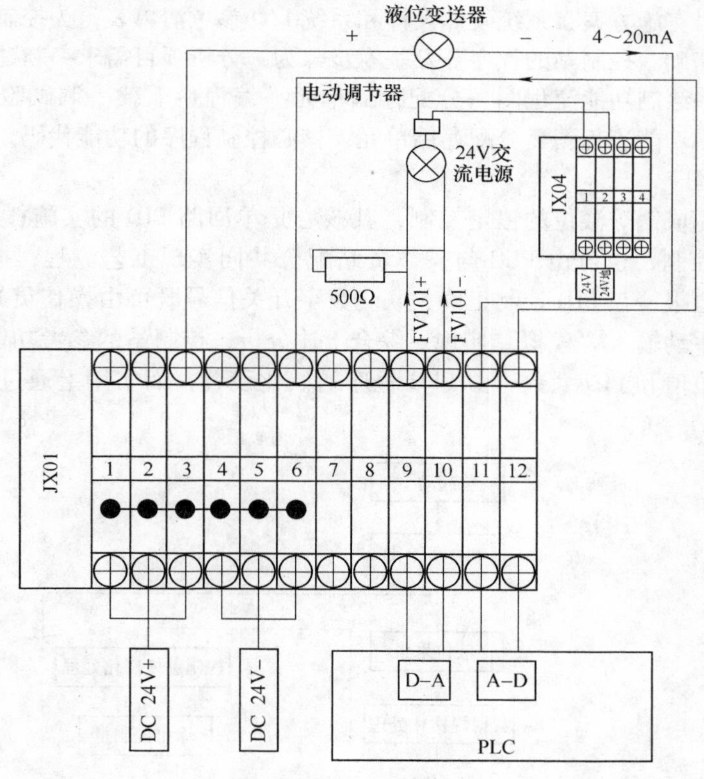

图3-7　系统主接线示意图

3.4　系统软件开发

软件开发是DCS的核心，软件开发既遵循一定的规律和规范，也应具备共享成果的意识；同时，结合具体问题进行分析应用，实现提升创新。“可编程序控制器原理与应用系统”作为前期的核心课程，为本项目控制站的软件开发工作奠定了基础。

DCS 是硬件与软件的有机整体，DCS 软件与其硬件结构密切相关，主要包括控制层软件、监控软件和组态软件。控制层软件运行在控制站上，主要完成各种控制功能和相应现场设备连接的 I/O 处理。监控软件是运行于操作员站或工程师站上的软件，主要完成运行操作人员所发出的各个命令的执行、图形与画面的显示、现场数据的集中处理等。组态软件则主要完成系统的控制站和操作员站的组态功能，安装在工程师站中。

控制站采用西门子的 S7-200/S7-300 PLC，工程师站上需要安装 STEP7Micro/WIN 32 V4.0、STEP V5.4 开发软件；工程师站上完成监控开发的组态软件基于“组态王”软件平台。下面分别简要介绍控制站、操作员站软件开发的基本内容，以教师示范和讲解为指导，具体实施工作由各小组自主完成。另外，根据实际情况，首先实现最为基本的单回路 PID 液位恒定控制方案；其次，考虑完善液位实际工艺恒定控制要求。

3.4.1 控制站程序开发

综合上述项目实施方案、系统硬件设计和系统 I/O 参考清单表，为控制站程序的开发工作奠定了坚实的基础。控制站的程序开发基本步骤为：分析项目需求→新建项目→硬件组态→通信端口设置→绘制功能流程图→分配存储单元→编程→下载→调试验证→关联操作员站，下面主要介绍功能流程图、分配存储单元、核心控制程序的功能代码。

1. 功能流程图

控制站主要完成锅炉液位的恒定控制，其核心是单回路 PID 的实施；既可以用 PLC 电气系统单独实现控制，也可由 PLC 与操作员站配合共同实现工艺流程；控制系统的启动、停止和锅炉液位值报警与 PID 控制正确关联。数字开关信号既可由操作员站监控按键实现，也可由外围按钮手动输入“模拟”实现。综合上述分析，控制站的参考功能流程图如图 3-8 所示。另外，液位值和 PID 系数可由 PLC 程序初始化设置，而实用上通过监控界面完成设定和调整。

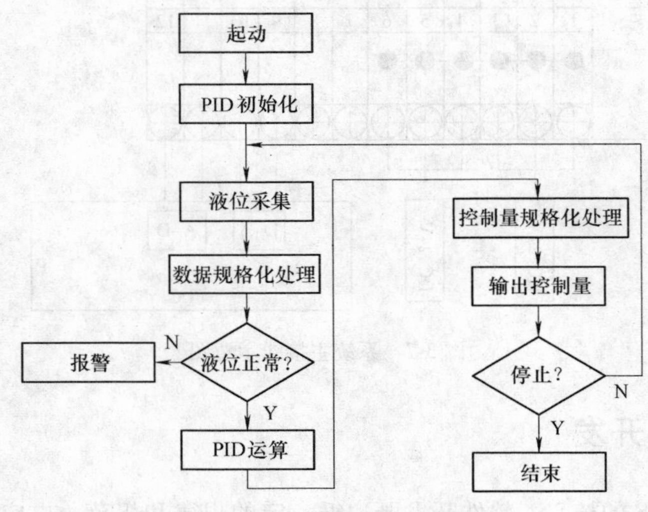

图 3-8 PLC 控制站参考功能流程图

2. PLC 存储单元的分配

根据前面的分析，为了实现“锅炉液位恒定监控系统”的 PID 单回路控制，利用 S7-200 PLC 的“STEP7Micro/WIN 32 V4.0”开发界面编程实现；根据控制要求和 S7-200 PLC 的 PID 指令应用原理及规则，规划 PID 回路参数表。根据图 3-8，结合系统 I/O 参考清单表，所分配的主要存储单元参数关系如表 3-4 所示，存储单元也分为必备和可选两种情况，表 3-4 说明了存储单元与组态王 I/O 变量之间的关系。

表 3-4　PLC 的主要存储单元参数关系表

序号	PLC 地址	类型	作　用	变量符号	组态概况	备注
1	AIW0	I/O 整型	A-D 转换，液位输入；4～20MA 对应 6400～32000		关联 VD100，PLC 编程数据规格化	必备
2	AIW2	I/O 整型	流量信号输入			可选
3	AQW0	I/O 整型	D-A 转换，控制量输出；0～32000 对应 0～20MA 或 0～10V		关联 VD108，PLC 编程数据规格化	必备
4	I0.0	I/O 离散	启动控制系统	QD	图库中按钮	可选
5	I0.1	I/O 离散	停止控制系统	TZ	图库中按钮	可选
6	I0.2	I/O 离散	控制量手动/自动切换	SZQH	图库中按钮	可选
7	Q0.0	I/O 离散	系统运行状态指示	YXZS	图库指示灯	可选
8	Q0.1	I/O 离散	液位报警状态指示	BJ	图库指示灯	可选
9	VD100	I/O 浮点	液位测量值，0～1	PID_PV	文本、趋势、报警、报表	必备
10	VD104	I/O 浮点	液位给定值，0～1	PID_SP	文本框、趋势	必备
11	VD108	I/O 浮点	PID 自动输出值	PID_MV	文本框、趋势	必备
12	VD112	I/O 浮点	比例系数，0～1000	PID_P	读写文本框	必备
13	VD116	I/O 浮点	采样时间	PID_TS	读写文本框	必备
14	VD120	I/O 浮点	积分时间，0～1000	PID_I	读写文本框	必备
15	VD124	I/O 浮点	微分时间	PID_D	读写文本框	必备
16	VD184	I/O 浮点	手动/自动切换	PID_AM	读写文本框	可选
17	VD188	I/O 浮点	手动输出值	PID_MAN	读写文本框	可选
18	VD192	I/O 浮点	总输出	PID_OUT	读写文本框	可选

3. 核心程序功能代码

根据 PLC 工作原理和编程方法，编程的重点和难点在于程序总体架构及功能模块关系规划、存储器分配、PID 指令应用、数据规格化处理。综合上述分析，PLC 程序基本架构分为：主程序、中断服务程序及子程序。主程序主要程序段包括：①判断启动是否有效；②初始化 PID 指令有关参数、中断时间周期、开启中断；③如停止有效，关闭中断、停止采集和控制输出。中断服务主要程序段包括：①实现数据采集与处理及报警，即模拟量的规格化处理；②判断手动/自动切换，进行无扰切换；③PID 运算，根据 PID 参数回路表（表 3-4），调用 PID 指令；④控制量处理与输出。

编程的重点和难点在于理解模拟输入/输出信号与相关模块的变换关系，本项目模拟信号工作关系为：水箱液位（0～50cm）→液位变送器（4～20mA）→PLC 系统 EM235 的 A-D 转换（6400～32000）→PLC 系统 PID 指令存储单元 VD100 关联现场测量值（0～1.0）→执行 PLC 系统 PID 指令→控制量 VD108（0～1.0）→控制量（0～32000）→PLC 系统 EM235 的 D-A 转换（0～10V），以此为基础，理解有关程序段的数据规格化处理方法及控制原理。

最为核心的模块代码示例如下，有关代码段原理和控制关系参考 S7-200 的 PID 指令及应用示例。PID 参数及中断初始化程序段如图 3-9 所示，数据采集处理子程序如图 3-10 所示，手动/自动控制量切换子程序如图 3-11 所示，控制量处理及输出子程序如图 3-12 所示。另外，特别**注意**：①如只保留必备变量，则图 3-11、图 3-12 中的网络段部分指令需要作部分调整；②为验证锅炉液位恒定控制系统硬件接线及 PLC 应用系统的 PID 单回路是否正常工作，可先实现 PLC 应用系统正常工作后，再与组态王的操作员站关联调试。

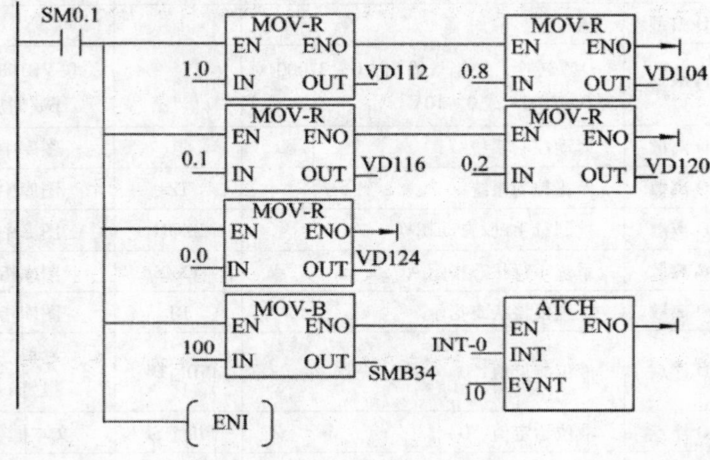

图 3-9　PID 参数及中断初始化程序段

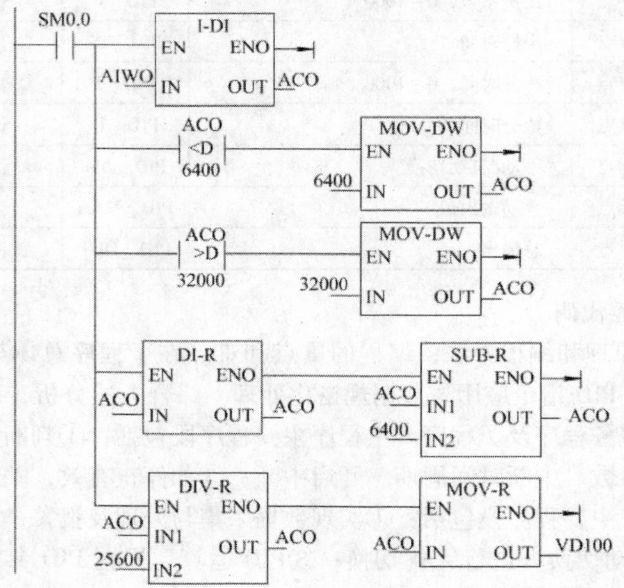

图 3-10　数据采集处理子程序

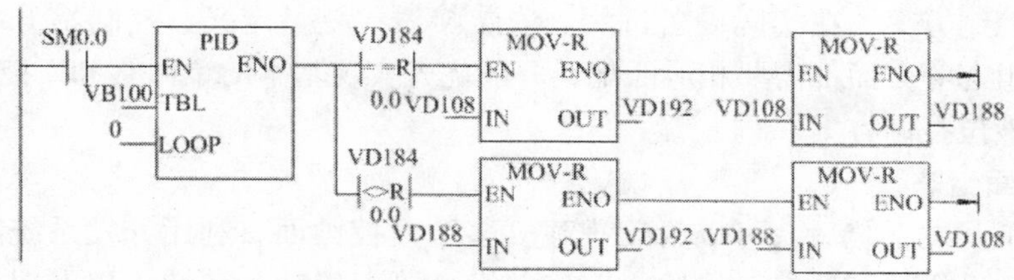

图 3-11　手动/自动控制量切换子程序

3.4.2　操作员站组态开发

操作员站可显示并记录来自各控制站的过程数据，是人与生产过程的操作、管理接口，通过操作人机接口，实现信息处理和生产过程操作的集中监控和管理。系统采用窗口画面技术，把需要的信息显示在一定的位置，便于操作和监视。常用画面分为：总控画面、工艺流程画面、报警显示画面、操作画面、趋势画面、回路参数调节画面、操作指导帮助画面、诊断维护画面、报表查询等画面。

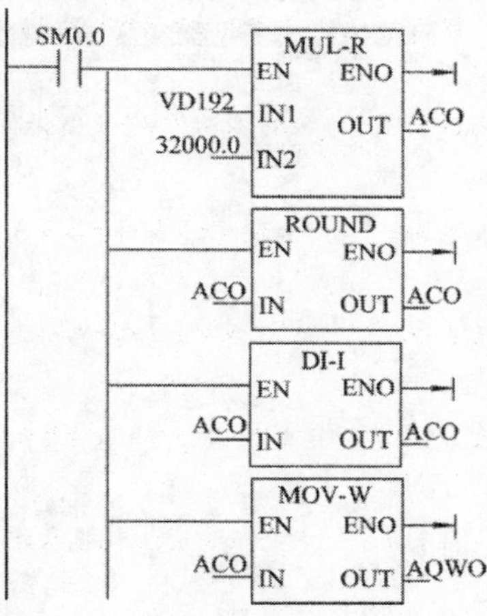

图 3-12　控制量处理及输出子程序

根据组态王软件基本应用步骤，结合项目 2 应用经验，操作员站组态开发的主要内容包括：创建工程项目及路径；定义 I/O 设备，选择通信方式——PPI；建立实时数据库，正确组态各种变量参数；根据工艺过程绘制、设计画面结构和画面框架，组态每一幅静态画面；将画面中的图形对象与实时数据库变量建立动画连接关系；根据项目需要，完成控制策略、历史趋势、报警显示以及报表系统开发；对组态内容进行分段和总体调试，视调试情况对组态的软件进行相应修改及完善。下面对实时数据库和组态监控主画面作进一步介绍，其他画面，各小组根据项目要求自主完成。

1. 实时数据库

综合项目要求和上述分析，参考表 3-4 所示的 PLC 的主要存储单元参数关系表，完成变量组态工作，变量组态的重点和难点说明如下。

1）变量定义时工程量与原始值关系、变量报警及记录定义。以最为基本的 PID _ PV（液位测量值）变量为例作说明：PID _ PV 与 S7-200 的 VD100 寄存器线性关联，其工程值的最小值、最大值应分别定义为 0cm、50cm，其最小原始值、最大原始值为 0、1.0。PID _ PV 报警限值不仅需要定义，还需进行报警配置。PID _ PV 使用历史趋势曲线、历史报表功能时，不仅需要作记录，也需要作历史配置组态。

2）变量与动画连接关系。如 PID _ PV（液位测量值）变量需要用两个文本框分别显示提示信息“液位测量值”和数值“液位测量值”，为实现数值显示，文本框动画连接需要“模拟输出连接”；另外，为进一步满足用户需求，还需要在趋势曲线、报表方面进行相应组态工作。而存储比例系数的 VD112 单元及 PID _ P 变量，文本框动画连接需要“模拟值输入”与“模拟值输出”同时起作用。

3）工艺选择与变量关系。基于必备变量实现基本的单回路 PID 液位恒定控制方案与增加可选变量的控制方案，在实际设备选用、安装接线、变量定义、控制站 PLC 编程、操作员站监控界面组态等方面都需要相应匹配；一般优先实现基本的单回路 PID 控制方案，再完善较为复杂的液位控制方案。

2. 监控界面组态

进入组态王开发系统后，可以为工程建立多个监控画面。利用开发系统所提供的工具箱、图库、控件等资源和复制、删除、对齐、组合等编辑功能菜单，以及对象的颜色、线型、填充类型等属性操作工具，可组态出界面友好、生动形象的画面。

图 3-5 所示界面，其主要图形对象及组态包括：DCS 液位监控系统工艺设备图形、文本框、实时趋势曲线、报警、报表。相关对象建立动画连接，要根据系统设计方案分析要求进行设置。图 3-13 是项目监控画面的另一参考界面，图中菜单可实现趋势曲线、报警、报表等画面切换工作及退出组态王的运行状态，具体制作参考帮助文档。

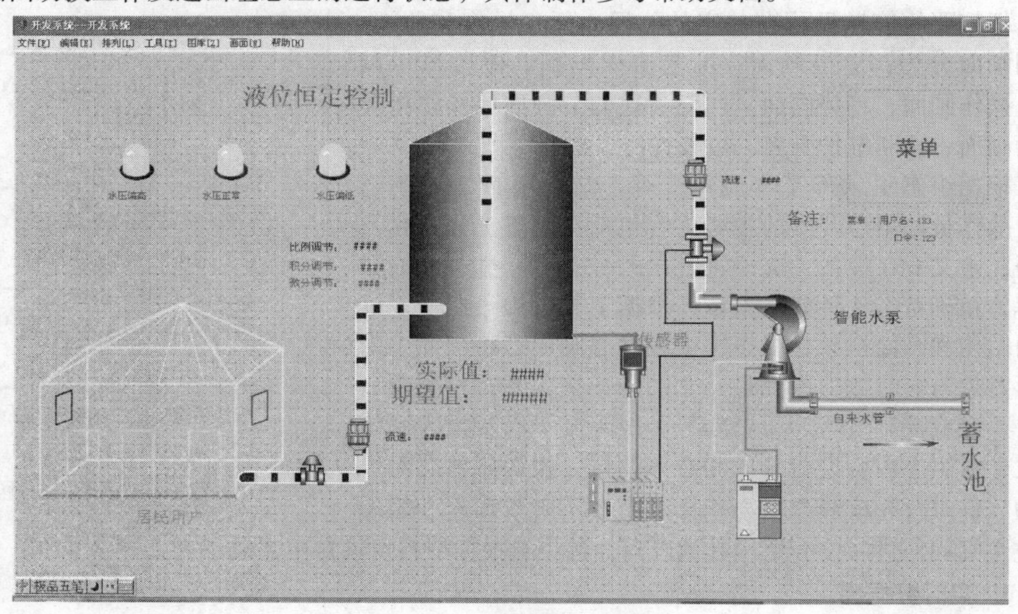

图 3-13　系统监控画面的参考界面

【知识链接】　组态王的功能模块

1. 流动连接

在液体和气体介质工作场合，利用组态王所提供的流动连接可以形象直观地反映它们的工作状态，流动连接用于设置立体管道内液体流线的流动状态。流动状态根据“流动条件”表达式的值确定。在画面上绘制立体管道，用鼠标双击该管道，在弹出的“动画连接”对话框中单击“流动”按钮，系统将弹出管道流动连接对话框，如图 3-14 所示。

在“流动条件”项输入流动状态关联的组态王变量，应为整型变量。单击“？”按钮可以选择已定义的变量名。管道流动的状态由关联的变量的值确定：当变量值为 0 时，不产生流动效果，管道内不显示流线；当变量值在 1 ~ 10 范围时，管道内液体流线的流动方向为管道起点至管道终点，流速为设定值，10 为速度的最大值；当变量值为 -1 ~ -10 时，管道内液体流线的流动方向为管道终点至管道起点，流速为设定值，-10 为速度的最大值；当变量值为0时，停止流动，管道内显示静止的流线。

2. 趋势曲线

组态王的实时数据和历史数据除了在画面中以数值输出的方式和以报表形式显示外，还可以使用功能强大的各种曲线组件进行分析显示，实现更为直观的显示；组态王的曲线组件工具包含：趋势曲线、温控曲线和超级X-Y曲线，以及控件中的温控曲线。温控曲线反映出实际测量值按设定曲线变化的情况；超级X-Y曲线主要是用曲线来显示两个变量之间的运行关系；各种趋势曲线的具体应用可通过教师示范及参考帮助文档进行学习。

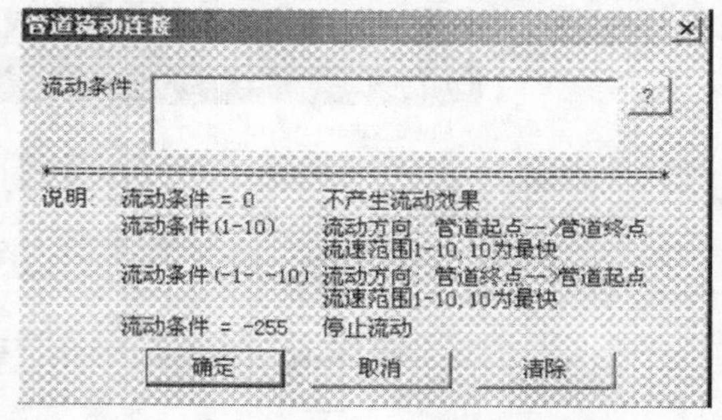

图3-14　管道流动连接对话框

趋势分析是控制软件必不可少的功能，“组态王”对该功能提供了强有力的支持和简单的控制方法。趋势曲线有实时趋势曲线和历史趋势曲线两种。曲线对象上的X轴描述时间，Y轴描述变量值。对于实时趋势曲线最多可显示4条曲线，而历史趋势曲线最多可显示16条曲线，而一个画面中可定义数量不限的趋势曲线。在趋势曲线中工程人员可以规定时间间距、数据的数值范围、网格分辨率、时间坐标数目、数值坐标数目以及绘制曲线的“笔”的颜色属性。画面程序运行时，实时趋势曲线可以自动卷动，以快速反应变量随时间的变化；历史趋势曲线不能自动卷动，它一般与功能按钮一起工作，共同完成历史数据的查看工作，这些按钮可以完成翻页、设定时间参数、启动/停止记录及打印曲线图等复杂功能。

（1）实时趋势曲线　组态王提供两种形式的实时趋势曲线：工具箱中的组态王内置实时趋势曲线和实时趋势曲线Active X控件。执行“编辑”菜单下的“插入通用控件”命令，系统将弹出“插入控件”对话框，在列表中选择“Ckvreal Time Curves Control”，即可得到Active X控件，此控件的应用方法请参考帮助文档。下面先介绍组态王内置实时趋势曲线应用。

1）创建。在组态王开发系统中制作画面时，选择菜单“工具\实时趋势曲线”命令或单击工具箱中的“画实时趋势曲线”按钮，此时光标在画面中变为“十”字形，在画面中用鼠标画出一个矩形，实时趋势曲线就在这个矩形中绘出，如图3-15所示。

2）属性。双击创建的实时趋势曲线，系统将弹出实时趋势曲线属性对话框，如图3-16所示，下面对属性对话框中各项含义作简要说明。

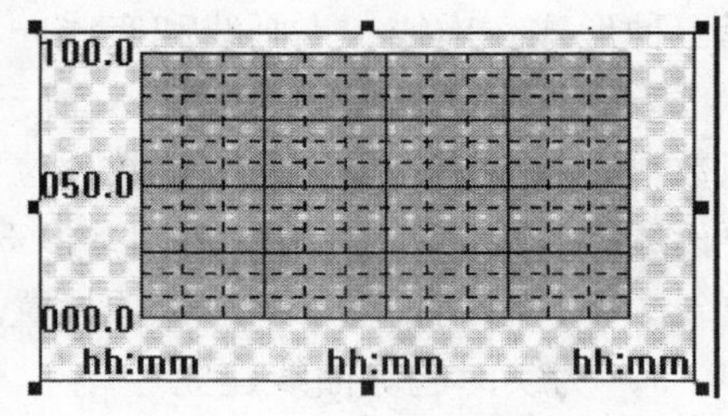

图3-15　实时趋势曲线示意图

①坐标轴，选择曲线图表坐标轴的线型和颜色。选择“坐标轴”复选框后，坐标轴的线形和颜色选择按钮变为有效，通过单击线型按钮或颜色按钮，在弹出的列表中可选择坐标轴的线型或颜色。

②分割线为短线。选中此项后，坐标轴上只有很短的主分割线，整个图纸区域接近空白状态，没有网格，同时下面的“次分线”选项变灰，图表上不显示次分线。

③边框色、背景色。分别规定绘图区域的边框和背景（底色）的颜色。按动这两个按

钮的方法与坐标轴按钮类似，系统弹出的对话框也与之大致相同。

④X 方向、Y 方向。X 方向和 Y 方向的主分割线将绘图区划分成矩形网格，次分线将再次划分主分割线划分出来的小矩形。这两种线都可改变线型和颜色。分割线的数目可以通过小方框右边“加减”按钮来增加或减小，也可通过编辑区直接输入。工程人员可以根据实时趋势曲线的大小决定分割线的数目，分割线最好与标识定义相对应。

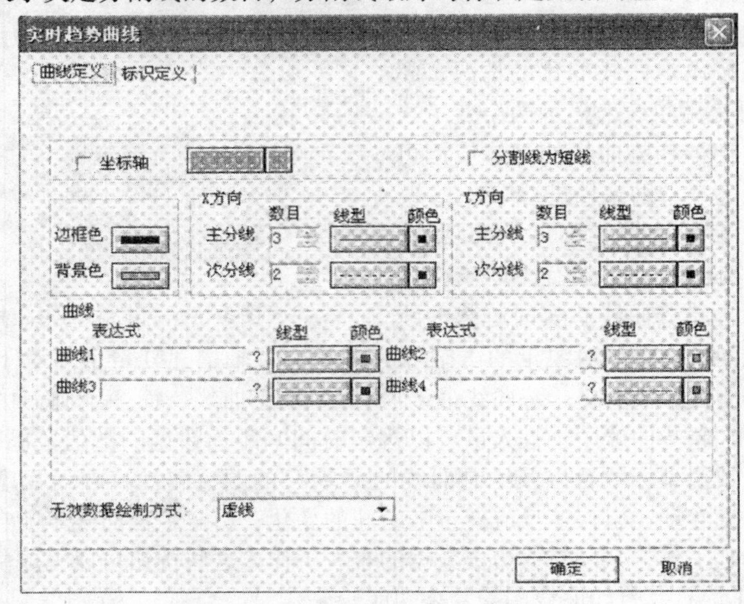

图 3-16　定义实时趋势曲线属性

⑤曲线。定义所绘的 1 ~ 4 条曲线 Y 坐标对应的表达式，实时趋势曲线可以实时计算表达式的值，所以它可以使用表达式。实时趋势曲线名的编辑框中可输入有效的变量名或表达式，表达式中所用变量必须是数据库中已定义的变量。右边的“?”按钮可列出数据库中已定义的变量或变量的域供选择。每条曲线可通过右边的线型和颜色按钮来改变其线型和颜色。在定义曲线属性时，至少应定义一条曲线变量。

⑥无效数据绘制方式。在系统运行时对于采样到的无效数据的绘制方式的选择。可以选择三种形式：虚线、不画线和实线。

⑦标识定义选项卡。标识 X 轴——时间轴、标识 Y 轴——数值轴。数值轴定义区：标识数目、起始值、最大值、整数位位数、小数位位数、科学计数法、字体、数值格式根据需要设置，Y 轴的范围是 0 ~ 1 对应 0% ~ 100%。时间轴的定义区域包括：标识数目、格式、更新频率、时间长度、字体选项设置。

3）为实时趋势曲线建立“笔”。首先使用图素画出笔的形状，一般采用多边形；然后定义图素的垂直移动的动画连接，可以通过动画连接向导选择实时趋势曲线绘图区域纵轴方向两个顶点；最后用对应的实时曲线变量所用的表达式定义垂直移动连接。

（2）历史趋势曲线　组态王提供三种形式的历史趋势曲线：第一种是从图库中调用已经定义好各功能按钮的历史趋势曲线，对于这种历史趋势曲线，用户只需要定义几个相关变量，适当调整曲线外观即可完成历史趋势曲线的复杂功能，这种形式使用简单方便；该曲线控件最多可以绘制8条曲线，但该曲线无法实现曲线打印功能。

第二种是调用历史趋势曲线控件，对于这种历史趋势曲线，功能很强大，使用比较简单。通过该控件，不但可以实现组态王的历史数据的曲线绘制，还可以实现工业库中历史数据的曲线绘制、ODBC数据库中记录数据的曲线绘制。在运行状态下，可以实现在线动态增加/删除曲线、曲线图表的无级缩放、曲线的动态比较、曲线的打印等等。

第三种是从工具箱中调用个性化的历史趋势曲线，对于这种历史趋势曲线，用户需要对曲线的各个操作按钮分别进行定义，即建立命令语言连接才能操作历史曲线。对于这种形式，用户使用时自主性较强，能做出个性化的历史趋势曲线；但实施复杂，对开发者要求较高。该曲线控件最多可以绘制8条曲线，该曲线无法实现曲线打印功能。

无论使用哪一种历史趋势曲线，都要进行相关配置，主要包括变量属性配置和历史数据文件存放位置配置。另外，需要注意与历史趋势曲线有关的其他必需配置项：定义变量范围、对某变量作历史记录、定义历史数据文件的存储目录、历史数据记录启动。历史趋势曲线与实时趋势曲线存在较多的共性，下面以组态王实时趋势曲线控件为例作进一步介绍。

（3）组态王实时趋势曲线控件　实时趋势曲线控件主要应用步骤如下。

1）创建。打开组态王画面，在工具箱中单击“插入通用控件”或执行“编辑”菜单下的“插入通用控件”命令，系统将弹出“插入控件”对话框，在列表中选择“Ckvreal Time Curves Control”，单击“确定”按钮，对话框自动消失，光标变为小“十”字形，在画面上选择控件的左上角，按下鼠标左键并拖动，画面上显示出一个虚线的矩形框，该矩形框为创建后的曲线的外框。当达到所需大小时，松开鼠标左键，则实时曲线控件创建成功，画面上显示出该曲线，如图3-17所示。

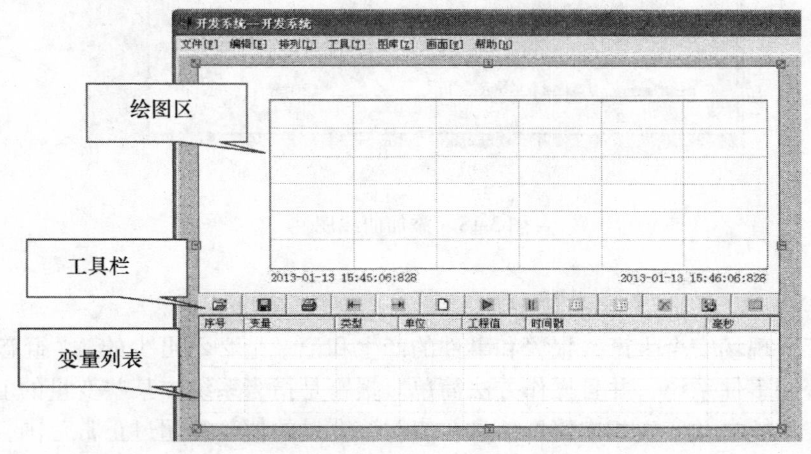

图3-17　实时趋势曲线控件创建

2）属性设置。实时曲线控件创建完成后，在控件上单击右键，在弹出的快捷菜单中选择“控件属性”命令，系统将弹出实时曲线控件的属性设置对话框，包括常规和曲线两个选项，单击曲线选项卡中的“添加”按钮（图3-18a），即可打开新增加曲线对话框，如图3-18b所示。

3）运行时修改实时曲线属性。实时曲线属性定义完成后，进入组态王运行系统，实时趋势曲线控件有三个工作区：绘图区、工具栏和变量列表。绘图区显示了实时趋势曲线；变量列表显示了绘图区中每条曲线关联的组态王变量信息；工具栏由具有不同功能的按钮组成，工具栏的具体作用可以从将鼠标光标放到按钮上时弹出的提示文本中看到。

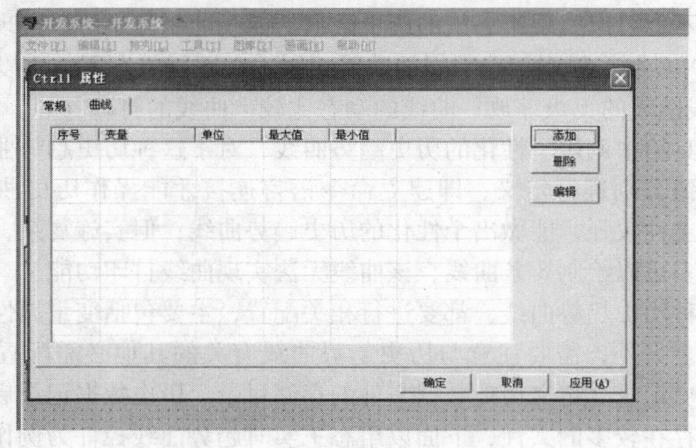

a)

b)

图 3-18　添加曲线属性

3. 报警

为保证工业现场安全生产，报警和事件的产生和记录是必不可少的。“组态王”提供了强有力的报警和事件系统，并且操作方法简单。报警是指当系统中某些变量的值超过了所规定的界限时，系统自动产生相应警告信息，表明该变量的值已经超过正常范围，提醒操作人员处理。事件是指用户对系统的行为、动作，修改了某个变量的值，如用户的登录、注销、站点的启动、退出等；事件不需要操作人员应答。另外，为了方便查看、记录和区别，要将变量产生的报警信息归到不同的组中，为此，需要事先定义报警组，并进行归类。

组态王中报警和事件的处理方法是：当报警和事件发生时，组态王把这些信息存于内存中的缓冲区中；报警缓冲区是系统在内存中开辟的用户暂时存放系统产生的报警信息的空间，其大小是可以设置的。在组态王工程浏览器中选择“系统配置/报警配置”并双击报警配置系统将弹出“报警窗口配置属性页”。报警和事件在缓冲区中是以先进先出的队列形式存储，所以只有最近的报警和事件存放在内存中。当缓冲区达到指定数目或记录定时时间到时，系统自动将报警和事件信息进行记录。报警的记录可以是文本文件、开放式数据库或打印机，用户可以从人机界面提供的报警窗中查看报警和事件信息。另外，组态王还提供了报警相关函数、变量和变量的报警域，结合命令语言，可实现更为复杂而实用的控制要求。下面介绍报警应用的基本内容：

（1）定义变量的报警属性　在使用报警功能前，必须先要对变量的报警属性进行定义以及报警组的定义及关联。下面进一步介绍组态王的变量中模拟型（包括整型和实型）变量和离散型变量，这两者都可以定义报警属性。

1）通用报警属性功能介绍。在组态王工程浏览器“数据库/数据词典”中新建一个变量或选择一个原有变量双击它，在弹出的“定义变量”对话框上选择“报警定义”选项卡，如图3-19所示。报警属性包括报警组名和优先级选项、模拟量报警定义区域、开关量报警定义区域、报警的扩展域的定义。

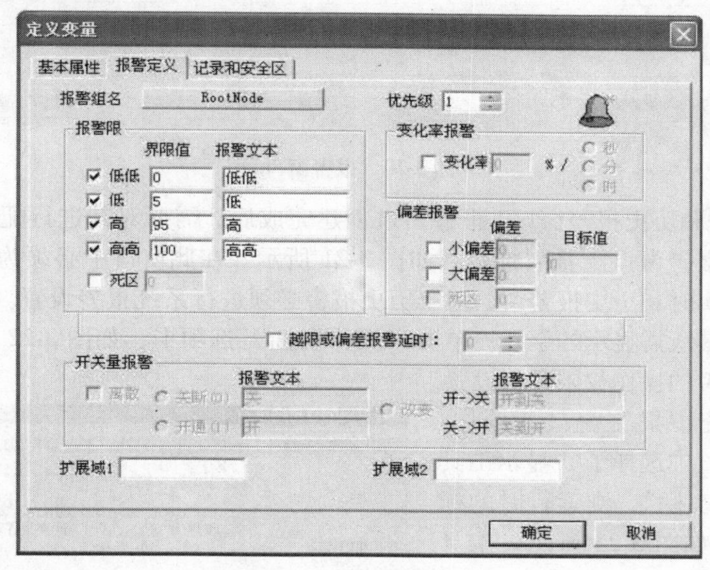

图3-19　通用报警属性

2）模拟变量报警类型。模拟量主要是指整型变量和实型两种变量，包括内存型和I/O型。模拟型变量的报警类型主要有三种：越限报警、偏差报警和变化率报警。对于越限报警和偏差报警可以定义报警延时和报警死区。

3）离散变量报警类型。离散量有两种状态：1、0。离散型变量的报警有三种状态：①1状态报警——变量的值由0变为1时产生报警；②0状态报警——变量的值由1变为0时产生报警；③状态变化报警——变量的值由0变为1或由1变为0为都产生报警。

（2）报警输出显示——报警窗口　组态王中提供了多种报警记录和显示的方式，如报警窗口、数据库和打印机等。组态王运行系统中报警的实时显示是通过报警窗口实现的，报警窗口分为两类：实时报警窗口和历史报警窗口。实时报警窗口主要显示当前系统中存在的符合报警窗口显示配置条件的实时报警信息和报警确认信息，当某一报警恢复后，不再在实时报警窗口中显示，实时报警窗口不显示系统中的事件。历史报警窗口显示当前系统中符合报警窗口显示配置条件的所有报警和事件信息，报警窗口中最大显示的报警条数取决于报警缓冲区大小的设置。

1）创建。在组态王画面中，在工具箱中单击报警窗口按钮，或选择菜单“工具\ 报警窗口”命令，鼠标光标变为单线“十”字形，在画面上适当位置按下鼠标左键并拖动，绘出一个矩形框，当矩形框大小符合报警窗口大小要求时，松开鼠标左键，报警窗口创建成功，如图 3-20 所示。

开发系统--开发系统

文件[F]　编辑[E]　排列[L]　工具[T]　图库[Z]　画面[W]　帮助[H]

报警日期	报警时间	变量名	报警类型	优先级	操作员	变量描述

图 3-20　报警窗口

2）配置实时和历史报警窗口。报警窗口创建完成后，需要对其进行配置。双击报警窗口，系统将弹出报警窗口配置属性页，如图 3-21 所示。在此窗口中必须为报警窗体指定 1 个名称，可选为实时和历史报警窗，对于历史报警必须进行系统报警设置。单击“列属性”选项卡，可设置其所需显示的字段；单击“操作属性”选项卡，如图 3-22 所示，在此选项卡中可以对操作者的操作权限进行设置。

3）运行系统中报警窗口的操作。如果报警窗口配置中选择了“显示工具条”和“显示状态栏”，则运行时的标准报警窗口显示如图 3-23 所示。工具箱中有关按钮作用：①确认报警：在报警窗口中选择未确认过的报警信息条，该按钮变为有效，单击该按钮，确认当前选择的报警。②报警窗口暂停/恢复滚动：每单击一次该按钮，暂停/恢复滚动状态发生一次变化。③更改报警类型：更改当前报警窗口显示的报警类型的过滤条件。④更改事件类型：更改当前报警窗口显示的事件类型的过滤条件。⑤更改优先级：更改当前报警窗口显示的优先级的过滤条件。⑥更改报警组：更改当前报警窗口显示的报警组的过滤条件。⑦更改报警信息源：更改当前报警窗口显示的报警信息源的过滤条件。

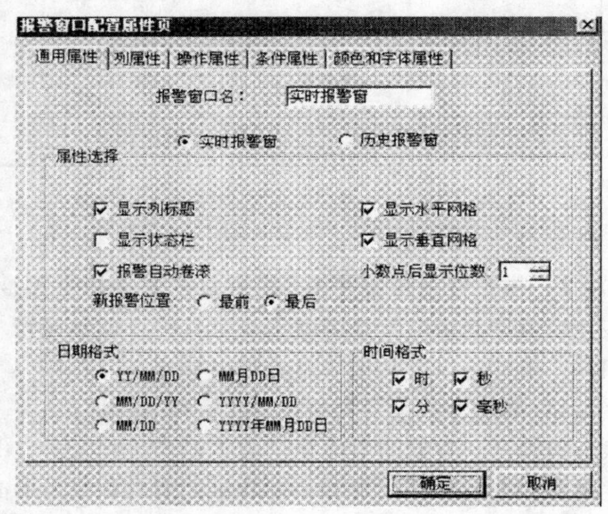

图 3-21　报警窗口配置属性页中通用属性选项卡

（3）报警记录输出　为了实现对报警信息的进一步管理和追踪，组态王软件提供了报警记录输出功能，分为文件输出、数据库输出和实时打印输出三种方式，下面对它们作简要说明。

1）文件输出。系统的报警信息可以记录到文本文件中，用户可以通过这些文本文件来查看报警记录。记录的文本文件的记录时间段、记录内容、保存期限等都可定义，文件的扩展名为“.al2”。为使用此功能，首先需要进行报警配置的文件输出配置，其次需要进行报警和事件记录格式配置。

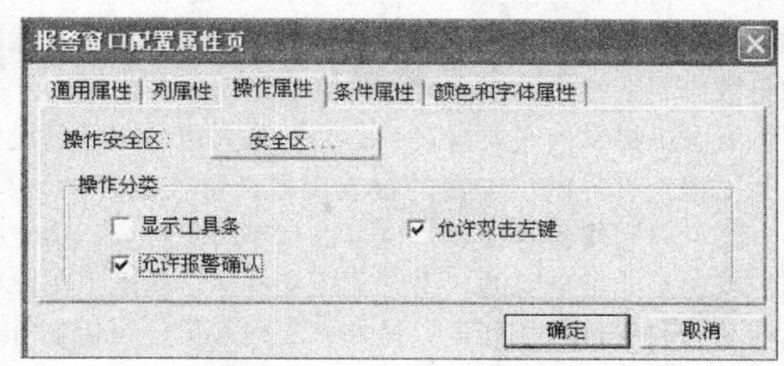

图3-22　操作属性页窗口

图3-23　运行系统标准报警窗口显示

2）数据库输出。组态王产生的报警和事件信息可以通过ODBC记录到开放式数据库中，如Access、SQL Server等。在使用该功能之前，应该做些准备工作：首先在数据库中建立相关的数据表和数据字段，然后在系统控制面板的ODBC数据源中配置一个数据源（用户DSN或系统DSN），该数据源可以定义用户名和密码等权限。

3）实时打印输出。组态王产生的报警和事件信息可以通过计算机并口实时打印出来，使用之前也需要对实时打印进行配置。

（4）事件概况　组态王中根据操作对象和方式等的不同，可把事件分为：操作事件、登录事件、工作站事件、应用程序事件。操作事件是指用户对有“生成事件”定义的变量的值或其域的值进行修改时，系统产生的事件；变量要生成操作事件，必须先要定义变量的“生成事件”属性。用户登录事件是指用户向系统登录或退出时产生的事件；系统中的用户，可以在工程浏览器的用户配置中进行配置。工作站事件就是指某个工作站站点上的组态王运行系统的启动和退出事件，包括单机和网络；组态王运行系统启动，产生工作站启动事件；运行系统退出，产生退出事件。应用程序事件是来自DDE或OPC的变量的数据发生了变化；对变量定义“生成事件”属性后，当采集到的数据发生变化时，产生该变量的应用程序事件。事件在组态王运行系统中人机界面的输出显示是通过历史报警窗口实现的；而报警既可在历史报警窗口显示，也可在实时报警窗口显示；另外，历史记录则需从文件或数据库中读出显示。

4. 报表

数据报表是反应生产过程中的数据、状态等，并对数据进行记录的一种重要形式，是生产过程必不可少的一个部分。它既能反映系统实时的生产情况，也能对长期的生产过程进行统计、分析；供工程技术人员进行系统状态检查或工艺分析，也可使管理人员能够实时掌握和分析生产情况。在传统的控制系统中，报表记录由操作员手工完成的；而在计算机为核心的集散控制系统中，报表可由计算机组态软件生成。

组态王提供内嵌式报表系统，工程人员可以任意设置报表格式，对报表进行组态。组态王为工程人员提供了丰富的报表函数，可实现各种运算、数据转换、统计分析、报表打印等。既可以制作实时报表，也可以制作历史报表；历史报表记录了以往的生产记录数据，对用户来说是非常重要的。组态王还支持运行状态下单元格的输入操作，在运行状态下通过鼠标拖动可改变行高、列宽。另外，工程人员还可以制作各种报表模板，实现多次重复使用，以提高开发效率。组态王6.55还新增了报表向导工具，该工具以组态王的历史库或工业历史库为数据源，可快速建立所需的班报表、日报表、周报表、月报表、季报表和年报表。下面简要介绍报表组态的基本内容。

（1）创建报表　在需要报表的画面中，用鼠标左键单击组态王工具箱中的“报表窗口”按钮，在画面上需要加入报表的位置按下鼠标左键，并拖动，画出一个矩形，松开鼠标左键，报表窗口创建成功，如图3-24所示，用鼠标拖动可改变“报表窗口”的大小；选中“报表窗口”时，系统将弹出报表工具箱。

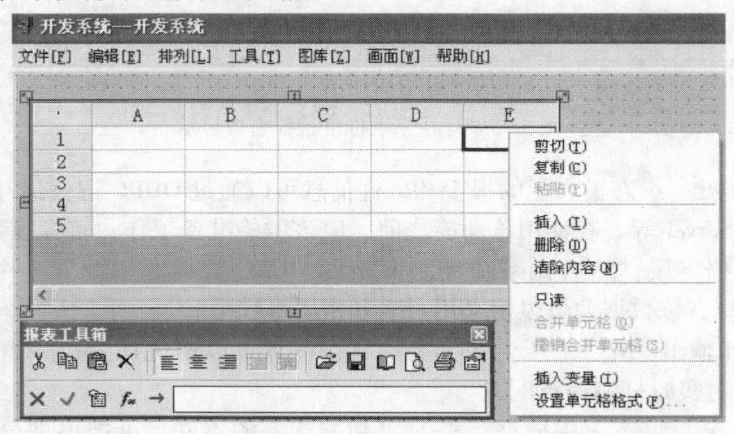

图3-24　报表窗口

用鼠标双击报表窗口的灰色部分，系统将弹出“报表设计”对话框，如图3-25所示。该对话框主要用于设置报表的名称、报表表格的行列数目以及选择套用表格的样式。组态王中每个报表窗口都要定义一个唯一的标识名，该标识名的定义应该符合组态王的命名规则，标识名字符串的最大长度为31。

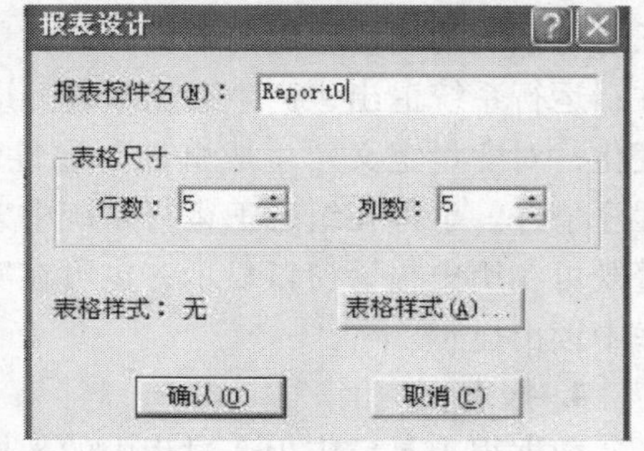

图3-25　报表设计对话框

（2）报表组态　报表创建完成后，呈现出的是一张空表或有套用格式的报表，还要对其进行加工——报表组态。报表的组态包括设置报表的表头、报表格式、编辑表格中显示内容等。进行这些操作需通过“报表工具箱”中的工具或单击鼠标右键弹出的快捷菜单来实现，如图3-24所示，具体应用可参考帮助文档。**注意**：在单元格中输入组态王变量、引用函数或公式时必须在其前加“=”。

（3）报表函数 报表在运行系统中单元格中数据的计算、报表的操作等都是通过组态王提供的一整套报表函数实现的。报表函数分为报表内部函数、报表单元格操作函数、报表存取函数、报表历史数据查询函数、统计函数、报表打印函数等，通过有关函数与命令按钮、控件、数据改变命令语言组合可实现灵活多样的功能；下面对它们作简要说明，具体使用方法可参考帮助文档。

1）报表内部函数。是指只能在报表单元格内使用的函数，有数学函数、字符串函数、统计函数等。其基本上都是来自于组态王的系统函数，使用方法相同，只是函数中的参数发生了变化，减少了用户的学习量，方便学习和使用。组态王的报表函数中的参数和有关用报表单元格作为参数的函数，其中的参数引用方法类似。

2）报表单元格操作函数。在运行系统中，报表单元格是不允许直接输入的，所以要使用函数来操作。单元格操作函数是指可以通过命令语言来对报表单元格的内容进行操作，或从单元格获取数据的函数。这些函数大多只能用在命令语言中。

3）报表存取函数。主要用于存储指定报表和打开查阅已存储的报表，用户可利用这些函数保存和查阅历史数据、存档报表。

4）报表历史数据查询函数。将按照用户给定的起止时间和查询间隔，从组态王的历史库或工业库中查询数据，并填写到指定报表上。特别**注意**：①定义变量时，“记录和安全”选项需要进行定义；②历史数据记录的历史库配置需要将“运行时启动历史数据记录”设置为有效。

5）报表统计函数。对所选单元格中数据进行求和或求平均值。

6）报表打印函数。根据用户的需要有两种使用方法：一种是执行函数时自动弹出“打印属性”对话框，供用户选择确定后，再打印；另外一种是执行函数后，按照默认的设置直接输出打印，不弹出“打印属性”对话框，适用于报表的自动打印。

（4）报表应用要点 报表通过创建、组态、函数等环节实施，如引入相关控件可实现更为完善而实用的功能；下面对实时数据报表和历史数据报表的基本功能实现方法作简要说明。

1）实时数据报表基本功能实现方法。①打印：在报表画面中添加一个按钮，按钮的命令语言事件执行函数“Report Print2（“报表控件名”）”。②存储：在报表画面中添加一个按钮，按钮的命令语言事件执行核心函数“Report Save As（“报表控件名”，File Name）”。

2）历史数据报表基本功能实现方法。①查询：在报表画面中添加一个按钮，按钮的命令语言事件执行函数“Report Set His Data/2（参数1，参数2….）”。②刷新：在报表画面中添加一个按钮，按钮的命令语言事件执行函数“Report Load（参数1，参数2）”。另外，使用历史数据报表时，需要对相应变量进行记录定义、组态王系统历史数据库的配置、历史数据库启动运行工作。

5. 自定义菜单

为方便用户管理，在画面开发系统中的“工具箱”或“工具菜单”中提供自制“菜单”选项。此“菜单”命令允许用户将经常要调用的功能做成菜单形式，不仅方便用户管理，并且对该菜单可以设置权限，提高系统操作的安全性。首先，用鼠标拖曳“菜单”图素到画面所需位置，用鼠标拖曳到合适大小；其他应用要点说明如下。

（1）菜单定义　绘制出菜单后，更重要的是对菜单进行功能定义；双击绘制出的菜单按钮或者在菜单按钮上单击右键，选择“动画连接”，在弹出的“菜单定义”对话框中分别进行“菜单文本”和“菜单项”定义。“菜单文本”定义主菜单的名称；“菜单项”定义各个子菜单的名称，菜单项定义为树形结构，用户可以将各个功能做成下拉菜单的形式，运行时，通过单击该下拉菜单完成用户需要的功能，自定义菜单支持到二级菜单。

（2）命令语言编程　自定义菜单就是允许用户在运行时单击菜单各项执行已定义的功能。单击“命令语言”按钮可以调出“命令语言”界面，在编辑区书写命令语言来完成菜单各项要执行的功能。该命令实际是执行一个系统函数 void On Menu Click（LONG Menu Index，LONG Child Menu Index）；函数的参数为：Menu Index 为第一级菜单项的索引号；Child Menu Inde 为第二级菜单项的索引号。当没有第二级菜单项时，在命令语言中条件应为 Child Menu Index = = -1。在命令语言编辑区中按照工程需要对 Menu Index 和 Child Menu Index 的不同值定义不同的功能。Menu Index 和 Child Menu Index 都是从等于 0 开始。Menu Index = =0 表示一级菜单中的第一个菜单；Child Menu Index = =0 表示所属一级菜单中的第一个二级菜单。例如单击菜单第一项实现“液位趋势曲线”画面显示功能，对应两条语句为：①if (Menu Index = =0 && Child Menu Index = =0)；②Show Picture（“液位趋势曲线”）。

6. 系统安全管理

安全保护是应用系统不可忽视的问题，对于可能有不同类型的用户共同使用的大型复杂应用，必须解决好授权与安全性的问题，系统必须能够依据用户的使用权限允许或禁止其对系统进行操作。组态王提供一个强有力的、先进的基于用户的安全管理系统。在组态王软件中，在开发系统里可以对工程进行加密。打开工程时只有输入正确密码时才能进入该工程的开发系统。对画面上的图形对象设置访问权限，同时给操作者分配访问优先级和安全区，运行时当操作者的优先级小于对象的访问优先级或不在对象的访问安全区内时，该对象为不可访问，即要访问一个有权限设置的对象，要求先具有访问优先级，而且操作者的操作安全区须在对象的安全区内时，方能访问。下面分别对组态王开发系统安全管理和组态王运行系统安全管理作进一步说明。

（1）开发系统安全管理　为了防止其他人员对工程进行修改，在组态王开发系统中可以分别对多个工程进行加密。当进入一个有密码的工程时，必须正确输入密码方可进入开发系统，否则不能打开该工程进行修改，从而实现了组态王开发系统的安全管理。新建组态王工程，首次进入组态王浏览器，系统默认没有密码，可直接进入组态王开发系统。如果要对该工程的开发系统进行加密，执行工程浏览器中“工具 \ 工程加密”命令，系统将弹出“工程加密处理”对话框，输入不超过 12 字节的密码，在确认密码框输入相同密码。另外，如果想取消对工程的加密，在打开该工程后，执行“工具 \ 工程加密”命令，系统将弹出“工程加密处理”对话框，将密码设为空，单击确定按钮。

（2）运行系统安全管理　在组态王软件中，为了保证运行系统的安全运行，对画面上的图形对象设置访问权限，同时给操作者分配访问优先级和安全区，当操作者的优先级小于对象的访问优先级或不在对象的访问安全区内时，该对象为不可访问，即要访问一个有权限设置的对象，要求先具有访问优先级，而且操作者的操作安全区须在对象的安全区内时，方能访问。操作者的操作优先级级别为 1 ~ 999（1 级最低，999 级最高），每个操作者和对象的操作优先级级别只有一个。系统安全区共有 64 个，用户在进行配置时，每个用户可选择除“无”以外的多个安全区，即一个用户可有多个安全区权限，每个对象也可有多个安全区权限。除“无”以外的安全区名称可由用户按照自己的需要进行修改。在软件运行过程中，优先级大于900的用户还可以配置其他操作者，为他们设置用户名、口令、访问优先级和安全区。在系统运行时，若操作者优先级小于可操作元素的访问优先级，或者工作安全区不在可操作元素的安全区内时，可操作元素是不可访问或操作的。下面介绍运行系统安全管理应用要点。

1）设置主要内容。运行系统安全管理设置的主要内容包括：划分系统的优先级和安全区、工程浏览器中配置用户、设置访问操作对象的优先级和安全区。下面举例说明用户安全区及权限设置，其他设置可参考帮助文档。

2）用户安全区及权限设置。双击“系统配置”中的“用户配置”选项，可打开用户和用户组名称对话框，定义用户组“真空钎焊”；单击此对话框中的“编辑安全区”按钮，选择“A”安全区并利用“修改”按钮，对安全区名称进行修改；用户名为“工程师”（优先级为999、安全区为A/B/C）；用户名为“操作工”（优先级为30、安全区为A/D）；如图3-26所示。

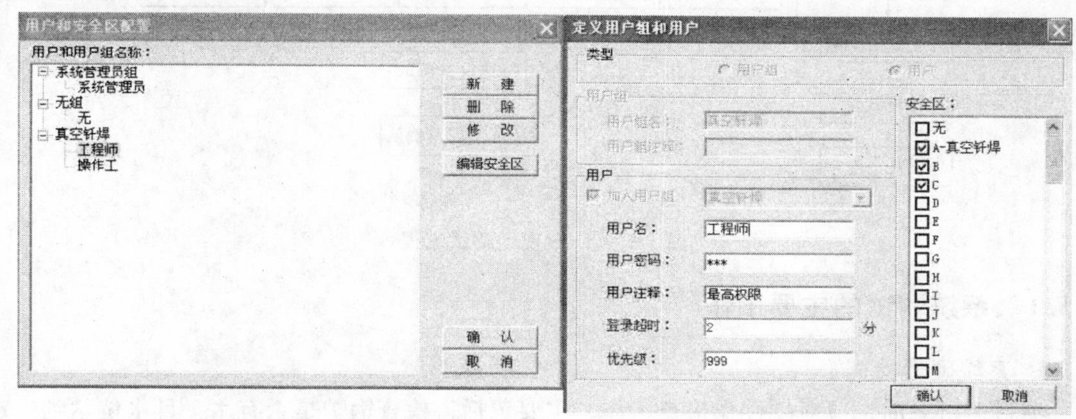

图3-26　用户设置示意图

3）对象的安全属性设置。组态王中可定义操作优先级和安全区的主要有：用户输入连接、滑动杆输入连接、命令语言输入连接和热键命令语言、变量的定义等。变量的安全属性设置方法为：在新建变量时，系统将弹出“变量属性”对话框，定义好变量后，单击“记录和安全区”属性选项卡，进入记录和安全区配置对话框，设置好所规划安全区。

4）运行系统用户登录。运行环境下，操作人员必须以自己的身份登录才能获得一定的操作权。在运行系统中打开菜单“特殊\登录开”菜单项，如果登录无误，使用者将获得一定的操作权；否则系统显示“登录失败”的信息。另外，用户登录也可在命令语言中使用LogOn（）函数实行；同样使用函数LogOff（）与菜单命令“特殊\登录关”相同。

3.5　系统调试运行维护

为验证前述系统硬件设计安装和软件开发的可行性，需要对系统进行调试运行。系统调试的目的就是达到系统工艺运行的要求，系统的现场调试工作是非常复杂且涉及各专业人员较多的一项现场工作。不仅仅包括系统的所有功能调试，控制回路的调试、控制算法的整定及各种接口的调试，同时涉及相关各方的配合与协调工作。涉及的专业人员有：控制人员、仪表人员、工艺人员、操作人员，还有诸如电气、环境、安全等方面的人员参加。

在进行现场调试工作之前，各专业的人员应该与DCS厂家人员共同仔细讨论，共同制订一个《现场调试计划》，其中列出所有要调试的内容、调试方法及调试的步骤和每一步的负责人等等。现场调试流程如图3-27所示，就本项目而言，其调试内容主要涉及PPI通信、I/O点、PID回路、PID参数、PLC程序、组态画面等调试；调试可以先开环，后闭环；先手动、再自动；观察显示输出状态及变化趋势。

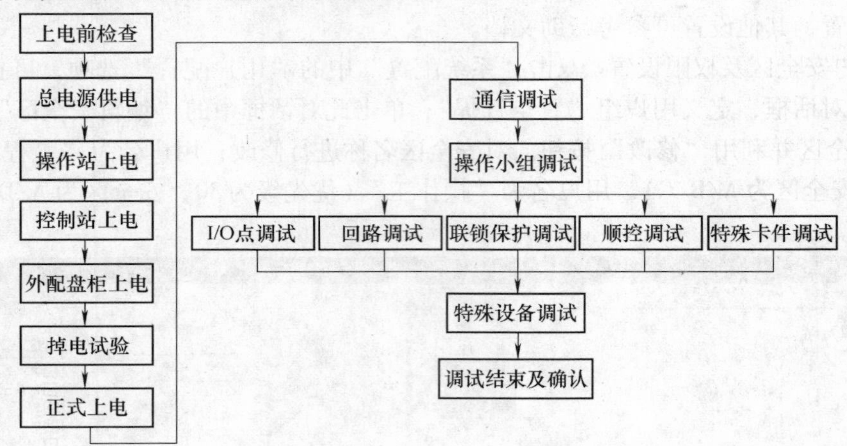

图3-27　DCS现场调试流程

3.5.1　系统调试的主要工作

1. 系统硬件检查

项目运行之前，应对硬件作检查工作，主要包括：检查锅炉是否有水，且水位达到一定高度；检查各个软管是否都接紧、牢固；检查控制器电线是否都接紧、牢固；检查电动机M1端子有无甩线。

2. 系统上电

根据实训平台A5300供电回路和项目所用设备，先强电设备、再弱电设备逐一上电，其过程为：实训室配电箱总闸上电、QF01合闸、变频器上电、仪表上电、控制器上电、计算机上电开机。

3. 变频器设置

变频器有三种控制方式：外部端子、面板和PROFIBUS-DP。本项目优选BOP面板控制。变频器通电后，液晶屏在 r0000 状态下，按 P 键，进入参数设置状态；一般先设置P0010 = 30，P970 = 1，可把其他参数复位。本项目变频器设置的主要内容为：①按 ▲ 或 ▼ 键，直到显示P0010，按 P 键，显示其参数值，按 ▲ 或 ▼ 键，修改其参数值为1，进入快速调试模式，再次按 P 键设定参数。②需要设置参数：P0700 = 1，具体方法：按 ▲

或键，直到显示P0700，按键，显示其参数值，按或键，修改其参数值为1，再次按键设定参数，其值为1时，命令源（控制方式）由BOP面板控制。③需要设置参数：P1000=1，其值为1，表示频率设定值由BOP操作面板提供。④设定P1080和P1082参数值，分别为设置电动机频率的最小值（0Hz）、最大值（50Hz）。⑤以上几个参数设置顺序可颠倒，设置完后，应将P0010设为0，进入准备运行状态。⑥按或键，直到显示r0000，按启动键，显示数值从0变化到5，此时变频器已启动。⑦按键，设定频率为30~50之间；若已经连接了电动机或水泵，可以起动设备。其他更详细的内容参考变频器使用手册。

4. 水泵起动/停止

在开启水泵之前，供水管路上的有关手动阀的开度应适中。变频器设置为面板控制时，水泵的起动/停止状态由变频器控制，其主要过程为：按起动键起动水泵；按或键改变输出频率以改变水泵的转速，直到输出流量合适；停止水泵时可按停止键。

3.5.2　系统运行与维护

系统运行之前，经过前面的各项工作，再次确保系统具备投运条件。“锅炉液位恒定控制系统”项目的运行主要步骤归纳为：①启动控制站S7-200运行，并根据控制工艺的需要操作有关按钮，观察运行状态；②启动操作员站的监控界面“锅炉液位恒定控制系统”运行界面，检查操作员站与控制站的通信；③在组态王的运行界面中设置液位的设定值、调节PID参数，使液位稳定，利用实时曲线观测系统的控制特性；④在运行界面中改变液位的设定值，观察电动调节阀、液位的工作情况；⑤通过调节变频器或手动阀的状态，作为系统的干扰，观察报警；⑥通过观察系统几种典型工作状况，判断是否符合系统要求，以作进一步改进。

1. PID参数调试

闭环控制系统的首要任务是要满足稳（稳定）、快（快速）、准（准确）的基本要求，PID调整的主要工作就是为实现这一要求。另外，在整定PID参数之前，应确定好调节器的正/反作用，确保系统实现负反馈。PID控制规律的整定参数有三个，即比例度δ、积分时间T_I和微分时间T_D，需要根据被控对象的特性，三者适当配合，才能充分发挥三种控制方式的各自优点，较好地满足生产过程自动控制的要求。如果把PID控制器的微分时间T_D调到零，就变成了PI控制器，如果把积分时间T_I调到∞，就变成了PD控制器。PID整定在工程上，应根据不同的控制对象，利用经验法结合现场具体情况来确定。

为指导PID参数整定工作，总结PID整定口诀：“参数整定找最佳，从小到大顺序查；先是比例后积分，最后再把微分加；曲线振荡很频繁，比例度盘要放大；曲线漂浮绕大弯，比例度盘往小扳；曲线偏离回复慢，积分时间往下降；曲线波动周期长，积分时间再加长；曲线振荡频率快，先把微分降下来；动差大来波动慢，微分时间应加长；理想曲线两个波，前高后低4比1；一看二调多分析，调节质量不会低。”

2. 项目监控运行

在系统安装、调试的基础上，首先启动控制站 PLC 工作程序，然后启动操作员站所组态的工程文件，锅炉液位恒定控制项目运行的总监控界面状态如图 3-28 所示；利用菜单选项和界面上的命令按钮可切换至其他监控界面，如实时曲线和报警监控界面，如图 3-29 所示。根据系统运行界面状态，分析、验证所开发的程序是否满足项目设计要求。

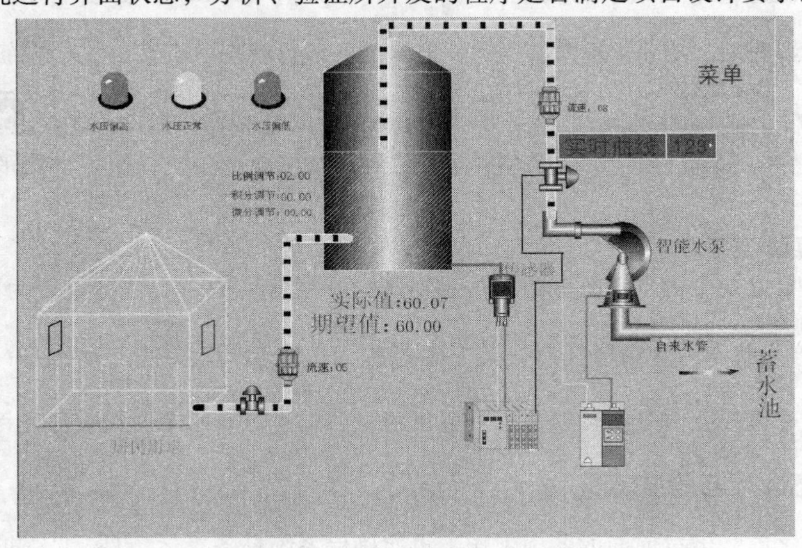

图 3-28　锅炉液位恒定控制运行示意图

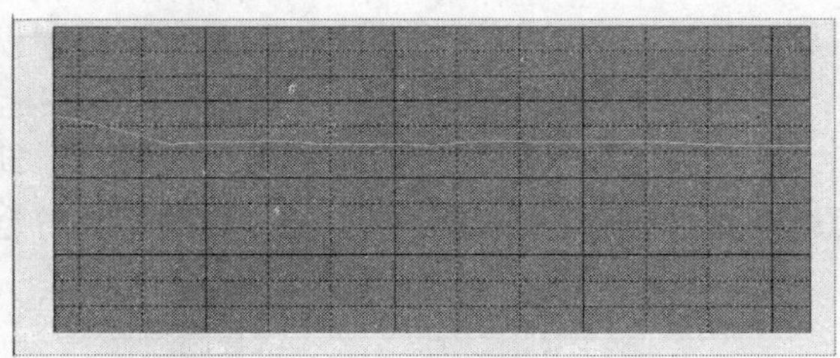

期望值：红色实线60.00　　实际值：绿色实线60.65　返回

a) 实时曲线图

报警日期	报警时间	变量名	报警类型	报警值/旧值	恢复值/新值	优先级	报警组名	事件类型	操作员	变量描述

b) 报警状态

图 3-29　实时曲线和报警监控运行界面

3. 系统维护

集散控制系统的维护是一项十分重要而复杂的工作，其维护需要遵守相关规程。系统的维护分为常规维护和出现故障时的维护两种情况；系统的维护对象分为两部分，即硬件和软件的维护工作。就本项目而言，其硬件维护工作主要针对仪表、变频器、调节阀和 PLC 电气系统；软件维护包括控制站 PLC 程序和操作员站的计算机软件维护，下面对它们作简要说明，详细检测和维护工作可参考有关手册进行。

（1）仪表维护　仪表长时间运行后，可能出现大于精度范围内的误差，需定期例行检验；仪表运行后须对其基本性能进行定期检查，校正零点，更换失效零件，排除产生的故障，以保证仪表运行正常。

（2）变频器维护　变频器的检测维护内容较多，可根据有关手册进行此项工作，其电气特性检测主要包括：1）主电路的测量和维护，包括整流桥的粗测、滤波电路的检查、逆变桥的粗测；2）驱动电路和开关电源；3）变频器的各种保护，包括过载保护、过电流保护、变频器的电流检测、变频器的电压保护、接地与输出缺相的检测、变频器的温度保护；4）变频器的整机测量，包括输出电压的测量、输入电流的测量、电功率的测量、绝缘电阻的测量。

（3）调节阀维护　调节阀由于直接与工艺介质接触，其性能直接影响到系统质量和环境污染，所以对调节阀必须进行经常维护和定期检修。常规检查内容包括：固定阀座用的螺纹、手动/自动切换、正/反作用切换和行程调校等内容；容易出现的故障现象有卡堵、泄漏、振荡和定位器。

（4）PLC 电气应用系统维护　PLC 是集散控制系统中最为核心的设备，即使操作员站或通信网络出现故障，利用 PLC 电气应用系统也能按照生产对象的控制工艺正常工作或启动紧急关停处理，避免生产现场出现严重的后果。其检测维护主要内容包括：运行环境、供电电源、PLC 模块指示灯状态、PLC 自诊断和监控、外围关联设备电气特性。

（5）PLC 软件维护　根据 PLC 模块指示灯、PLC 自诊断和监控状态，结合控制工艺和设备运行流程，确保软件处于正常的运行状态。PLC 软件维护内容主要包括：逻辑控制的互锁、联锁、定时、数据通信、模块衔接。

（6）操作员站组态工程软件维护　操作员站实现集散控制系统的集中操作和管理工作，其软件维护主要包括：控制按钮与菜单动作、工作界面切换、数据实时更新显示和报警以及组态修改的下载及系统的重装。另外，还需要注意计算机运行的可靠性、网络和信息安全等方面的问题。

3.6　基于 THPCAT-2FCS 平台项目实施

前面介绍的锅炉液位恒定监控系统基于 A8000 + A5300/A1000 硬件平台，核心软件为 STEP7、组态王；通过前面内容的学习，为在 THPCAT－2FCS 平台上实现液位恒定监控系统奠定了良好的基础，其主要区别在于将组态软件调整为西门子的 WINCC 及硬件平台的变化。下面简要介绍 WINCC 软件基本常识和水箱液位恒定监控实施概况，由读者参考相关资料进一步学习及具体实施锅炉液位恒定监控系统项目；通过对比拓展 DCS 工程思路和学习能力。

3.6.1　WINCC 基本常识

1. 功能及特点

WINCC（Windows Control Center）是西门子公司所推出的功能强大的上位监控组态软件，它是在生产和过程自动化中解决可视化和控制任务的监控系统，它提供了适用于工业的图形显示、消息、归档以及报表的功能模板。WINCC 集成了 SCADA、组态、脚本（Script）语言和 OPC 等先进技术，为用户提供了 Windows 操作系统（Windows 2000 或 XP）环境下使用各种通用软件的功能，继承了西门子公司的全集成自动化（TIA）产品的技术先进和无缝集成的特点。

WINCC 的另一个特点在于其整体开放性，它可以方便地与各种软件和用户程序组合在一起，建立友好的人机界面，满足实际需要。另外，WINCC 还建立了像 DDE、OLE 等在 Windows 程序间交换数据的标准接口，因此能毫无困难地集成 ActiveX 控件和 OPC 服务器、客户端功能。WINCC 软件是基于多语言设计的，可在中文、德语、英语等众多语言之间进行选择。用户也可将 WINCC 作为系统扩展的基础，通过开放式接口，开发其自身需要的应用系统。WINCC 以开放式的组态接口为基础，开发了大量的 WINCC 选件（Options，选项，来自于西门子自动化与驱动集团）和 WINCC 附件（Add-ons，来自西门子内部和外部合作伙伴）。

WINCC 运行于个人计算机环境，可以与多种自动化设备及控制软件集成，如与自动化系统的无缝集成、与自动化网络系统的集成、与 MES 系统的集成；具有丰富的设置项目、可视窗口和菜单选项，使用方式灵活，功能齐全。用户在其友好的界面下进行组态、编程和数据管理，可形成所需的操作画面、监视画面、控制画面、报警画面、实时趋势曲线、历史趋势曲线和打印报表等。它为操作者提供了图文并茂、形象直观的操作环境，不仅缩短了软件设计周期，而且提高了工作效率。

WINCC 性能特点归纳为：创新软件技术的使用；包括所有 SCADA 功能在内的客户机/服务器系统；可灵活裁剪，由简单任务扩展到复杂任务；众多的选件和附件扩展了基本功能；使用 Microsoft SQL Server 作为其组态数据和归档数据的存储数据库；强大的标准接口（如 OLE，ActiveX 和 OPC）；使用方便的脚本语言；开放 API 编程接口可以访问 WINCC 的模块；具有向导的简易（在线）组态；可选择语言的组态软件和在线语言切换；提供所有主要 PLC 系统的通信通道；与基于 PC 的控制器 SIMATIC WINAC 紧密连接，软 PLC/插槽式 PLC 和操作、监控系统在一台 PC 上相结合；全集成自动化（TIA）的部件；SIMATIC PCS7 过程控制系统中的 SCADA 部件；集成到 MES（制造执行系统）和 ERP（企业资源计划系统）中。

2. 安装

WINCC 的安装有一定的硬件和软件要求，在安装 WINCC 前应先安装 Microsoft 消息队列服务（MSMQ）和 SQL Server 2000；对于操作系统和 IE 浏览器也有一定的要求。把 WINCC 光盘放入 PC 的光驱中，则系统会自动运行安装程序；按照安装界面所提示的步骤完成安装，重新启动系统，安装即告完毕。一旦安装了 WINCC，在开始菜单的 SIMATIC \ WINCC 文件夹下建立了几个与辅助程序的连接，方便用户选用。

使用 WINCC 需要安装授权，授权类似一个“电子钥匙”，用来保护西门子公司和用户的权益，没有经过授权的软件是无法使用的。WINCC 基本系统分为完全版和运行版，完全版包括运行和组态版的授权，运行版仅有 WINCC 运行的授权。

3. 应用基本步骤

由于 WINCC 功能十分强大，包含变量管理、图形编辑器、报警记录、变量记录、报表编辑器、全局脚本、文本库、用户管理器、交叉引用等部件，其应用比较复杂；下面仅对其基本功能及应用步骤作简要说明。

（1）WINCC Explorer 浏览器　WINCC Explorer 以项目的形式管理着控制系统所有必要的数据。单击"开始→所有程序→SIMATIC→WINCC →WINCC V6.0 ASIA"启动 WINCC Explorer 浏览器，也称为 WINCC 项目管理器，左侧为部件浏览条，右侧为部件的详细内容。在 WINCC 项目管理器界面中单击"文件"菜单中"新建"命令选项，即可新建"项目"（分为单用户项目、多用户项目和客户机项目），系统自动弹出"项目属性"对话框，包括"常规"、"更新周期"、"热键"三个选项卡，根据需要进行设置。

（2）变量管理　变量作为数据库的基本单元，用于组态软件的数据管理，并关联逻辑设备。WINCC 中变量数据类型众多，根据数据位数分为二进制变量、有符号 8 位数、无符号 8 位数、有符号 16 位数、无符号 16 位数、有符号 32 位数、浮点数 32 位 IEEE 754、浮点数 64 位 IEEE 754 数据类型。根据结构分为基本变量和结构变量，结构变量为一个复合型变量，包括多个基本变量的结构元素，要创建结构类型变量必须先创建相应的结构类型。

根据数据关系分为外部变量和内部变量，对于外部变量，变量管理器需要建立 WINCC 与自动化系统（AS）的连接，即确定通信驱动程序；另外，借助通信诊断，可对通道、变量进行诊断。"内部变量"目录中系统已自带一些定义好的以"@"字符开头的变量，称为系统变量，不能删除或重新命名系统变量。

（3）画面建立　图形编辑器是用于创建过程画面并组态动态效果的编辑器，在 WINCC Explorer 浏览条中右键单击"图形编辑器"目录，选择"新建画面"，在显示区建立一个画面文件。利用图形编辑器中的对象选项板、样式选项板、调色板、动态向导等选项，选取所需对象到监控画面中，并设置好"属性"和"事件"选项卡内容。

（4）组态动态效果　通常需要采用一些动态效果模拟现实的生产过程，WINCC 画面中的动态效果可以由多种方法来实现，主要包括：组态对话框、动态向导、变量连接、动态对话框、直接连接、C 动作、VBS 动作等。

（5）运行项目　在"计算机"中选择"属性"，设置好项目中"起始画面及运行界面"中的有关选项。单击 WINCC 项目管理器工具栏的"▼"（激活项目）图标，WINCC 将按照"计算机属性"对话框中所选择的设置来运行项目。单击 WINCC 项目管理器工具栏的"■"（取消激活项目）图标，WINCC 运行系统窗口关闭，退出运行系统。

3.6.2　项目实施概况

1. 硬件工作方案

根据项目平台结构图和框图，被控量为上水箱（也可采用中水箱或下水箱）的液位高度，将压力传感器 LT1 检测到的上水箱液位信号作为反馈信号，在与给定量比较后的差值通过调节器控制气动调节阀的开度，以达到控制水箱液位恒定的目的。为了实现系统在阶跃给定和阶跃扰动作用下的无静差控制，系统的调节器应为 PI 或 PID 控制，PID 控制规律由

PLC 的 PID 指令或组态软件的 PID 模块实现。

上水箱液位检测信号 LT1 为标准的模拟信号，直接传送到 SIEMENS 的模拟量输入模块 SM331，SM331 和分布式 I/O 模块 ET200M 直接相连，ET200M 挂接到 PROFIBUS-DP 总线上，PROFIBUS-DP 总线上挂接有控制器 CPU315-2 DP（CPU315-2 DP 为 PROFIBUS-DP 总线上的 DP 主站），这样就完成了现场测量信号到 CPU 的传送。

本平台的执行机构为带 PROFIBUS-PA 通信接口的阀门定位器，挂接在 PROFIBUS-PA 总线上，PROFIBUS-PA 总线通过 LINK 和 COUPLER 组成的 DP 链路与 PROFIBUS-DP 总线交换数据，PROFIBUS-DP 总线上挂接有控制器 CPU315-2 DP，这样控制器 CPU315-2 DP 发出的控制信号就经由 PROFIBUS-DP 总线到达 PROFIBUS-PA 总线来控制执行机构阀门定位器。

2. 工作内容和步骤

首先储水箱中储足水量，然后将阀门 F1-1、F1-2、F1-6 全开，将上水箱出水阀门 F1-9 开至适当开度，其余阀门均关闭；液位恒定监控系统运行步骤说明如下：

1）接通控制柜和控制台电源，并起动磁力驱动泵和空压机。

2）打开作操作员站的 PC，单击“开始”菜单，在弹出菜单中选择“SIMATIC”选项，再在弹出菜单中单击“WINCC”，再选择弹出菜单中的“WINCC CONTROL CENTER 6.0”，进入 WINCC 资源管理器，打开组态好的监控程序，单击管理器工具栏上的“激活（运行）”按钮，单击项目“上水箱液位 PID 整定实验”，系统进入正常的测试状态，运行图 3-30 所示监控界面。

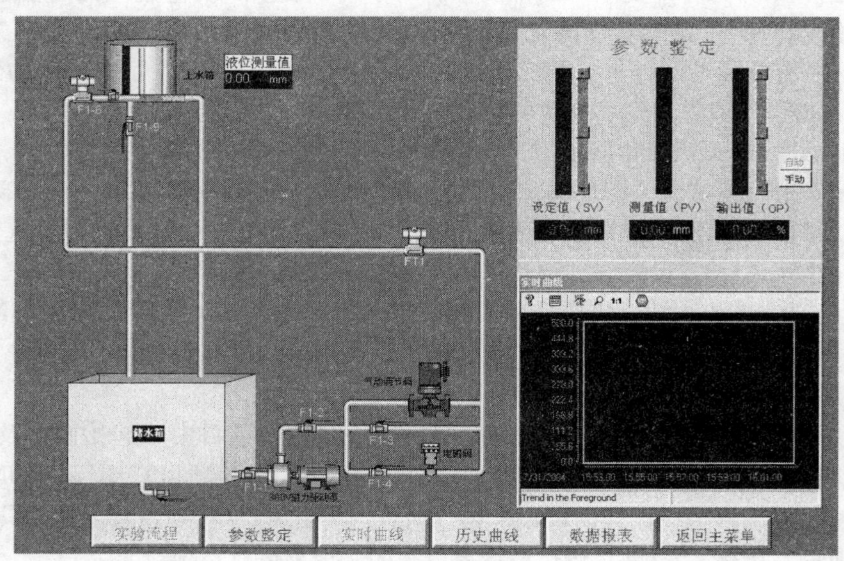

图 3-30　液位恒定监控界面

3）在监控界面中单击“手动”，并将设定值和输出值设置为一个合适的值，此操作可通过设定值或输出值旁边相应的滚动条或输入输出框来实现。

4）起动磁力驱动泵，磁力驱动泵上电打水，适当增加/减少输出量，使上水箱的液位稳定于设定值。

5）根据经验法或动态特性参数法整定 PI 调节器的参数，并按整定后的 PI 参数进行调节器参数设置。

6）当液位稳定于给定值后，将调节器切换到“自动”控制状态，待液位平衡后，通过以下几种方式加干扰：①突增（或突减）设定值的大小，使其有一个正（或负）阶跃增量的变化；②将气动调节阀的旁路阀 F1-3 或 F1-4（同电磁阀）开至适当开度；③将下水箱进水阀 F1-8 开至适当开度（改变负载）。

7）分别适量改变调节器的 P 及 I 参数，重复步骤6)，通过监控界面下边的按钮切换观察计算机记录不同控制规律下系统的阶跃响应曲线。

3.7　考核评价

本项目属于“工程性应用成果”，按照“工程性应用成果”相关要求和方法，由师生共同完成考核评价工作。通过提交成果、演示、答辩，完成考核与评价；以项目任务及质量作为主要考核内容。另外，针对项目方案设计和实施过程所存在的主要问题，引导学生进一步讨论交流，进一步提升专业知识和技能。

3.8　拓展

3.8.1　组态王 PID 模块控件应用

上述项目的液位控制采用了西门子 PLC 自带的 PID 模块，除了自编 PID 算法代码外，还有另一种方法，即采用组态王软件集成的 PID 控件。控件实际上是可重用对象，用来执行专门的任务。每个控件实质上都是一个微型程序，但不是一个独立的应用程序，可以作为一个相对独立的程序单位被其他应用程序重复调用；通过控件的属性、方法等控制控件的外观和行为，接受输入并提供输出。

组态王中提供的控件在外观上类似于组合图素，工程人员只需把它放在画面上，然后配置控件的属性进行相应的函数连接，控件就能完成其复杂的功能。组态王软件本身提供很多内置控件，如列表框、选项按钮、棒图、温控曲线、视频控件等以及支持符合其数据类型的 Active X 标准控件，Active X 控件的引入在很大程度上方便了用户，用户可以灵活地编制一个符合自身需要的控件或调用一个已有的标准控件来完成一项复杂的任务，而无须在组态王中做大量的复杂的工作。下面针对液位单回路 PID 控制方案，简要介绍组态王中自带的 PID 控件基本应用。

1. PID 控件引入

通过新建工程和画面，在画面开发系统中，利用组态王画面菜单中“编辑 \ 插入通用控件”，或在工具箱中单击“插入通用控件”按钮，在弹出的对话框中选择“Kingview Pid Control”，然后单击确定按钮。按下鼠标左键，并拖动，在画面上绘制出表格区域，如图 3-31a 所示。选中 PID 控件，然后单击鼠标右键，系统将弹出快捷菜单，选择“控件属性”，系统将弹出 Ctrll 属性设置对话框，如图 3-31b 所示，对总体属性、输入/输出变量范围及参数选择进行相应设置。

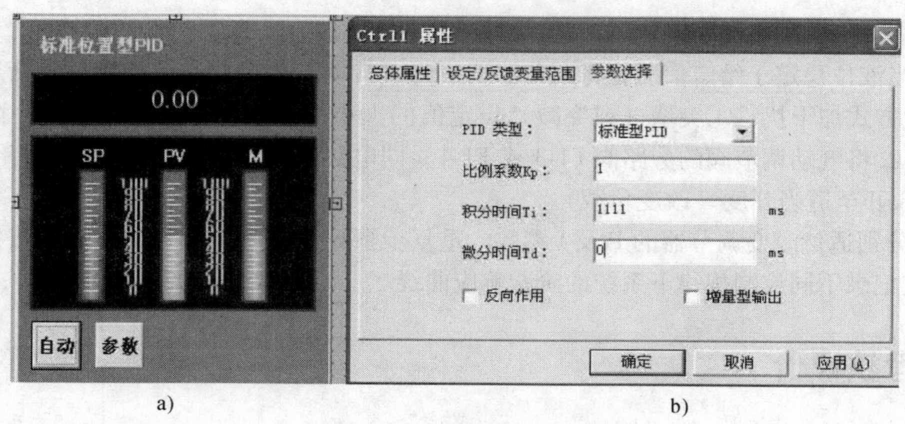

a)　　　　　　　　b)

图 3-31　PID 控件画面

2. 设备和数据词典定义

设备和通信方式定义类同前面，数据词典所需定义的主要变量为：液位采集（I/O 实数）、控制（I/O 实数）、液位设定（内存实数）、比例系数（内存实数）、积分系数（内存实数）、微分系数（内存实数）、启停切换（内存离散）。

3. 动画连接

双击控件或选择右键菜单中动画连接，在弹出的动画连接属性对话框中设置控件名称等信息，如图 3-32 所示。在设置控件名称时，应符合组态王中关于名称定义的规定；为确保 PID 安全运行，设置所需的优先级和安全区。

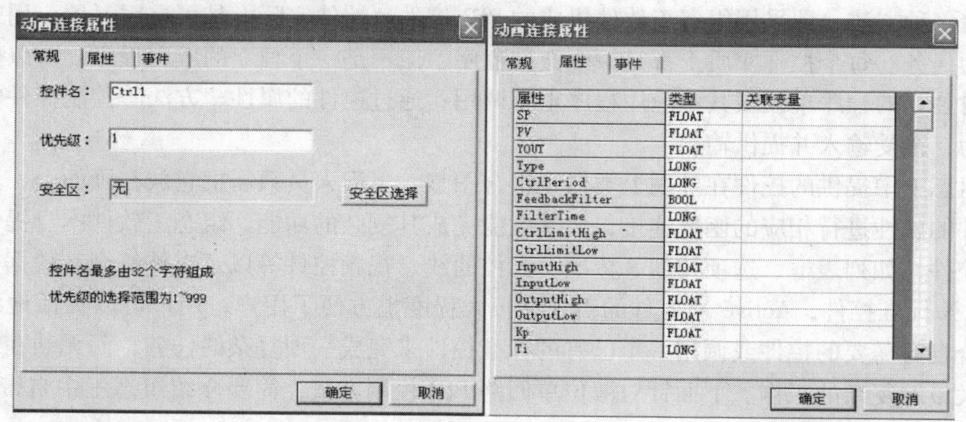

图 3-32　动画连接属性

动画连接属性中的主要属性参数：①SP 控制器的设定值，是 FLOAT 数据类型。②PV 控制器的反馈值，为 FLOAT 数据类型。③YOUT 控制器的输出值，为 FLOAT 数据类型。④Type 是 PID 的类型，是 LONG 数据类型。⑤Ctrl Period 是 PID 的控制周期，为 LONG 数据类型。⑥Kp 比例系数，为 FLOAT 数据类型。⑦Ti 积分时间，为 LONG 数据类型。⑧Td 微分时间，LONG 数据类型。⑨Tf 滤波时间常数，为 LONG 数据类型。

4. 脚本编程运行

根据上述说明，所组态的监控界面如图3-33所示。为使PID控件实现单闭环回路控制，需利用脚本语言在“应用程序命令语言”界面中进行编程，在运行过程中需要周期性地关联输入、输出和PID参数变量，以实现回路控制。

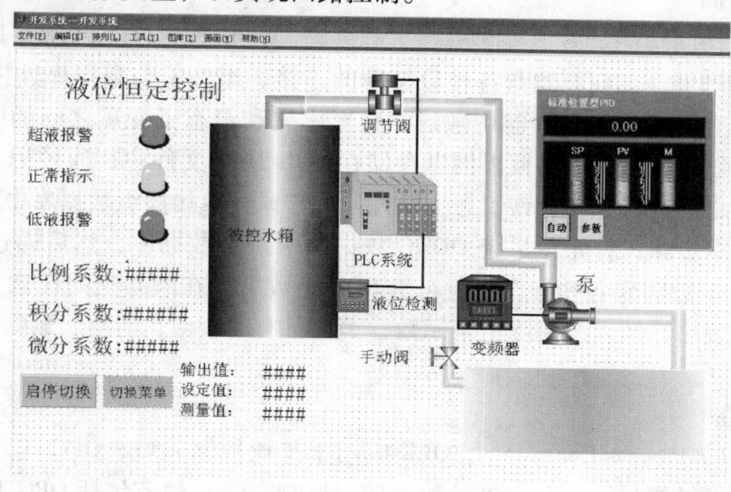

图3-33　系统监控界面

3.8.2　组态王软件其他功能模块简介

基于组态王软件的基本功能模块，前面学习了工程管理器、工程浏览器、I/O设备管理、变量定义与管理、图形画面与动画连接、趋势曲线、报警与事件系统、命令语言系统、组态王运行系统、图库、控件、系统安全管理、报表系统、历史数据库等常用的基本功能模块。组态王是一种功能十分强大而完善的组态软件，还提供了配方管理、与其他应用程序的动态数据交换（DDE）、数据库访问、OPC设备、网络功能、冗余系统等复杂功能模块，下面对它们作简要说明。

1. 配方管理

在制造领域，配方是用来描述生产一件产品所用的不同配料之间的比例关系，配方是生产过程中一些变量对应的参数设定值的集合。组态王提供的配方管理由两部分组成：配方管理器和配方函数集。配方管理器打开后，系统将弹出一个对话框，用于创建和维护配方模板文件；配方函数允许组态王在运行时对包含在配方模板文件中的各种配方进行选择、修改、创建和删除等一系列操作。配方的使用是建立配方模板后，通过使用配方命令语言函数实现的。

2. 动态数据交换

“组态王”支持动态数据交换（DDE，Dynamic Data Exchange），能够和其他支持动态数据交换的应用程序方便地交换数据。通过DDE，工程人员可以利用PC其他的软件资源来扩充“组态王”的功能。比如用Excel电子表格程序从“组态王”的数据库中读取数据，对生产作业执行优化计算，然后“组态王”再从电子表格程序中读出结果来控制各个生产参数；可以利用 VISUAL BASIC 开发服务程序，完成数据采集、报表打印、多媒体声光报警等功能，从而很容易组成一个完备的上位机管理系统；还可以和数据库程序、人工智能程序、专家系统等进行通信。

3. 数据库访问

组态王 SQL 访问功能是为了实现组态王和其他 ODBC 数据库之间的数据传输，包括组态王 SQL 访问管理器、如何配置与各种数据库的连接、组态王与数据库连接实例和 SQL 函数的使用。组态王 SQL 访问管理器用来建立数据库列和组态王变量之间的联系，通过表格模板在数据库中创建表格，表格模板信息存储在 SQL. DEF 文件中；通过记录体建立数据库表格列和组态王之间的联系，允许组态王软件通过记录体直接操纵数据库中的数据。组态王 SQL 访问应用基本步骤：首先在系统 ODBC 数据源中添加数据库，然后通过组态王 SQL 访问管理器和 SQL 函数实现各种操作。组态王 SQL 函数可以在组态王的任意一种命令语言中调用，具有创建表格，插入、删除记录函数，编辑已有的表格，清空、删除表格以及查询记录等操作功能。

4. OPC 设备

OPC（OLE for Process Control）把 OLE 应用于工业控制领域，OPC 建立于 OLE 规范之上，为工业控制领域提供了一种标准的数据访问机制。OPC 规范包括 OPC 服务器和 OPC 客户两个部分，其实质是在硬件供应商和软件开发商之间建立了一套完整的“规则”，只要遵循这套规则，数据的传输对两者来说都是透明的，硬件供应商无需考虑应用程序的多种需求和传输协议，软件开发商也无需了解硬件的实质和操作过程。

组态王充分利用了 OPC 服务器的强大性能，为工程人员提供方便高效的数据访问能力，组态王的 OPC 服务器名称为“KingView. View. 1”。在组态王中可以同时挂接任意多个 OPC 服务器，每个 OPC 服务器都被作为一个外部设备，工程人员可以定义、增加或删除它，如同一个 PLC 或仪表设备一样使用。工程人员在 OPC 服务器中定义通信的物理参数，定义需要采集的下位机变量，然后在组态王中定义组态王变量和下位机变量的对应关系。在运行系统中，组态王和每个 OPC 服务器建立连接，自动完成和 OPC 服务器之间的数据交换。组态王既可作 OPC 服务器，也可作 OPC 客户端使用。

5. 网络功能

组态王基于网络的概念，是一种真正的客户—服务器模式，支持分布式历史数据库和分布式报警系统，可运行在基于 TCP/IP 网络协议的网上，使用户能够实现上、下位机以及更高层次的厂级联网。组态王的网络结构是一种柔性结构，可以将整个应用程序分配给多个服务器，可以引用远程站点的变量到本地使用（显示、计算等），这样可以提高项目的整体容量结构并改善系统的性能。

服务器的分配可以是基于项目中物理设备结构或不同的功能，用户可以根据系统需要设立专门的 I/O 服务器、历史数据服务器、报警服务器、登录服务器和 WEB 服务器等。一个工作站站点可以充当多种服务器功能，如 I/O 服务器可以被同时指定为报警服务器、历史数据服务器、登录服务器等；报警服务器可以同时作为历史数据服务器、登录服务器等。如果某个站点被指定为客户，可以访问其指定的 I/O 服务器、报警服务器、历史数据服务器上的数据。一个站点被定义为服务器的同时，也可以被指定为其他服务器的客户。

6. 冗余系统

组态王提供全面的冗余功能，能够有效地减少数据丢失的可能，增加了系统的可靠性，方便了系统维护。组态王提供三重意义上的冗余功能，即双设备冗余、双机热备和双网络冗余。①双设备冗余是指设备对设备的冗余，即两台相同的设备之间的相互冗余。②双机热备的构造思想是主机和从机通过 TCP/IP 网络连接，正常情况下主机处于工作状态，从机处于监视状态，一旦从机发现主机异常，从机将会在很短的时间之内代替主机，完全实现主机的功能。③双网络冗余实现了组态王系统间两条物理网络的连接，以防单一网络系统中网络出现故障则所有站点瘫痪的弊端。对于网络的任意一个站点均安装两块网卡，并分别设置在两个网段内。当主网线路中断时，组态王的网络通信自动切换到从网，保证通信链路不中断，为系统稳定可靠运行提供了保障。

总　结

在“液位双位仿真监控系统”基础上，本项目立足于生产实践中具有广泛代表性的“锅炉液位恒定监控系统”；基于 DCS 实训装置设备平台模拟“锅炉液位恒定控制”。另外，通过锅炉液位恒定控制，可类推至其他领域恒定控制。

本项目深化“DCS 工程”项目开发，以简便实用的单回路 PID 控制学习使用 DCS 硬件和软件基本架构：操作员站以组态王为主，控制站选用最为经典的西门子 PLC，现场控制级选用 A5300 平台。重在提升和完善组态软件功能模块的应用，突出系统报警、实时趋势曲线、报表功能模块使用。为拓宽和对比 DCS 系统，本项目还介绍了基于 THPCAT-2FCS 平台和 WINCC 组态软件实施“锅炉液位恒定监控系统”，在教学过程中，根据实际情况侧重不同平台及工艺控制与功能要求。

思　考　题

1. 简要叙述所选用液位传感器和电磁调节阀的电气特性。
2. 谈谈 PID 参数整定、调试方法。
3. 简要叙述本项目实施过程所遇到的两个主要问题解决方法。
4. 画出本项目有关系统安装接线图。
5. 用组态软件的 PID 控件开发满足液位恒定控制工艺的应用软件。
6. 基于 A8000 + A1000 平台实施本项目。

项目4　浙江中控DCS及在锅炉温度监控系统中的应用

4.1　项目基本情况

4.1.1　概况

尽管锅炉由于类型、结构、工作原理、使用场合及功能的不同，导致了控制参数及控制系统的复杂多样性，但锅炉液位控制和温度控制具有广泛的代表性。温度恒定控制在工业、生活等领域具有十分重要的现实意义，温度过高或过低，都将对系统工作性能和安全性带来不利影响。液位控制在前面已作介绍，本项目立足于锅炉的温度恒定控制背景。

集散控制系统一般以两种方式构筑，①通用组态软件+智能控制设备，如组态王+PLC；②融自主硬件和软件为一体的专业品牌DCS，如浙江中控的JX-300XP。这两种方式在学习过程中应注重融通对比，领会它们的异同点。通过锅炉恒温控制，学习使用浙江中控JX-300XP的DCS硬件和软件基本功能模块，基于浙江中控JX-300XP的CS2000DCS实训平台模拟实现“锅炉温度恒定控制”。参考浙江中控DCS应用手册和工程案例，类推至其他工艺控制领域应用。

4.1.2　项目目标

1. 主要学习内容

本项目学习内容包括：浙江中控JX-300XP集散控制系统常识、DCS体系结构及DCS实训装置关系、控制站与操作员站的组成与通信、JX-300XP组态软件功能模块的组成与应用、DCS实训装置CS2000的结构与功能。

2. 学习目标

根据项目主要学习内容，结合课程内在要求，本项目主要目标围绕：深化DCS组态思想、温度控制工艺监控实施、浙江中控集散控制系统硬件与软件模块学习与应用。下面进一步从知识目标、专业技能目标和能力素质目标作进一步说明。

（1）知识目标　主要包括：理解锅炉温度系统结构及原理，掌握浙江中控JX-300XP集散控制系统常识，掌握实训装置结构和应用，理解智能仪表设置、控制原理，掌握DCS体系结构及功能模块应用。

（2）专业技能目标　包括：理解JX-300XP系统的组成，掌握操作员站与控制站通信，具备简单工程的分析能力与控制系统的构建能力，掌握DCS操作员站与控制站I/O组态、实时数据库、趋势曲线与报警监控界面实现，具备PID闭环控制系统的设计与统调能力；掌握DCS安装、调试、运行工程规范。

（3）能力素质目标　能够利用多种手段进行资料检索分析整理；通过分析工艺和用户

要求，从工程角度分析与解决问题；具备交流合作精神、综合应用知识和技能的基本方法，逐步养成终身学习意识。

4.1.3　项目及控制工艺要求

“浙江中控 DCS 及在锅炉温度监控系统中的应用”项目任务书如表 4-1 所示。

表 4-1　项目任务书

<table>
<tr><td colspan="2">项目名称：浙江中控 DCS 及在锅炉温度监控系统中的应用</td><td>教学课时：24 学时</td></tr>
<tr><td colspan="2">教学资源：参考书、手册、课件、实训装置、计算机、教学资源库</td><td>组织形式：4 ~5 人/组</td></tr>
<tr><td colspan="2">教学方法：项目教学，现场教学、讨论、操作</td><td>考核方式：演示验证、报告、答辩、互评</td></tr>
<tr><td colspan="2">1. 学生要求
（1）熟练利用各种方法查找资料
（2）具有一定的自主学习能力
（3）具有一定的专业知识和技能储备
（4）硬件和软件架构及组态技术
（5）书写、交流组织能力</td><td>2. 教师要求
（1）具有自动控制专业理论体系知识
（2）具有自动控制专业的工程经验
（3）良好的教学能力
（4）熟悉 DCS 应用</td></tr>
<tr><td rowspan="3">3. 项目要求</td><td colspan="2">（1）总体要求。以浙江中控的 CS2000 实训平台构成温度恒定控制的 DCS，应用 PID 控制规律，自动调整电功率大小，确保温度恒定；通过此项目学习，进一步掌握 DCS 设计和应用步骤</td></tr>
<tr><td colspan="2">（2）工艺说明。本系统将温度传感器检测到的锅炉温度信号作为测量信号，通过 DSC 控制系统控制电加热管的功率，实现锅炉温度恒定控制目标，本系统结构示意图如图 4-1 所示
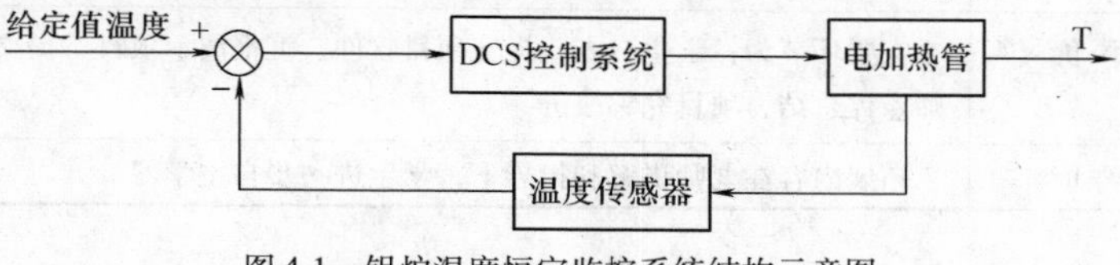

图 4-1　锅炉温度恒定监控系统结构示意图</td></tr>
<tr><td colspan="2">（3）控制要求。主要体现为四个方面：①初始状态。锅炉温度为室温，启/停按钮处于停止状态，操作启/停按钮启动、停止状态之间互相切换。②控制流程。在操作员站的监控界面上给定温度设定值，按下“启/停按钮”进入启动状态，锅炉系统按照控制方案工作，经过系统自动调整使被控量稳定在给定值。③监控界面包括：PID 参数调节界面、趋势曲线、报警、报表，实现系统统调和跟踪。④控制工艺实施。由控制站的主控制卡控制方案实现 PID 单回路闭环控制</td></tr>
<tr><td>4. 重点和难点</td><td colspan="2">（1）掌握 JX-300XP 系统硬件、软件组态及功能模块的应用
（2）理解卡件的跳线、配电、冗余概念，正确关联安装与组态工作
（3）掌握控制站组态，尤其是 PID 控制方案编程
（4）掌握操作员站组态，尤其是流程图与报表功能</td></tr>
</table>

4.1.4　项目工作计划表

“浙江中控 DCS 及在锅炉温度监控系统中的应用”项目工作计划如表 4-2 所示。

表 4-2 项目 4 工作计划表

项目名称	浙江中控 DCS 及在锅炉温度监控系统中的应用		总课时：24 学时
组长：	组别：	成员：	
步骤课时	工作过程摘要		
1. 资讯（6 学时）	（1）理解项目要求 （2）理解恒温控制工作原理 （3）查阅 CS2000 实训平台手册 （4）掌握浙江中控 JX-300XP 硬件、软件模块组态应用 （5）回顾 DCS 体系结构及组态王应用		
2. 计划及决策（2 学时）	（1）小组成员分工 （2）项目实施要素：项目分析、硬件设计安装，确定模拟量、开关量、监控界面、恒温控制方案 （3）经讨论、审核，制订实施方案；确定设备、测点清单、监控界面、控制流程		
3. 实施基本步骤（10 学时）	（1）DCS 系统选型，硬件、软件安装 （2）启动 SCKey（系统组态软件模块）后，新建"项目工程" （3）操作员站与控制站总体信息组态 （4）控制站 I/O 卡件、I/O 信号组态 （5）控制站控制方案组态 （6）操作小组的组态 （7）操作员站的标准画面组态 （8）操作员站的流程图及报表组态 （9）编译、下载、传送与发布 （10）系统监控运行、调试、验证、改进		
4. 检查与评价（4 学时）	主要环节为：学生自查、提交项目软件、汇报演示项目、提交项目报告、考核、评价、教师点评总结、项目完善改进		
5. 拓展（2 学时）	拓展内容在老师讲解和指导下，学生进一步自主学习		

4.2 项目方案设计

根据项目任务表单，主要解决以下问题：掌握 JX-300XP 系统软硬件组成与应用，构筑项目 DCS 应用平台，工艺控制方案理解及实施，组态编程，运行监控，调试完善。根据项目要求，下面围绕项目实施平台、控制方案与工作原理和项目监控界面几个方面进行介绍。

4.2.1 项目实施平台

本项目硬件实施平台，可选用基于 CS2000、A8000 + A5300、A3000、THPCAT-2FCS 多种平台。本项目选用基于浙江中控 JX-300XP 的 CS2000 DCS 实训平台，硬件主要包括：计算机和 CS2000；软件主要包括：常规软件和组态软件（AdvanTrol-Pro）。计算机作为 DCS 的工程师站和操作员站，CS2000 上的主控制卡及其 I/O 卡件作为控制站，CS2000 上的模块、仪表、水泵、电加热管等设备作为现场控制级，锅炉作为被控对象。

操作员站与控制站的通信采用 TCP/IP 以太网，控制站与现场控制级主要采用 4～20mA 电流及热电阻接口信号，本项目 DCS 结构示意如图 4-2 所示。下面从特点、结构、实验内容等方面对 CS2000 DCS 实训平台作简要说明，需要进一步结合实验指导书强化学习应用。

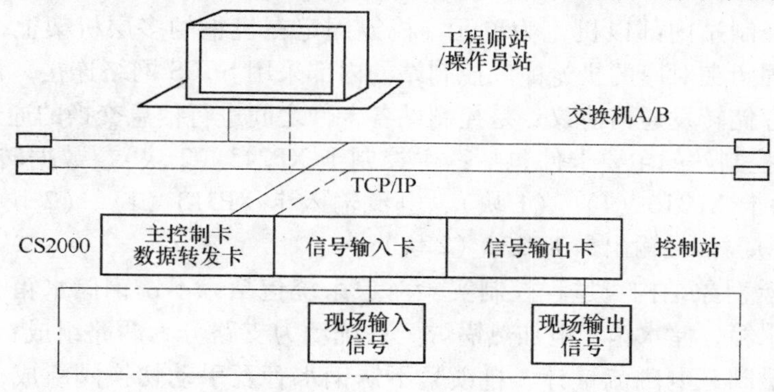

图 4-2　锅炉恒温 DCS 系统结构示意图

1. CS2000 的特点

CS2000 系统是根据电气自动化及相关专业教学特点，吸取了国内外同类实验装置的特点和长处，并与工业装置的自动化现场紧密联系，综合了工业上广泛使用并处于领先地位的 AI 智能仪表加组态软件控制系统和基于 JX-300XP 的 DCS，经过精心设计、多次实验和反复论证后，推出的一套基于各层次教学和学科基地建设的实验设备。不仅适用于“集散控制系统”课程，还适合于“自动控制理论”、“计算机控制技术”等课程的教学实验与研究。系统具有美观实用、功能多样、使用方便的优点，既能进行验证性、设计性实验，又能提供综合性实验，可以满足不同层次的教学和研究要求。

CS2000 系统的设计从工程化、参数化、现代化、开放性和培养综合性人才的原则出发，采用全数字化、结构灵活、功能完善的浙江中控的 JX-300XP 集散控制系统所构成，结合课程实验实训和就业技能培养需要。CS2000 系统的主要特点：①被调参数囊括了流量、压力、液位、温度四大热工参数。②执行器中既有电动调节阀、单相调压装置等仪表类执行机构，又有变频调速器等电力拖动类执行器。③调节系统除了有调节器的设定值阶跃扰动外，还有在对象中通过另一动力支路或电磁阀和手操阀制造各种扰动。④锅炉温控系统包含了一个防干烧装置，以防操作不当引起严重后果。⑤一个被调参数可在不同动力源、不同的执行器、不同的工艺线路下演变成多种调节回路，利于讨论、比较各种调节方案的优劣。⑥某些检测信号、执行器在系统中存在相互干扰，它们同时输入和工作时需对原独立调节系统的被调参数进行重新整定，还可对复杂调节系统比较优劣。⑦实验数据及图表可以永久存储，在组态软件中也可随时调用，以便实验者在实验结束后进行比较和分析。⑧在整体实训装置中，设有温度故障排除功能、调节阀故障排除功能、卡件故障排除功能等，利于专业技能与职业资格培训取证。

2. CS2000 的结构

CS2000 系统由控制站和过程控制实验装置（控制级）两部分组成，过程控制实验装置包括控制台与对象两大部分，控制面板上安装了智能调节仪控制面板、DCS 控制面板、信号面板、强电面板。智能仪表通过 RS-232/RS-485 转换器实现 RS-485 组网，利用昆仑通态的 MCGS 组态软件实现监控。下面围绕 JX-300XP 控制站和过程控制实验装置进行简要说明。

（1）控制站　CS2000 DCS 实训平台基于浙江中控的 JX-300XP 集散控制系统，总体结构由计算机、控制柜、过程控制系统组成。控制站由主控制卡、数据转发卡、I/O 卡件、供电单元等构成。控制站内部以机笼为单元，机笼固定在机柜的多层机架上，相应的各类卡件、供电单元都固定在对应的机笼中。控制站的内部采用 SBUS 网络连接，该网络为主控制卡令牌网，采用存储转发通信协议，是控制站各卡件之间进行信息交换的通道。

CS2000 系统控制站的主要卡件包括：主控制卡 XP243（2 块）、数据转发卡 XP233（2 块）、热电阻输入卡 XP316（I）（1 块）、电流输入卡 XP313（I）（2 块）、电压输入卡 XP314（I）（2 块）、信号输出卡 XP322（2 块）。

（2）现场实验对象结构　过程控制实验对象系统包括：不锈钢储水箱、强制对流换热器、上水箱、下水箱、储水箱、电加热锅炉。系统动力支路分为两路组成：一路由单相泵、电动调节阀、电磁阀、电磁流量计、自锁紧不锈钢水管及手动切换阀组成；另一路由单相泵、变频调速器、孔板流量计、自锁紧不锈钢水管及手动切换阀组成。系统中的检测变送和执行元件有：液位传感器、Pt100 温度传感器、孔板流量计、电磁流量计、压力表、电动调节阀等，系统实验对象结构示意图如图 4-3 所示。

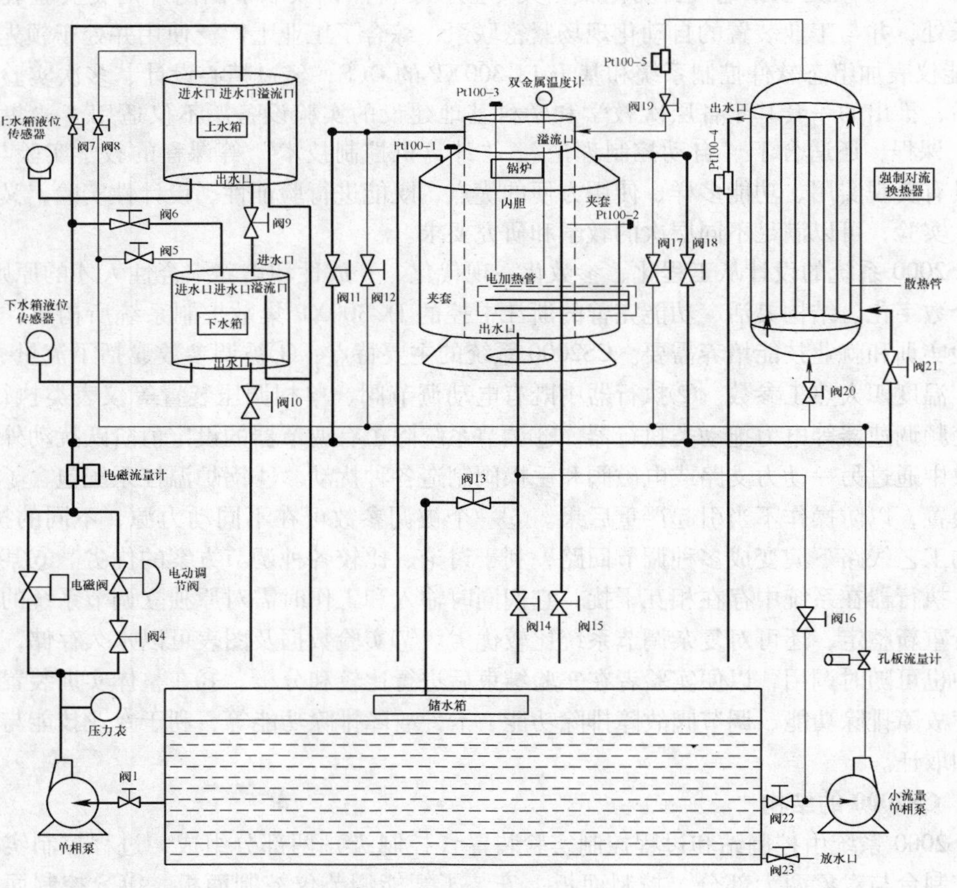

图 4-3　CS2000 系统对象结构示意图

（3）CS2000 实验对象的检测装置 主要包括：①液位传感器，选用扩散硅压力变送器，分别用来检测上水箱、下水箱液位；②电磁流量计、孔板流量计分别用来检测电动调节阀支路流量和变频器动力支路流量；③Pt100 热电阻温度传感器分别用来检测锅炉内胆、锅炉夹套和强制对流换热器冷水出口、热水出口温度。

（4）CS2000 实验对象的执行装置 主要包括：①单相晶闸管移相调压装置用来调节单相电加热管的工作电压；②电动调节阀用来调节管道出水量；③变频器用来调节副回路水泵的工作电压。

3. CS2000 实训平台内容

CS2000 实训平台为自动控制类专业提供了丰富的实验和实训内容，不仅能满足“集散控制系统组态”实践教学需要，还能为“自动控制理论”、“传感器检测技术”、“计算机控制技术”等课程提供实践教学平台。其主要的实验内容包括：一阶单容水箱对象特性测试实验、二阶双容下水箱对象特性测试实验、锅炉内胆温度二位式控制实验、上水箱液位 PID 整定实验、串接双容下水箱液位 PID 整定实验、锅炉内胆水温 PID 整定实验、锅炉夹套水温 PID 整定实验、孔板流量计流量 PID 整定实验、涡轮流量计流量 PID 整定实验、上水箱下水箱液位串级控制实验、锅炉夹套和内胆温度串级控制系统、强制对流换热器温度控制等实验项目。

4.2.2 控制方案与工作原理

本项目属于单回路控制，结合工艺需要，采用 MATLAB 软件中的 Simulink 组件，从理论上验证 PID 控制方案在锅炉温度恒定控制系统中的可行性，类同于项目 3 的液位恒定控制。

结合图 4-1、图 4-2、图 4-3，锅炉温度恒定控制系统的工作原理为：温度传感器将锅炉中液体的温度信号转换为电信号（4～20mA）送给控制站的信号输入卡端子；利用控制站组态，执行 PID 单回路控制方案，PID 根据温度设定值与实际检测值进行 PID 运算；经控制站的信号输出卡端子输出控制量到执行驱动设备，再由执行驱动设备控制电加热器的电功率大小，以达到锅炉温度恒定控制的目的。

4.2.3 项目监控界面

JX-300XP 操作员站的画面组态包括：标准画面组态（总貌画面、趋势曲线、控制分组、数据一览）、流程图、报表组态。JX-300XP 组态与组态王的组态方法有较大的差异。在该系统中，操作员站主要实现三个方面功能：

1）系统工艺及运行情况的流程图监控。本系统中主要模拟水泵、控制站、温度传感器、电加热管、锅炉、流量计、调节阀的运行状况，锅炉的温度变化采用动态数据对象显示的方法，本系统中主要的参数是电加热管的工作电压和锅炉的温度值。

2）系统运行的趋势及报警。系统运行趋势有助于确定系统状态，以指导操作员进行修正；报警功能主要对锅炉温度的值进行控制，温度超过或低于一定的限定值时系统报警。

3）PID 整定。对于单回路 PID 过程控制，必须把比例放大系数 K_P、积分时间 T_I 和微分时间 T_D 调整为合适的值，才能确保系统得到良好的性能，监控界面提供“PID 调整窗体”。

经过分析，并结合图 4-1 所示的锅炉温度恒定监控系统结构示意图，系统工艺监控流程图界面的图形对象主要包括锅炉、水泵、温度控制、温度值、流量值、管道等，其参考流程监控界面示意图如图 4-4 所示；PID 调整窗体、报警、趋势曲线等监控界面，在 I/O 位号组态时一并完成。

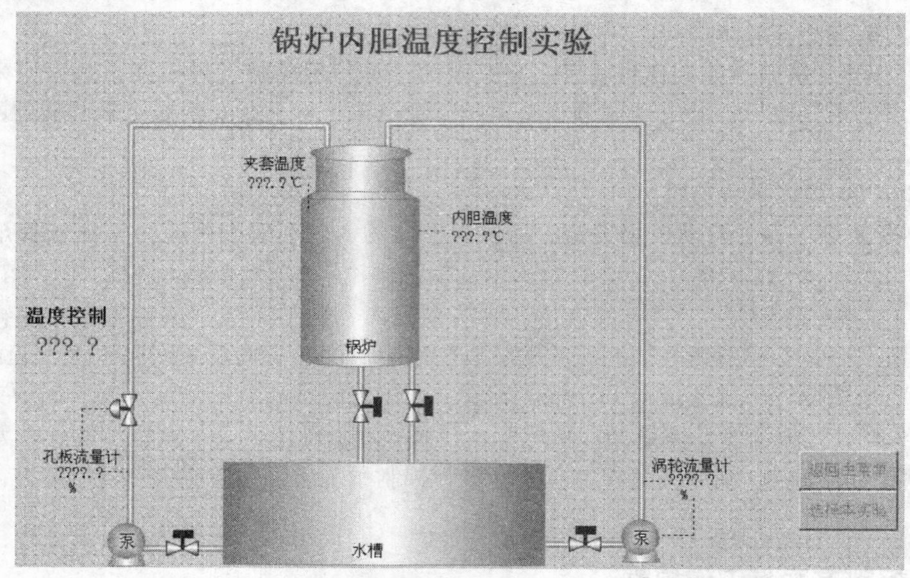

图 4-4 锅炉温度恒定监控系统界面参考图

4.3 JX-300XP 系统的基本常识

JX-300XP 系统是浙江中控自动化有限公司在 JX-100、JX-200、JX-300 基础上，经不断完善、提高而全新设计的新一代全数字化 DCS，也是中控 WebField 系列控制系统十余年成功经验的总结。该系统吸收了近年来快速发展的通信技术、微电子技术，充分应用了最新信号处理技术、高速网络通信技术、可靠的软件平台和软件设计技术以及现场总线技术，采用了高性能的微处理器和成熟的先进控制算法，全面提高了 JX-300XP 的功能和性能。从配置规模、工作环境、电源、接地电阻、运行速度、抗干扰等方面提升了系统的性能，能适应更广泛更复杂的应用要求，成为一个全数字化、结构灵活、功能完善的开放式集散控制系统，也是当今国内同类产品的佼佼者。

4.3.1 概况

JX-300XP 系统的硬件体系结构如图 4-5 所示，其基本硬件模块包括：现场控制站、工程师站、操作员站、通信网络；现场控制站主要进行实时控制、直接与工业现场进行信息交互；工程师站是工程师的组态和维护平台；操作员站则是操作人员完成过程监控管理任务的人机界面；过程控制网络主要用于实现工程师站、操作员站、控制站的通信。JX-300XP 系统的硬件和软件学习需要参考相关手册和其他资料，并通过项目的不断积累和提升，才能熟练掌握其知识和技能。

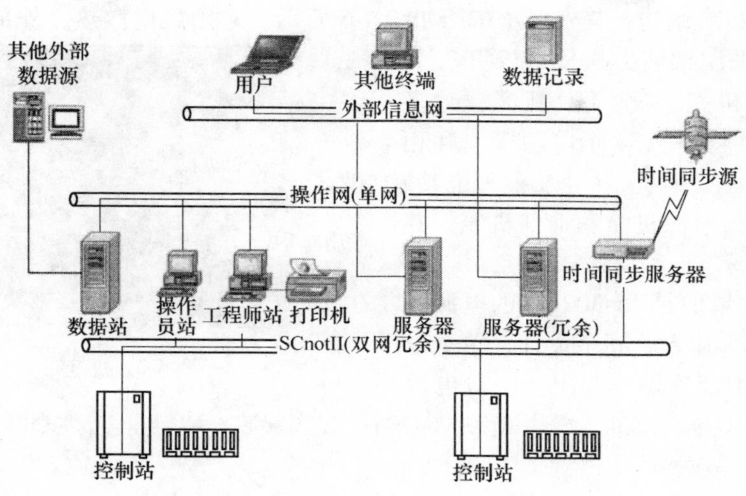

图4-5　JX-300XP DCS体系结构

4.3.2　控制站

JX-300XP系统的硬件应用有四个重要概念：冗余、隔离方式、配电和跳线。冗余就是热备用；隔离是I/O卡件信号通道电源供电方式；配电针对电流信号输入卡是否需要为传感变送器供电；跳线是硬件上的功能设置，分为冗余跳线、配电跳线和地址跳线等。

现场控制站外形及布局如图4-6所示，由电源机笼及PW722电源模块、主控制卡机笼及电源卡XP258、I/O卡机笼、交换机、线槽等模块单元组成。控制站由主控制卡、数据转发卡、I/O卡件、供电单元等构成。控制站内部以机笼为单元，机笼固定在机柜的多层机架上，相应的各类卡件、供电单元都固定在对应的机笼中。控制站的内部采用SBUS网络连接，是控制站各卡件之间进行信息交换的通道。

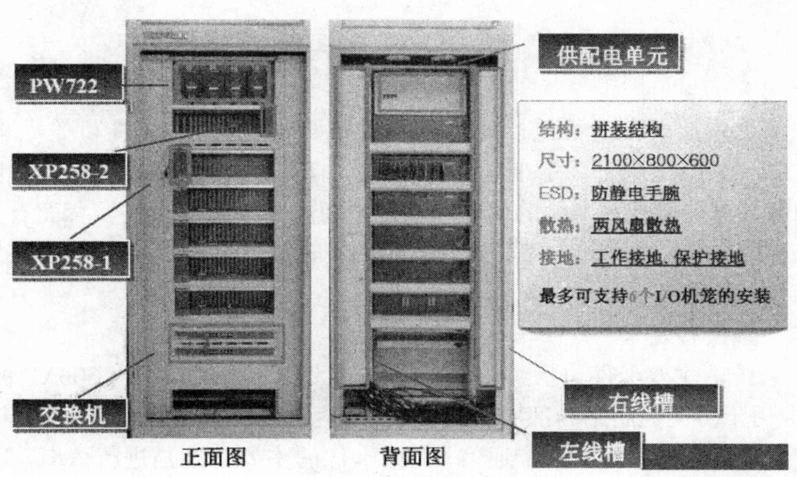

图4-6　现场控制站

1. 机柜、机笼、电源

1）机柜为拼装结构，其外形及布局如图 4-6 所示。采用风扇散热，外部焊接或螺栓固定安装，内部采用架装方式安装。其安装容量：1 个电源机笼、4 个 I/O 机笼（最多可配置 6 个卡件机笼）、4 个电源模块和相关的端子板、2 个交换机、1 个交流配电箱。

2）机笼分为电源机笼和 I/O 机笼，其布局如图 4-7 所示。

图 4-7　机笼布局

电源机笼放置的是 JX-300XP 的电源系统，采用双路 AC 输入、冗余设计，单个电源模块 150W，DC5V/24V 输出，一对电源模块可为 3 个 I/O 机笼供电。采用导轨式的插接方式安装，DC 配电布局如图 4-8 所示。

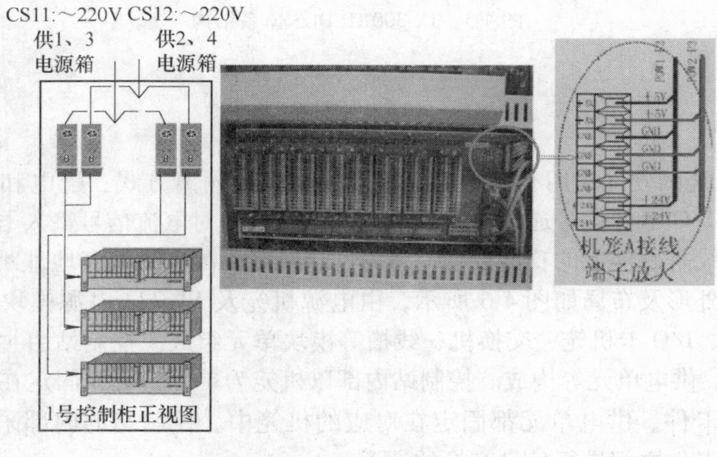

图 4-8　DC 配电布局

3）I/O 机笼是盛放卡件的机笼，其外形及布局如图 4-9 所示。在机笼框架内部固定有 20 条导轨（20 个槽位），用于固定卡件，每个槽位有具体的分工，通过母板上的欧式接插件和母板上的电气连接实现对卡件的供电和卡件之间的总线通信。机笼背面有 4 个 SBUS-S2 网络接口、1 组电源接线端子和 16 个 I/O 端子接口插座，现场信号通过端子板与 I/O 卡件相连。

2. 主控卡、数据转发卡、I/O 卡

JX-300XP 系统的主要卡件包括主控卡、数据转发卡、I/O 卡，JX-300XP 的主要卡件见表 4-3。主控卡用于协调控制站内部所有的软硬件关系，执行各项控制任务，与操作员站通信；数据转发卡用于主控卡与 I/O 卡通信；I/O 卡件的主要功能是进行 A-D、D-A 转换和信号调理。下面对它们作简要说明。

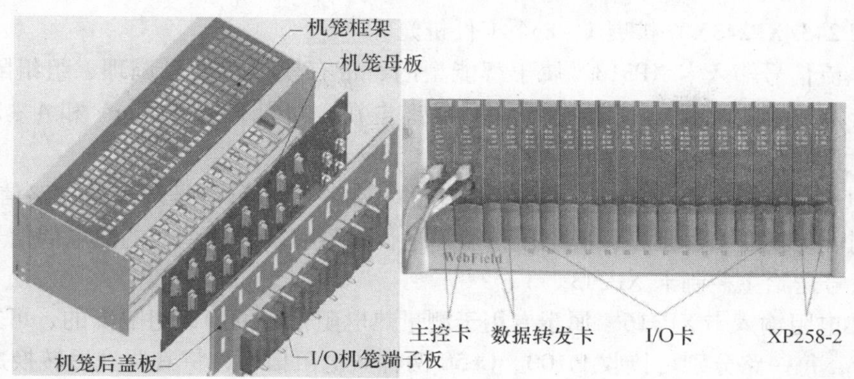

图 4-9　I/O 机笼

表 4-3　JX-300XP 主要卡件

型　号	名称及通道数量	配置简介
XP234X	主控卡	可冗余配置，地址拨码、地址设置注意软硬件一致
XP233	数据转发卡	可冗余配置，地址拨码、地址设置注意软硬件一致
XP313（I）	6 路电流信号输入卡，I 为点点隔离	可配电、可冗余关联跳线，接线参照端子接线图
XP314（I）	6 路电压信号输入卡	可冗余关联跳线，接线参照端子接线图
XP316（I）	4 路三线制热电阻信号输入卡	可冗余关联跳线，接线参照端子接线图
XP322	4 路点点隔离模拟信号输出卡	可冗余关联跳线，接线参照端子接线图
XP362（B）	晶体管触点开关量输出卡	B 可冗余关联跳线，接线参照端子接线图
XP363（B）	触点型开关量输入卡	B 可冗余关联跳线，接线参照端子接线图

（1）主控卡 XP243X　是 JX-300XP 系统的软硬件核心，其外形如图 4-10 所示。其主要功能包括：I/O 处理、控制运算、上下网络通信控制、诊断。主控卡采用主从 CPU 设计，协同完成各项任务；具有双重冗余的 10M 以太网通信接口与上位机通信（A 网与 B 网）；同时通过 1M 的 SBUS 总线管理 I/O 卡件，灵活支持冗余（1∶1 热备用）和非冗余两种工作模式。提供 192 个（128 个自定义、64 个常规）控制回路，运算周期 50ms～5s 可选；具有综合诊断 I/O 卡件和 I/O 通道状态功能。

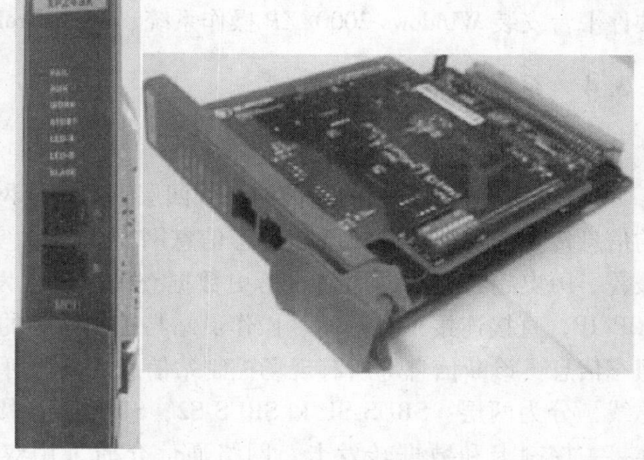

a)侧面　　b)正面

图 4-10　主控卡 XP243X

（2）数据转发卡 XP233　是系统 I/O 机笼的核心单元，是主控制卡连接 I/O 卡件的中间环节，它一方面驱动 SBUS 总线，另一方面管理本机笼的 I/O 卡件，利用 XP233 可实现一块主控卡（XP243/XP243X）扩展1～8个卡件机笼。

(3) 电流信号输入卡XP313　属于智能型的、带有模拟量信号调理、组组隔离的六路信号采集卡，并可为六路变送器提供24V隔离电源，可处理0～10mA和4～20mA电流信号。

(4) 电压信号输入卡XP314　属于智能型的、带有模拟量信号调理的六路信号采集卡，每一路分别可接收Ⅱ型、Ⅲ型标准电压信号、毫伏信号以及各种型号的热电偶信号，将其转换成数字信号送给主控制卡XP243。

(5) 热电阻输入卡XP316　属于专用于测量热电阻信号的、组组隔离的、可冗余的4路A-D转换卡，每一路分别可接收Pt100、Cu50两种热电阻信号，将其调理后转换成数字信号送给主控制卡XP243。

(6) 模拟量输出卡XP322　属于4路点点隔离型电流（Ⅱ型或Ⅲ型）信号输出卡。作为带CPU的高精度智能化卡件，具有自检和实时检测输出状况功能，它允许主控制卡监控正常的输出电流。

(7) 触点型开关量输入卡XP363　是8路数字量信号输入卡，该卡件能够快速响应干触点输入，实现数字信号的准确采集。作为智能型卡件，具有卡件内部软硬件（如CPU）运行状况在线检测功能。

(8) 开关量输出卡XP362　属于智能型8路无源晶体管开关触点输出卡，该卡件可通过中间继电器驱动电动控制装置。XP362采用光电隔离，隔离通道部分的工作电源通过DC-DC电路转化而来；同时，该卡件具有输出自检功能。

4.3.3 工程师站/操作员站

工程师站用于工程设计、系统扩展或维护功能，使用PC或工控机作硬件平台，也可由操作员站硬件代替，安装Windows 2000/XP操作系统、AdvanTrol-PRO实时监控软件、组态软件包等。操作员站（OS）是操作人员完成过程监控任务的操作平台，使用PC或工控机作硬件平台安装Windows 2000/XP操作系统、AdvanTrol-PRO实时监控软件。

4.3.4 系统通信网络

1. 概况

JX-300XP控制系统的通信网络分四层：第一层网络是信息管理网TCP/IP，用于工厂级的信息传送和管理。第二层是过程信息网TCP/IP，实现操作员站节点间的实时数据、实时报警、历史趋势的数据通信、历史数据查询、工程发布。第三层为过程控制网（SCnet Ⅱ）TCP/IP，直接连接工程师站、操作员站与控制站等的双重化通信网络，用于过程实时数据、组态信息、诊断信息等所有现场控制站信息的高速可靠传输。第四层是控制站内部I/O控制总线，分为两层：SBUS-S1和SBUS-S2；S1用于连接数据转发卡和各种I/O卡件，S2用于连接主控制卡和数据转发卡。网络通信介质采用双绞线或光纤，系统网络布局如图4-11所示。

JX-300XP DCS主干网SCnet Ⅱ网如图4-12所示，SCnet Ⅱ网是直接连接工程师站、操作员站与控制站等的双重化通信网络，网上节点可配置15个控制站和32个操作员站。

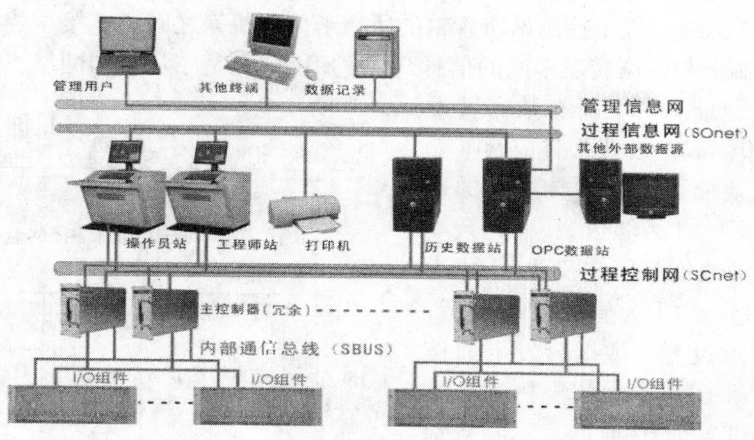

图 4-11　JX-300XP 系统通信网络布局

2. 网络节点地址设置

（1）操作员站（工程师站）地址设置　它们采用以太网适配卡，其 IP 地址设置通过 Windows 中有关网络选项实现，A 网的 IP 地址为 128. 128. 1. X，B 网的 IP 地址为 128. 128. 2. X；另外操作网（过程信息网）的 IP 地址为 128. 128. 5. X；它们都要求在“子网掩码（U）”中填入：255. 255. 255. 0。SCnet Ⅱ 网络中，最多可配置 32 个操作员站（或工程师站），对 TCP/IP 协议 X 设置范围规定为 129 ~ 160。

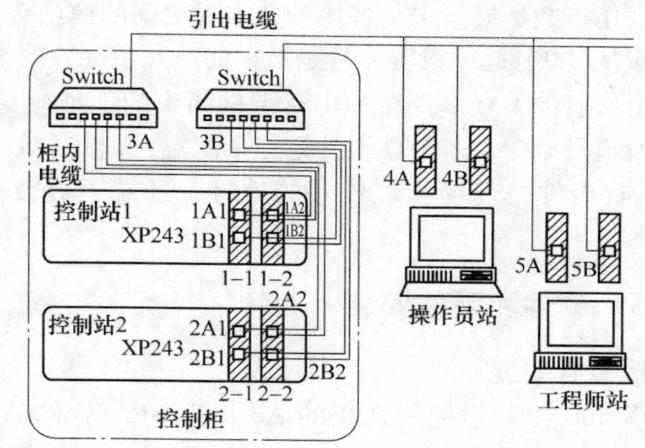

图 4-12　SCnet Ⅱ 网络总貌图

（2）控制站地址设置　每个控制站占用两个 IP 地址，A 网与 B 网冗余；占用的地址由该控制站中主控制卡的地址拨码开关 SW2 的设置决定。在 SCnet Ⅱ 网络中，最多可配置 15 个控制站，其 TCP/IP 协议地址 X 范围为 2 ~ 31。

（3）地址设置示例　A 网的网络号为：128. 128. 1 . XXX；控制站主控制卡在 A 网 IP 地址为：128. 128. 1. 2；操作员站网卡在 A 网 IP 地址为：128. 128. 1. 130；B 网的网络号为：128. 128. 2；控制站通信卡在 B 网 IP 地址为：128. 128. 2. 2；操作员站网络卡在 B 网 IP 地址为：128. 128. 2. 130；另外，过程信息网的地址一般绑定至过程控制网的 B 网上。其中，最后字节“XXX”在控制站中由主控制卡的拨码开关决定，在操作员站（工程师站）中由软件设定。

3. 现场总线 SBUS

SBUS 总线的第一层为双重化总线 SBUS-S2，SBUS 总线的第二层网络为 SBUS-S1 网络，其结构图如图 4-13 所示；它们合起来称为 JX-300XP DCS 的 SBUS 总线，主控制卡通过它们来管理分散于各个机笼内的 I/O 卡件。

（1）SBUS-S2 总线　位于控制站所管辖的所有卡件的机笼之间，连接主控制卡和数据转发卡，用于主控制卡与数据转发卡间的信息交换。SBUS-S2 是主从结构网络，作为从机的数据转发卡需分配地址。网上所有数据转发卡的地址应从“0”起始设置，且应是唯一的。网上互为冗余配置的数据转发卡的地址设置应为 I、I+1（I 为偶数）；非冗余配置的数据转发卡的地址只能定义为 I（I 为偶数），而地址 I+1（I 为偶数）应保留，不能再被别的节点设置。数据转发卡通信地址可按 0#～15# 配置，主控制机笼中的数据转发卡必须设置为 0#地址，不能从别的地址号开始设置；I/O 机笼的数据转发卡的地址必须紧接着设置。

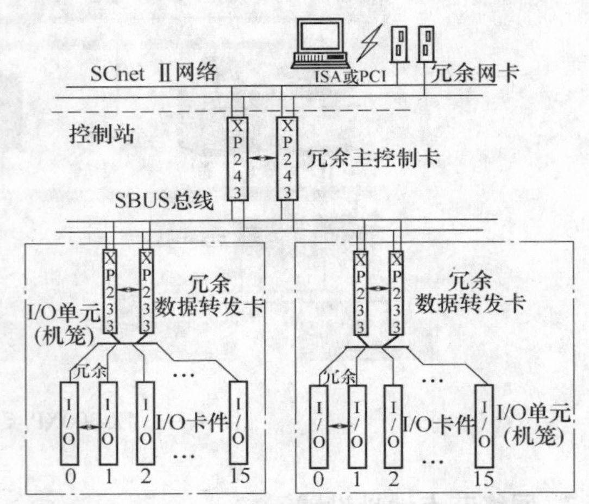

图 4-13　SBUS 网络结构图

（2）SBUS-S1 网络　其物理上位于各 I/O 机笼内，连接了数据转发卡和各块 I/O 卡件，用于数据转发卡与各块 I/O 卡件之间的信息交换。SBUS-S1 网络上所有的 I/O 卡件的地址应从“0”起始设置，且是唯一的。冗余配置的卡件地址设置应为 I、I+1（I 为偶数）。网络上所有的 I/O 卡件在 SBUS-S1 网络上的地址应与机笼的槽位相对应，位号地址由信号安装通道号确定。若 I/O 卡件是冗余配置，则冗余工作方式的两块卡须插在互为冗余的槽位中；I/O 卡件与现场物理信号的连接，经端子板转接，而端子板分为冗余与非冗余两种类型。

4.3.5　软件和硬件安装

1. 软件安装

JX-300XP 集散控制系统的 AdvanTrol-Pro 软件的操作平台为中文 Windows，支持 Windows2000/NT4.0、WindowsXP。在安装软件包前确保计算机安全可靠无病毒，并且 IE 版本为 5.0 或 5.0 以上。软件安装过程与普通软件安装过程相似，注意以下几点：

（1）安装类型　执行安装时，将弹出安装类型选择界面。在安装类型界面中有操作员站安装、工程师安装、数据站安装和完全安装四个选项，可根据需要进行相应类型的安装。操作员站安装类型下用户无法进行组态操作，只能监控系统运行状态，适合操作人员使用；工程师安装类型下用户可进行组态、编程、监控等操作，适合工程师使用；数据站安装类型下安装包括数据采集组件、报警、操作记录服务器和趋势服务器；完全安装类型下将安装所有组件，建议高级用户采用。一般选用工程师安装类型。

（2）主操作员站　一套 DCS 系统中只能设置一个主操作员站。

（3）加密狗　完成软件安装后，将授权加密狗插入计算机的并行口即可正常使用。若无加密狗，AdvanTrol-Pro 软件即为试用版，将会在运行两小时后自动退出。

2. 硬件安装

（1）安装准备　基于 JX-300XP 的 DCS 硬件安装，涉及很多方面。在进行安装之前，需要确定一些准备工作是否就绪，如控制室是否符合 DCS 工作的环境要求，硬件设备有没有就位，电缆的敷设是否合乎规范，接地系统是否完成以及系统的电源是否满足供电要求。

（2）卡件安装　控制柜出厂时机柜内的电源箱、机笼等已经安装完毕，根据硬件配置表，需清点实际硬件的数量和配置计划是否一致，有无遗漏。接着按照事先设计好的卡件布置图把卡件插入相应的卡槽里。安装卡件之前，需要对卡件上的拨号开关或跳线进行正确的设置，保证上电以后，卡件通信正常并处于正确的工作方式；尤其对地址分层管理体系及设置规则应理解透彻，设置的方法可以参考系统硬件说明书。

由于卡件中大量地采用了电子集成技术，所以防静电是安装、维护中所必须注意的问题。在插拔卡件时，严禁用手去触摸卡件上的元器件和焊点，卡件在保存和运输中，要求包装在防静电袋中，严禁随意堆放。

（3）通信网络连接　JX-300X DCS 系统的控制站、操作员站、工程师站是通过过程控制网络 SCnetⅡ连接起来的，通信结构一般为冗余的星形结构。通信介质根据现场环境配置，可选用 AMP 5 类双绞线和光缆。暴露在地面的双绞线必须使用保护套管；电气干扰较严重的场合，双绞线必须使用金属保护套管。网络连接方法：对于任意的控制站，每块主控制卡上有两个通信口，上面的称为 A 口，下面的称为 B 口，连接的时候将这两个通信口分别用网络连接线连接到两个交换机上。

（4）端子接线　卡件和现场设备就位了以后，可以对 I/O 卡件的端子进行接线。在 JX-300XP 系统中，机笼里的每一个插槽中的 I/O 卡件，在机笼的后面都有相应的接线端子。不同类型卡件对应不同的接线端子数，端子由右至左 编号 00 × ~15 ×，前两位数据表示卡件号 00 ~15，×表示该卡件对应的端子的序号。对于当相邻卡件设置成冗余方式时，采用并联冗余接线即相邻的端子对应相连；如 4 号卡件与 5 号卡件设置为冗余时，则 04A 与 05A、04B 与 05B、04C 与 05C、04D 与 05D 等端子用细导线分别短接。

4.3.6　AdvanTrol-Pro 组态软件基本模块简介

AdvanTrol-Pro 软件的构成主要包括组态软件和监控软件两个部分，组态软件功能模块包括：用户授权管理软件（SCReg）、系统组态软件（SCKey）、流程图制作软件（SCDrawEx）、二次计算组态软件（SCTask）、报表制作软件（SCFormEx）、图形化编程软件（SCControl）、ModBus 协议外部数据组态软件（AdvMBLink）。

监控软件包括：实时监控软件（AdvanTrol）、数据服务软件（AdvRTDC）、数据通信软件（AdvLink）、报警记录软件（AdvHisAlmSvr）、趋势记录软件（AdvHisTrdSvr）、ModBus 数据连接软件（AdvMBLink）、OPC 数据通信软件（AdvOPCLink）、OPC 实时数据服务器软件（AdvOPCServer）、网络管理和实时数据传输软件（AdvOPNet）、历史数据传输软件（AdvOPNetHis）。

1. 系统组态软件

系统组态软件通常安装在工程师站，各功能软件之间通过对象链接与嵌入技术，动态地实现模块间各种数据、信息的通信、控制和管理。系统组态软件以 SCKey 系统组态软件为核心，各模块彼此配合，相互协调，共同构成了一个全面支持 SUPCON WebFeild 系统结构及功能组态的软件平台。组态软件架构如图 4-14 所示，下面对其功能模块作进一步说明，通过示范和自主练习加深理解。

（1）SCReg 用户授权管理软件　建立用户，并且分配用户权限。在进行系统组态之前，可对现场操作人员的管理要求进行设置，不同级别的用户拥有不同的授权设置，即拥有不同范围的操作权限。通过用户与角色实现用户授权管理，用户授权管理软件如图 4-15 所示。

(2) SCKey 组态软件　主要是完成 DCS 的系统组态工作，包括：①设置系统网络节点、冗余状况、系统控制周期；②设置 I/O 卡件的数量、地址、冗余状况、类型；③设置每个 I/O 点的类型、处理方法和其他特殊的设置；④设置监控标准、流程图、报表画面信息；⑤常规控制方案组态等。系统所有组态完成后，最后要在该软件中进行系统的联编、下载和传送。

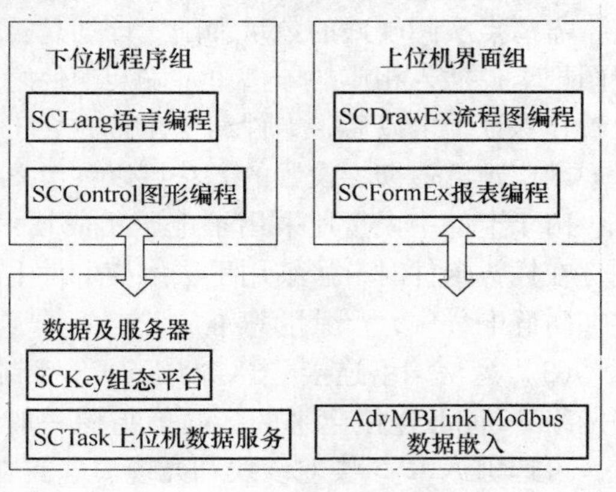

图 4-14　组态软件架构图

(3) SCDrawEx 流程图制作软件　为用户提供了一个功能完备且简便易用的流程图制作环境，形象地表达现场各种工艺设备结构、状态、参数等信息。

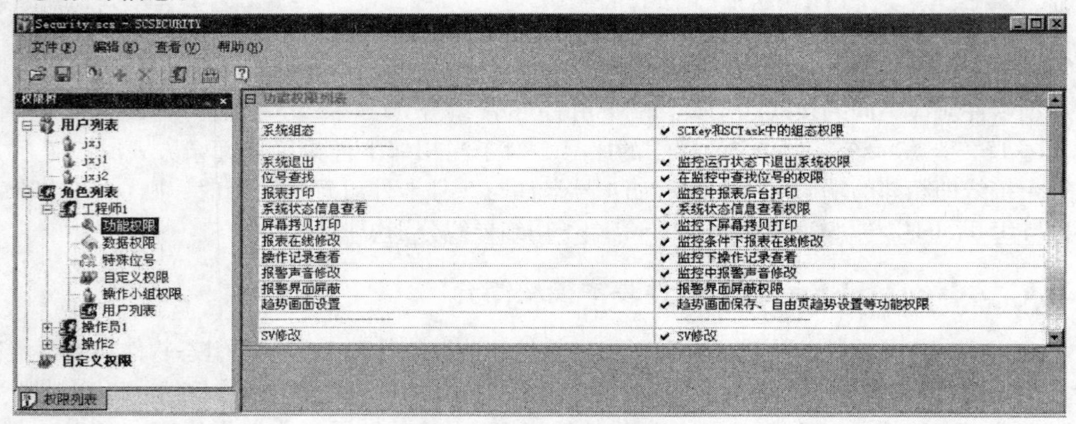

图 4-15　用户授权管理软件

(4) SCTask 二次计算软件　用于组态上位机位号、事件、任务，建立数据分组分区，历史趋势和报警文件设置，光字牌设置，网络策略设置，数据提取设置等。目的是在 SUPCON WebField 系列控制系统中实现二次计算功能，提供更丰富的报警内容，支持数据的输入/输出、数据组与操作小组绑定等。把控制站的一部分任务由上位机来做，既提高了控制站的工作速度和效率，又可提高系统的稳定性。

(5) SCFormEx 报表制作软件　报表是记录和存储数据的一种常用工具，现场很多重要的数据都是先由报表记录下来，然后技术人员根据输出的表格数据对系统状态和工艺情况进行分析。除制作普通报表如班报、日报外，也可以制作纯事件报表，示例如图 4-16 所示。

(6) SCControl 图形化编程软件　集成了 LD 编辑器、FBD 编辑器、SFC 编辑器、ST 语言编辑器、数据类型编辑器、变量编辑器，用于编制系统控制工艺的图形编程工具，示例如图 4-17 所示。

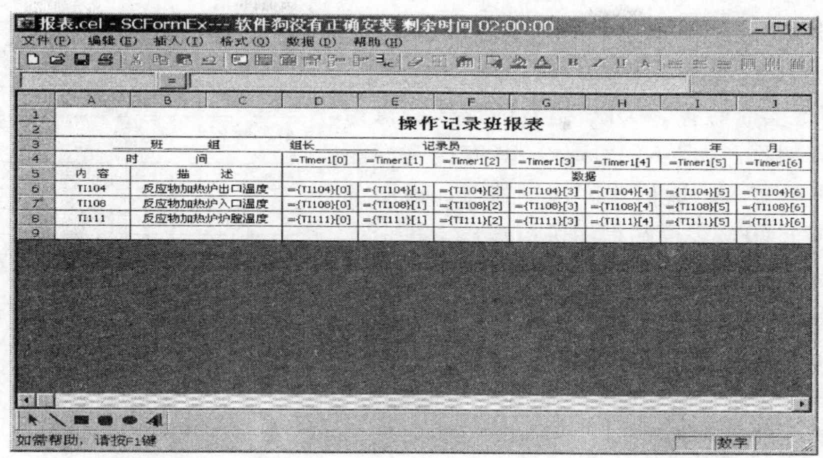

图4-16　报表制作界面

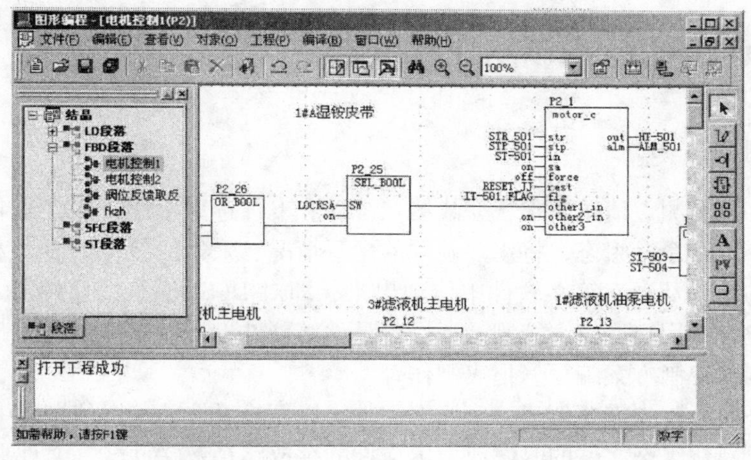

图4-17　图形化编程软件

（7）ModBus数据连接软件（AdvMBLink）　是连接AdvanTrol控制系统及与其他设备进行数据连接的软件。它可以与其他支持ModBus串口通信协议的设备进行数据通信，同时与AdvanTrol控制系统进行数据交互，软件本身包括了组态与运行两部分。

2. 监控软件

监控软件主要是对系统进行实时监视、控制操作，在软件中以形象直观的图标显示所有的操作命令，可实现画面相关操作、系统相关操作及其他相关操作。监控软件安装在操作员站和运行的服务器、工程师站中，监控软件架构如图4-18所示，下面简要介绍实时监控软件、OPC实时数据服务器软件、C/S网络互联功能。

(1) 实时监控软件（AdvanTrol） 其基本功能为数据采集和数据管理，可以从控制系统或其他智能设备采集数据并管理数据，进行过程监视、控制、报警、报表、数据存档等功能。

(2) OPC 实时数据服务器软件（AdvOPCServer） 是将 DCS 实时数据以 OPC 位号的形式提供给各个客户端应用程序，AdvOPCServer 具有交互性能好、通信数据量较大、通信速度快等特点。该服务器可同时与多个 OPC 客户端程序进行连接，每个连接可同时进行多个动态数据（位号）的交换。

(3) C/S 网络互联 在网络策略和数据分组的基础上实现了具有对等 C/S 特征的操作网，在该操作网上实现操作员站之间包括实时数据、实时报警、历史趋势、历史报警和操作日志等的实时数据通信和历史数据查询。该项功能主要通过程序 AdvOPNet. exe（实时数据传输）和 AdvOPNetHis. exe（历史数据传输）及其他相关模块实现。

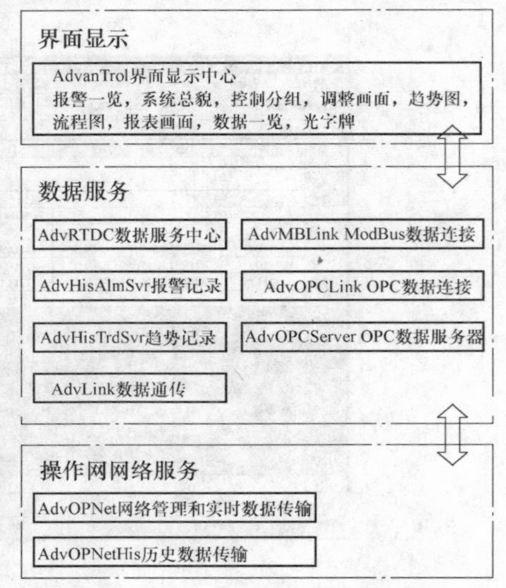

图 4-18　监控软件架构图

4.4 AdvanTrol-Pro 组态软件应用

4.4.1 系统组态

根据项目工艺和测点清单要求，完成测点统计和卡件选型工作，并对各卡件进行合理的布置，接下来要进行系统组态，将用户硬件的配置情况、采集的信号类型、采用的控制方案及操作时需要的数据及画面等在软件中体现出来，即对 DCS 的软、硬件构成进行配置。完整的项目组态包含：用户授权、控制站、操作员站等硬件设备在软件中的配置，操作画面设计，流程图绘制，控制方案编写，报表制作等。

在开始组态时，首先需要新建一个组态文件，以便将系统的配置信息集中、完整的体现在组态文件中，新建组态文件的时候要指定文件的存放路径及文件名。文件夹统一管理项目工程文件，并包含图形化（Control）、流程图（Flow）、弹出式流程图（FlowPopup）、报表文件（Report）、运行文件（Run）、临时文件（Temp）多个子文件夹，而“. SCK”文件为项目组态的核心文件。

通过运行桌面上的“系统组态”快捷图标或“开始→程序→AdvanTrol-Pro→系统组态”两种方式，新建或打开已有组态工程；组态软件界面由菜单栏、工具栏、状态栏、组态树窗口、节点信息显示区、编译信息显示区组成；系统默认一个特权用户“admin”，其默认密码为“supcondcs”。

用户授权用于对现场操作人员的管理要求进行设置，如人员数量、角色、权限；在启动系统组态界面中通过“用户授权”选项进入相应的组态界面；一般通过角色、权限编辑、用户与角色关联等环节完成用户授权工作。系统组态的基本过程如图 4-19 所示，下面作进一步说明。

1. 总体信息设置

建立了新的组态文件以后，在进行系统组态的时候，首先应该进行总体信息的设置，也称之为主机设置。其中包括主控制卡和操作员站信息的设置，组态中进行的设置应该和实际的硬件配置保持一致。主机设置是指对系统控制站（主控制卡）、操作员站以及工程师站的相关信息进行配置，包括各个控制站的地址、控制周期、通信、冗余情况以及各个操作员站或工程师站的地址等一系列的设置工作。

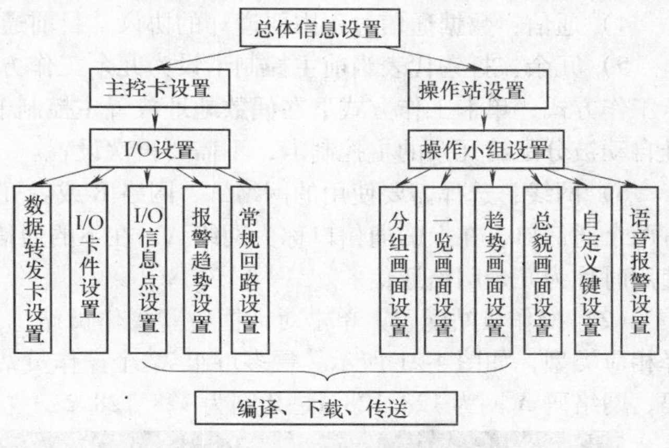

图4-19　系统组态的基本过程

（1）主控制卡配置　单击组态软件界面上的“主机”按钮，在弹出的对话框中设置主机；另外，该命令也能在“总体信息/主机设置”菜单项中找到。对话框突出显示“主控制卡”选项卡，可以进行控制站的主控制卡设置工作。在对话框的右侧纵向排列了四个命令按钮，分别为整理、增加、删除和退出。

单击“增加”按钮，增加控制站，如图4-20所示。JX-300XP控制系统采用了双高速-冗余工业以太网SCnet II作为其过程控制网络，控制站作为SCnet II的节点，其网络通信功能由主控制卡担当。每个控制站包括两块互为冗余的主控制卡，每块主控制卡享用不同的网络码；A、B网的网络码分别为128.128.1/128.128.2，主机码为2～127，默认为2。主机地址统一编排，相互不可重复；地址应与主控制卡硬件上的跳线匹配。

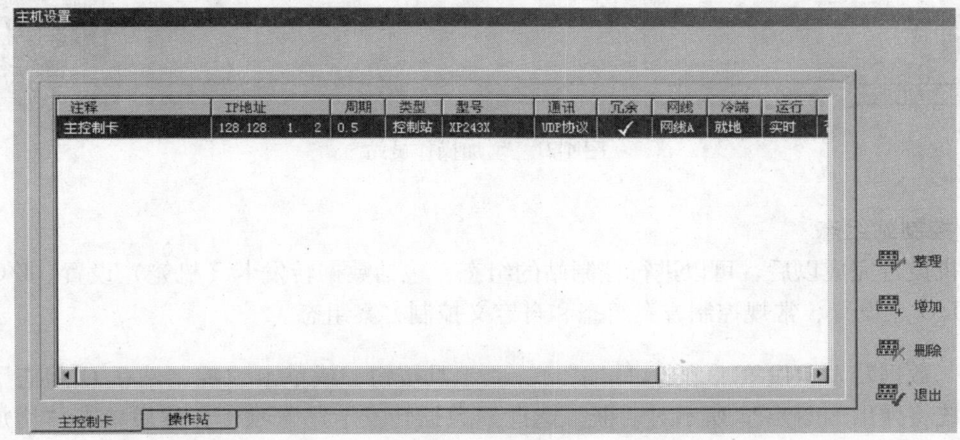

图4-20　增加控制站

1）周期：必须为0.05s的整数倍，范围在0.05～5s之间，一般建议采用默认值0.5s。运算周期包括处理输入/输出的时间、回路控制时间、SCX语言运行时间、图形编程组态运行时间等，运算周期主要耗费在自定义控制方案的运行。

2）类型：有控制站、采集站和逻辑站三种选项，它们的核心单元都是主控制卡，支持

SCX语言、图形化编程语言等控制程序代码，经常采用控制站。

3）型号：可以根据需要从下拉列表中选择不同的型号，如FW243L、FW247、XP243X等。

4）通信：数据通信过程中要遵守的协议，目前通信采用UDP用户数据包协议。

5）冗余：打钩代表当前主控制卡设为冗余工作方式，不打钩代表当前主控制卡设为单卡工作方式；单卡工作方式下在偶数地址放置主控制卡，冗余工作方式下，其相邻的奇数地址自动被分配给冗余的主控制卡，不需要再次设置。

6）网线：选择需要使用的网络A、网络B或者冗余网络进行通信；每块主控制卡都具有两个通信口，在上的通信口称为网络A，在下的通信口称为网络B，当两个通信口同时被使用时称为冗余网络通信。

（2）操作员站配置　单击对话框中“操作员站”选项卡，可以设置操作员站地址并选择相应类型，如图4-21所示。最多可组72个操作员站，操作员站地址也分为网络码和主机码，网络码A网为128.128.1、B网为128.128.2，主机码为129~200。

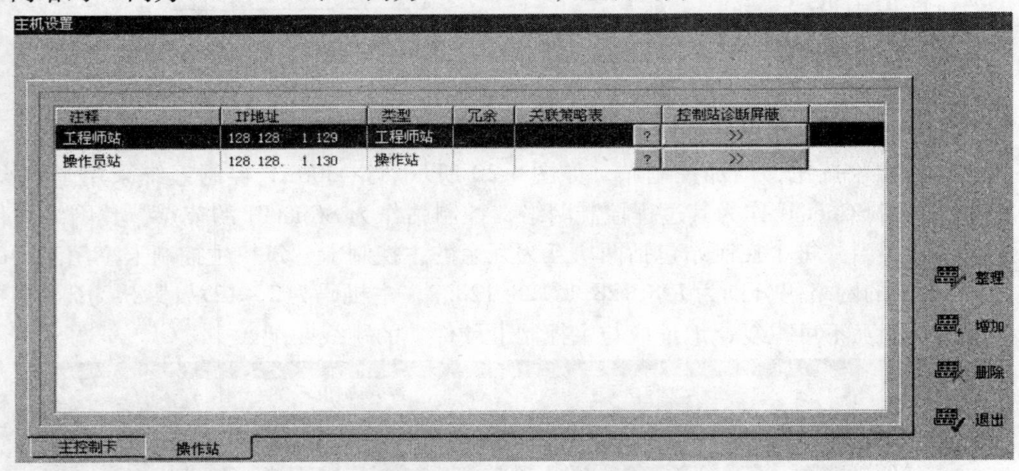

图4-21　增加操作员站

2. 控制站组态

主机设置完成以后，可以进行控制站的组态，包括数据转发卡（机笼）设置、I/O卡件设置、I/O点设置、常规控制方案组态和自定义控制方案组态。

（1）数据转发卡设置　单击“I/O” 工具按钮，或单击“控制站/I/O组态”菜单项，系统将弹出如图4-22所示对话框。选择“数据转发卡”选项卡，然后单击“增加”按钮，输入注释并设置地址。地址范围是0~15，软件组态设置与硬件跳线保持一致，地址必须从0开始且依次设置。

（2）I/O卡件设置　设置之前要确认主控制卡和数据转发卡地址，即明确I/O卡件所属控制站及机笼。选择“I/O卡件”选项卡，单击“增加”按钮，选择相应的卡件类型，如图4-23所示。为方便应用填写注释内容；依卡件在机笼槽号确定地址；根据实际配置情况，确定是否冗余。

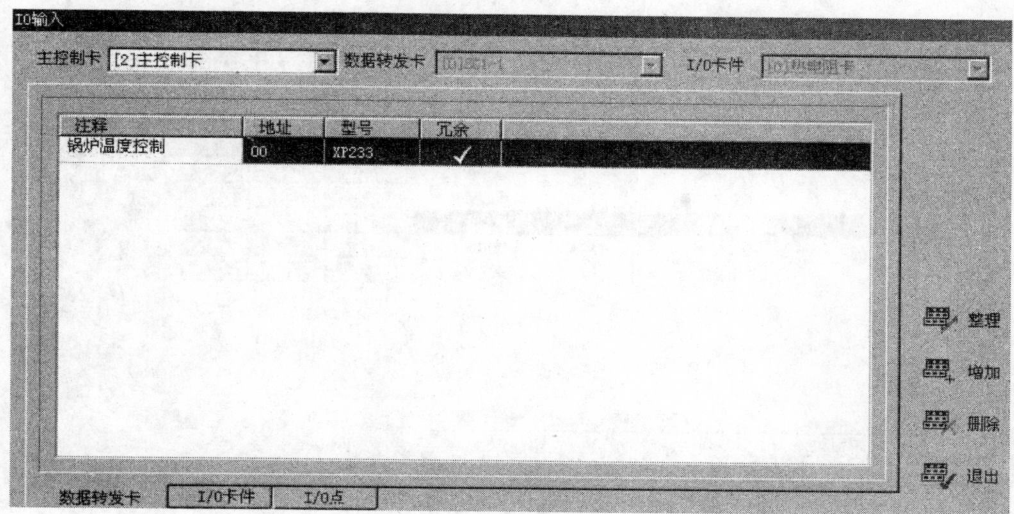

图4-22　数据转发卡配置

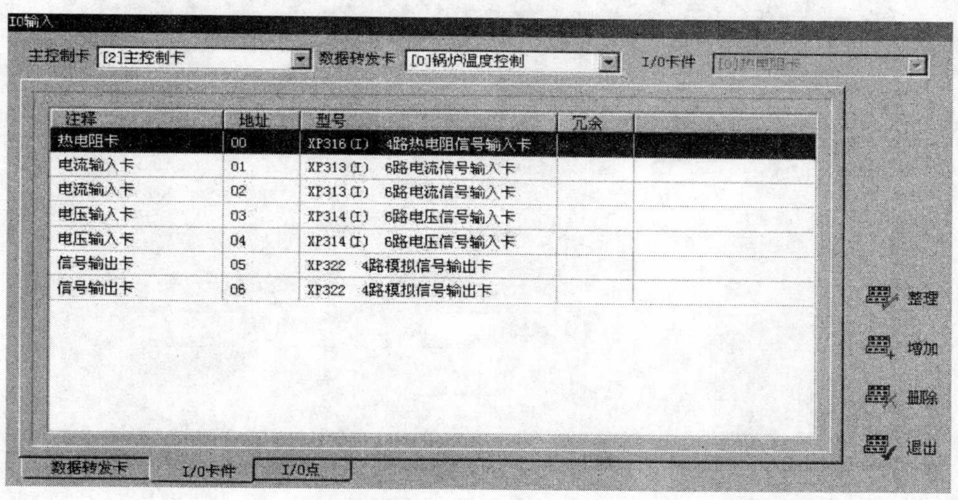

图4-23　I/O卡件组态

（3）I/O点设置　选择图4-23中“I/O点”选项卡，单击“增加”按钮，增加相应的I/O信号点类型，如图4-24所示I/O输入组态界面；单击图4-24中的“参数”项，系统将弹出图4-25所示模拟量输入组态界面。通过趋势、报警等选项完成相关组态工作，I/O点组态参数简要说明如下。

1）位号。为了区别不同的信号，需要给每一个信号取一个唯一的名字，即位号名。根据测点分配图，在该步骤中将首先设置的位号名为LT1，需按要求进行修改。

2）注释。对该信号点的相应文字说明。

3）地址。信号的通道地址设置。通道地址范围的大小与卡件的点数有关，不同的卡件可能会有不同的通道个数。

4）类型。此项显示当前信号点信号的输入/输出类型，本栏目用户无权修改，栏目中

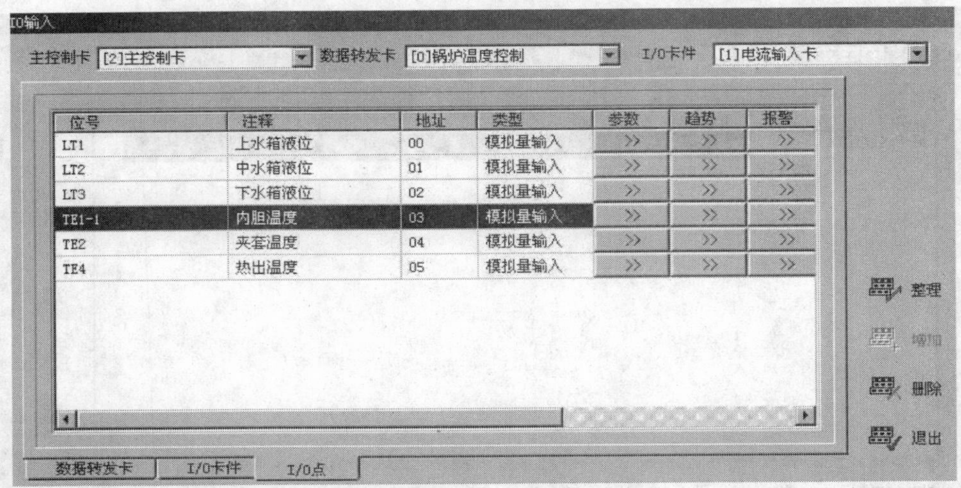

图 4-24　I/O 位号组态

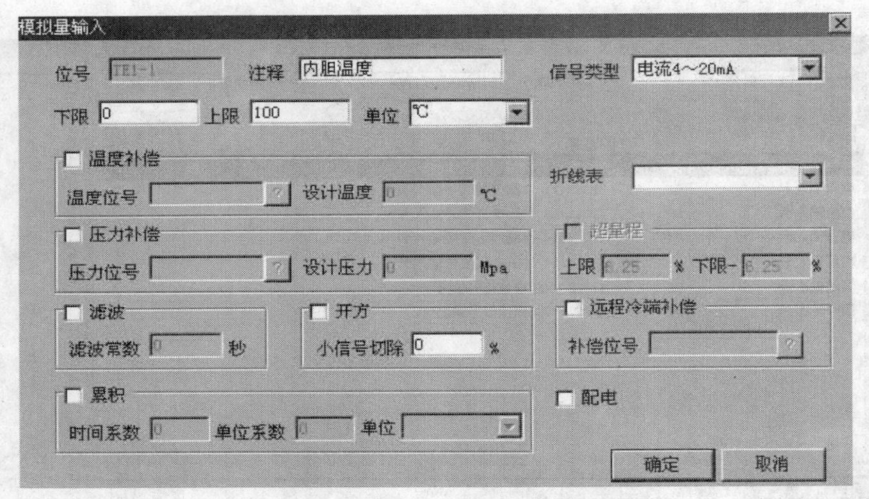

图 4-25　I/O 信号点组态

的填充文字是根据卡件的性质来决定的。

5）参数。单击“参数”按钮，在弹出的对话框中根据测点的具体情况填写信号的量程、单位，通过下拉菜单选择正确的信号类型。

6）趋势。确定信号点是否需要进行历史数据记录及记录的方式，必须在此选择趋势组态，才能在监控界面中真正实现趋势组态。

7）报警。根据信号点类型进行信号点报警设置，为报警监控奠定基础。另外，对于模拟量输入的累积与报警、模拟量输出及开关量信号组态、区域、语音、操作等级组态等内容参考帮助文档及手册进一步了解。特别注意对于未用位号也应组态为“备用”，并遵循备用位号的命名规范。

（4）常规控制方案组态　I/O 组态完毕以后，通过控制方案组态来实现控制信号和工艺要求。控制方案的组态分为：常规控制方案组态和自定义控制方案的组态两种，常规控制方案的组态在 SCkey 环境下实现；而自定义控制方案的组态用 SCControl 图形化编程软件实现控制方案组态。

SCkey 组态软件提供了一些常规的控制方案，对一般要求的系统，采用常规控制方案基本都能满足要求。常规控制方案易于组态，操作方便，且实际运用中控制运行可靠、稳定，因此对于无特殊要求的常规控制，建议采用系统提供的控制方案，而不必通过自定义实现控制方案的组态。JX-300XP 系统以基本 PID 算式为核心进行扩展，设计了多种控制方案，包括：手操器、单回路、串级控制、前馈、串级前馈（三冲量）、比值控制、串级变比值、采样控制方案。

根据控制方案中的控制回路信息对系统进行控制方案组态，单击工具栏中“常规”按钮，或选中“控制站/常规控制方案”菜单项，系统将弹出如图 4-26 所示常规回路组态界面。No：回路序号，一般采用默认；回路参数：用于确定回路控制方案的输入、输出对应的位号；另外，还可以对回路的 SV、MV、PV、AM 成员进行趋势服务组态。单击图 4-26 中“>>”选项，系统将弹出回路设置界面，根据控制要求，设置图 4-27 所示的内容。

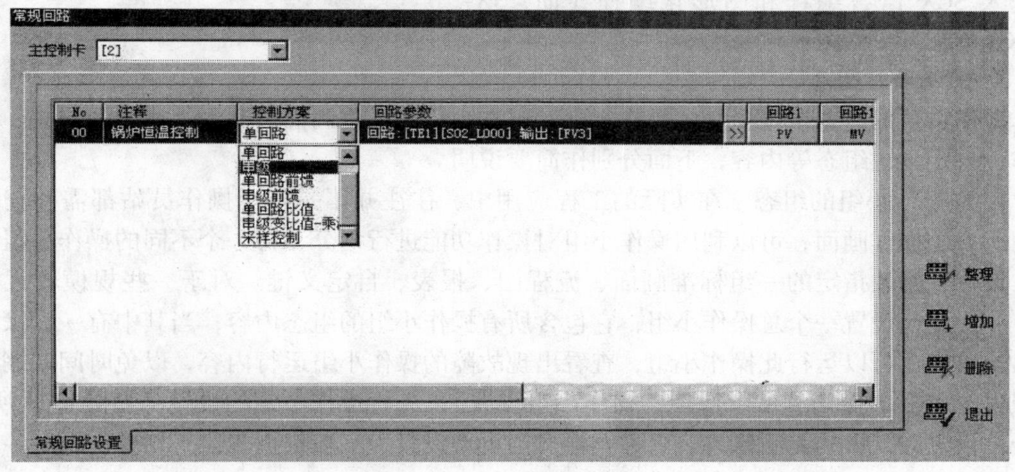

图 4-26　常规控制方案组态

图 4-27　回路设置

（5）自定义控制方案组态　常规控制回路的输入和输出只允许 AI 和 AO（模拟量输入和输出），对于复杂控制对象或对一些有特殊要求的控制场合，用户必须根据实际需要自己定义控制方案。根据 IEC61131-3 标准，中控公司开发了功能强大的图形化编程软件（SCControl），作为编制系统控制方案的图形编程工具，可采用功能块图（FBD）语言、梯形图（LD）语言、顺控图（SFC）语言、ST 语言。SCControl 软件利用图形元素来编写工艺流程的控制算法，比较形象直观，易于掌握。控制站组态编译后，下载到 DCS 的控制站中，由控制站的主控制卡运行所编制的程序实现控制运算。

用户自定义控制方案可通过 SCX 语言编程和图形编程两种方式实现，类似于 PLC 的编程；具体使用方法参考有关图形化编程手册或帮助文档指导其学习和应用。单击工具栏中的“算法”按钮，或选中“控制站/自定义控制方案”菜单项，系统将弹出如图 4-28 所示的自定义控制算法设置对话框。单击图 4-28 中“编辑”按钮，可进入 SCX 语言编程和图形化编程界面，JX-300XP 系统只支持图形化编程。

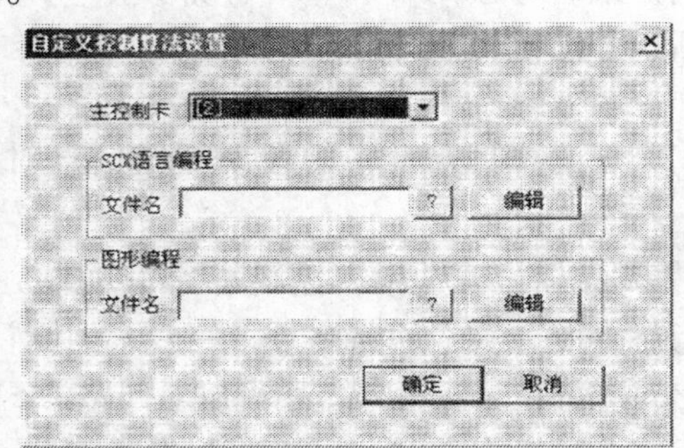

图 4-28　用户自定义控制方案组态

3. 操作员站组态

操作员站的组态主要包括：操作小组的组态、标准操作画面的制作、流程图绘制、报表制作、自定义键组态等内容，下面分别作简要说明。

（1）操作小组的组态　在实际的工程应用中，往往并不是每个操作员站都需要查看和监测所有的操作画面，可以利用操作小组对操作功能进行划分，每一个不同的操作小组可观察、设置、修改指定的一组标准画面、流程图、报表、自定义键。对于一些规模较大的系统，一般建议设置一个总操作小组，它包含所有操作小组的组态内容；当其中有一个操作员站出现故障，可以运行此操作小组，查看出现故障的操作小组运行内容，以免时间耽搁而造成损失。单击“操作员站”选择“操作小组设置”，进行操作小组的设置，如图 4-29 所示。序号：设置时默认，无法修改。名称：根据需要来设置，一般根据工段来划分。

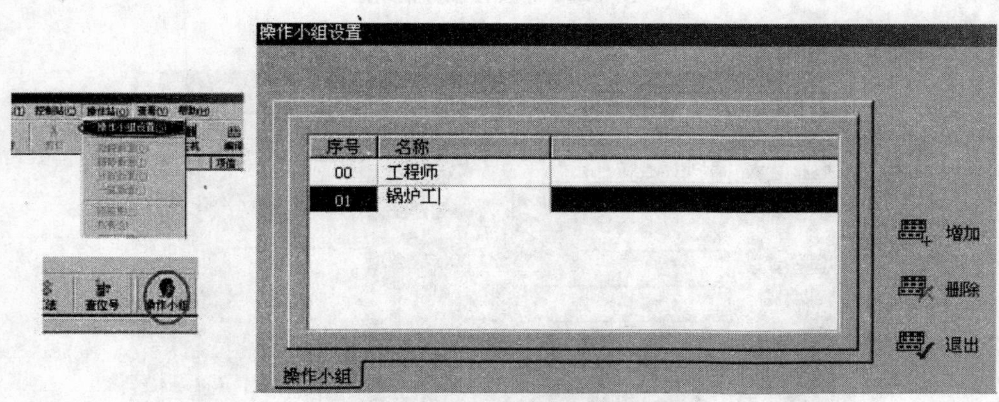

图 4-29　操作小组设置

（2）标准操作画面的制作　系统的标准画面组态是指对系统已定义格式的标准操作画面进行组态。其中包括总貌画面、趋势曲线、控制分组、数据一览等四种操作画面的组态。操作画面的制作可按如下步骤进行：

1）单击工具栏中“分组”按钮，或选中“操作员站/分组画面”菜单项，在弹出的对话框中设置标准分组画面，如图4-30所示。首先需要进行操作小组的选择，将来以该操作小组登录监控时，就可以看到所设置的控制分组画面；通过单击“?”按钮可打开“位号”、“变量”选项；在实时监控界面中，如单击变量将弹出仪表盘，便于监控。

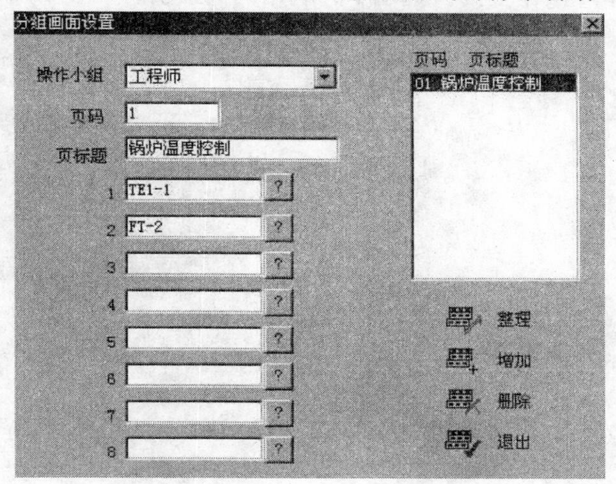

图4-30　“工程师操作小组”分组画面设置

2）单击工具栏中“一览”按钮，或选中“操作员站/一览画面”菜单项，在弹出的对话框中设置标准一览画面，如图4-31所示。一览画面的页面上可以显示32个测点，如需要显示更多位号，即继续增加一览画面的页面数，通过单击“增加”按钮可完成设置。

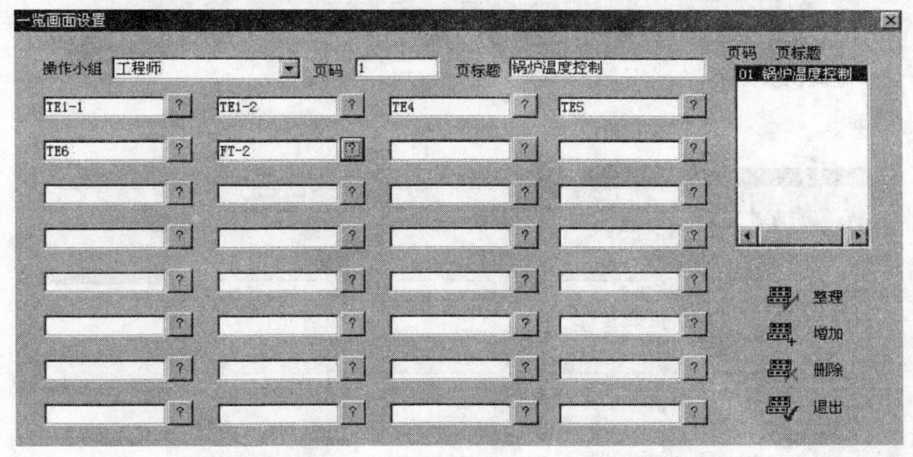

图4-31　“工程师组”一览画面设置

3）单击工具栏中“趋势”按钮，或选中“操作员站/趋势画面”菜单项，在弹出的对话框中设置标准趋势画面，如图4-32所示。所有添加到趋势画面上的测点必须在I/O设置时已经进行过趋势组态设置，否则在组态编译时会出错。

4）单击工具栏中“总貌”按钮，或选中“操作员站/总貌画面”菜单项，在弹出的对话框中设置标准总貌画面，如图4-33所示。另外，在总貌画面上，单击“?”按钮，选择“操作主机”选项卡，利用画面索引可以显示所有前面设置过的标准画面的链接。

图 4-32 “工程师组”趋势画面设置

总貌画面设置

操作小组 工程师　页码 1　页标题

描述	锅炉顶部温度	热进温度		
内容	TE1-2	TE6		
描述	上水箱液位	孔板流量		
内容	LT1	FT-1		
描述	中水箱液位	涡轮信号		
内容	LT2	FT-2		
描述	下水箱液位			
内容	LT3			
描述	锅炉内胆温度			
内容	TE1-1			
描述	夹套温度			
内容	TE2			
描述	热出温度			
内容	TE4			
描述	冷出温度			
内容	TE5			

页码 页标题
01

整理
增加
删除
退出

图 4-33 “工程师组”总貌画面设置

（3）流程图绘制　标准的操作画面是系统定义的格式固定的操作画面，实际工程应用中，仅用这样的操作画面，还不能形象地表达现场各种特殊的实际情况。JX-300XP 系统有专门的流程图制作软件来进行工艺流程图的绘制，具体使用方法参考有关流程图手册或帮助文档指导学习和应用；特别注意保存路径及与工程的关联方法。

单击工具栏中的“流程图” 流程图 按钮，或选中“操作员站/流程图”菜单项，即可进入系统流程图登录窗口。选择操作小组，单击“增加”按钮，添加流程图连接，再单击“编辑”按钮，便可启动流程图制作软件，如图 4-34 所示。图 4-35 是水箱液位 PID 整定实验的流程示意图。

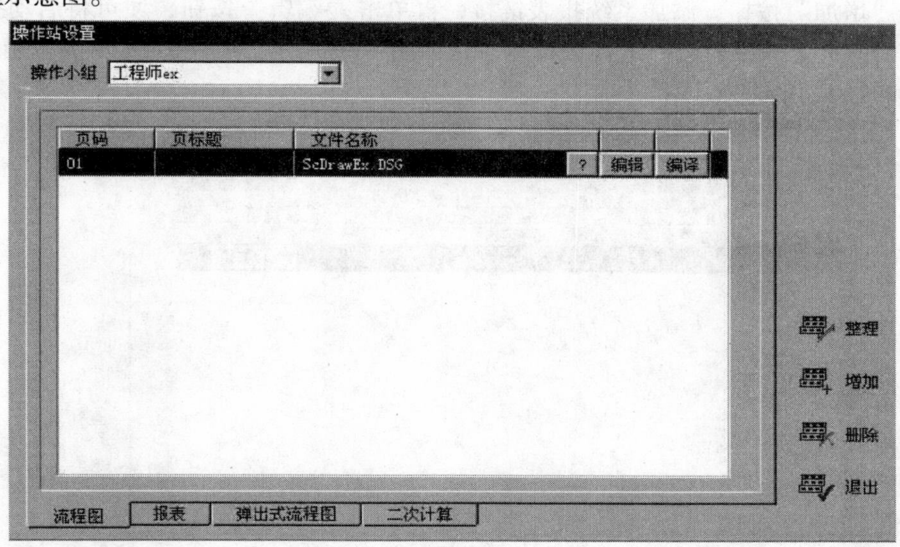

图 4-34　流程图设置

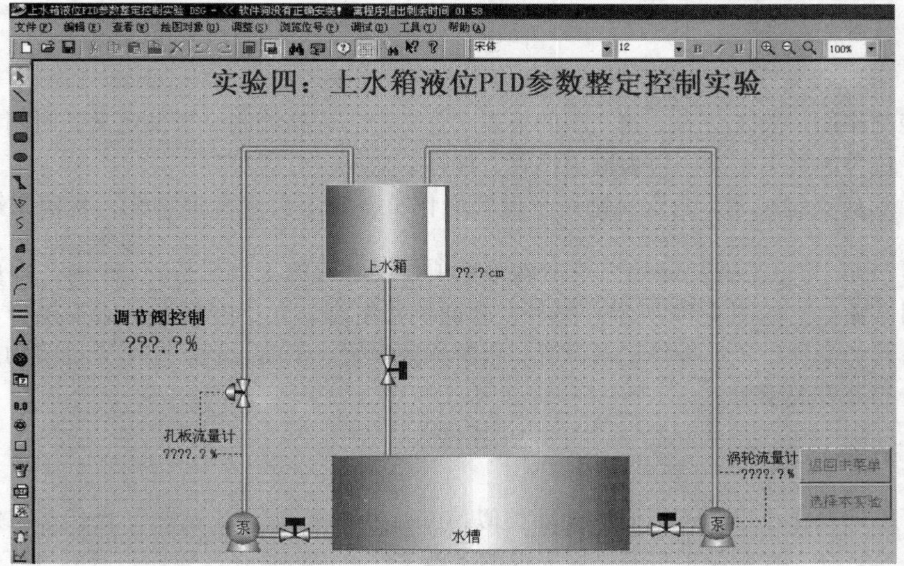

图 4-35　流程图界面

流程图制作软件画面分为标题栏、菜单栏、常用工具条、对象工具条、调色板、线型工具条、填充工具条、作图区、信息栏、调整工具条及滚动工具条；通过页面设置、图形绘制、动态数据、命令按钮等对象完成流程图设置。

（4）报表制作。SCFormEx 报表制作软件是全中文、视窗化的图形用户操作界面的制表工具软件，是 SUPCON Webfield 系列控制系统组态软件包的重要组成部分之一。对于 JX-300XP 系统，数据报表的生成可以根据一定的配置自动生成；单击工具栏中的“报表”报表按钮，或选中“操作员站/报表”菜单项，即可进入系统报表登录窗口。选择操作小组，单击“增加”按钮，添加系统报表链接，再单击“编辑”按钮，便可将启动报表制作软件，对当前选定的报表文件进行编辑组态，如图 4-36 所示。图 4-37 所示为水箱液位 PID 整定实验的报表示意图。

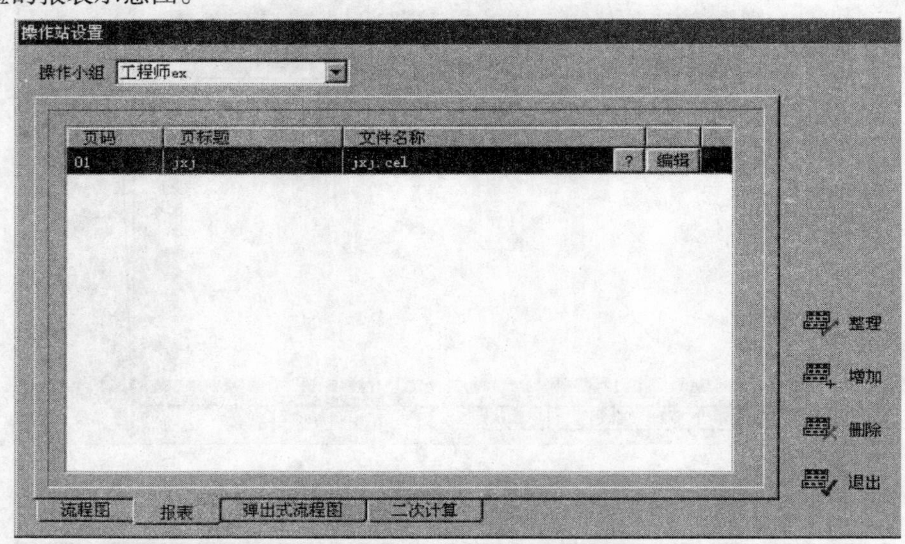

图 4-36　报表设置

报表制作的一般步骤为：建立新的报表文件、静态表格绘制、事件定义、时间对象的组态填充、位号的组态填充、报表输出设置、编译、监控、打印。

（5）自定义键组态。自定义键用于设置操作员键盘上自定义键功能，自定义键的组态从“操作员站/自定义键”开始。单击该菜单项，或对应的工具栏按钮自定义键，即可进入自定义键组态窗口，如图 4-38 所示。另外，画面跳转组态、光字牌组态、语音报警、报警文件设置、趋势文件设置、操作记录设置、报警颜色设置、策略设置、位号查询等功能应用参考帮助文档及有关手册。

4.4.2　编译下载

对于不同操作小组，若它们的画面类似，可通过“复制”、“粘贴”操作来方便、高效地完成共享。在工程师站上打开已经完成的组态文件，进行保存、编译，直到系统提示编译正确，就可以将数据下载到控制站。选择“总体信息/组态下载”菜单项，或单击工具栏中的“下载” 按钮，将打开组态下载对话框。单击“下载”按钮，便可以开始下载，如图 4-39 所示。

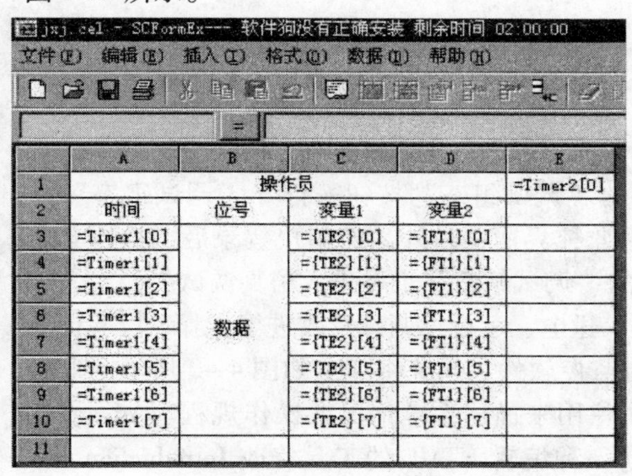

	A	B	C	D	E
1	操作员				=Timer2[0]
2	时间	位号	变量1	变量2	
3	=Timer1[0]	数据	={TE2}[0]	={FT1}[0]	
4	=Timer1[1]		={TE2}[1]	={FT1}[1]	
5	=Timer1[2]		={TE2}[2]	={FT1}[2]	
6	=Timer1[3]		={TE2}[3]	={FT1}[3]	
7	=Timer1[4]		={TE2}[4]	={FT1}[4]	
8	=Timer1[5]		={TE2}[5]	={FT1}[5]	
9	=Timer1[6]		={TE2}[6]	={FT1}[6]	
10	=Timer1[7]		={TE2}[7]	={FT1}[7]	
11					

图 4-37　报表示意

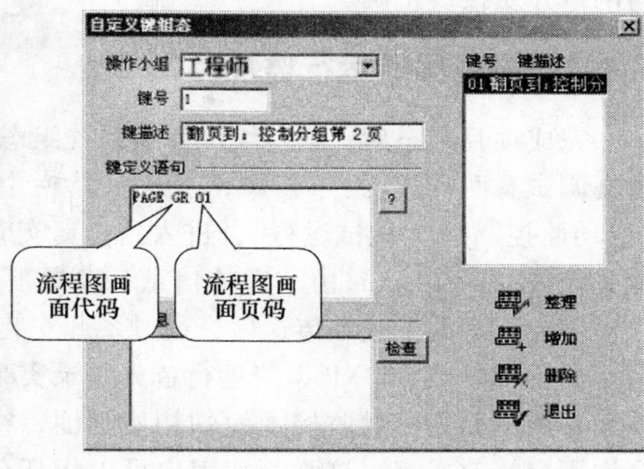

图 4-38　自定义键设置

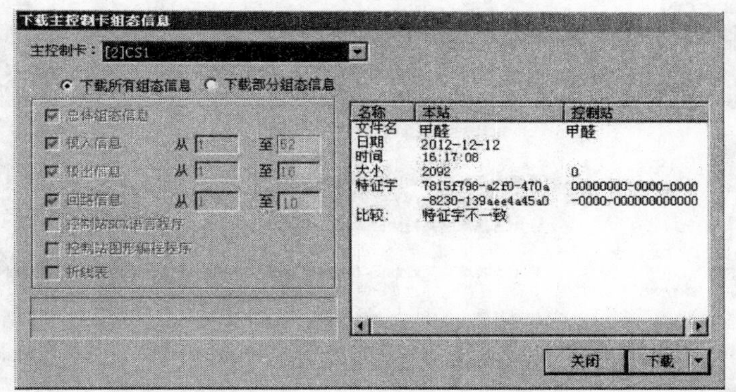

图 4-39　组态下载

组态下载用于将上位机上的组态内容编译后下载到控制站。在修改与控制站有关的组态信息，如总体信息配置、I/O 设置、常规控制方案组态、SCX 语言、图形化组态程序后，需要重新下载组态信息；如果修改操作主机的组态信息，如标准画面组态、流程图组态、报表组态等内容，则不需下载组态信息。

4.4.3　传送与发布

组态传送用于将编译后的 .SCO 操作信息文件、.IDX 编译索引文件、.SCC 控制信息文件等通过网络从工程师站传送给操作员站。传送又称为发布，用于更新项目组态文件。选择“总体信息/组态传送”菜单项，或单击工具栏中的“传送” 按钮，打开组态传送对话框。选择目的操作员站，即指定向哪一个操作员站传送组态信息。当“直接重启动”复选框选中时，在远程运行的 AdvanTrol 监控软件在传送结束后，将自动重载组态文件，该组态文件就是传送过去的文件；以“启动操作小组选择”项选择的操作小组直接运行。单击“传送” 传送 按钮，开始组态传送。另外，实现传送与发布功能，需要系统网络配置与网络介质接线正确。

4.4.4 系统实时运行监控

完成项目组态后，经过编译，在系统组态界面下可进行仿真调试和实际系统运行。进入仿真调试有两种方法：1）单击界面工具栏中的“调试组态”按钮，打开“调试组态”→“启动监控”→“调试运行”，进入到仿真实时监控界面；另外，经用户登录后，执行具有相关权限的操作。2）由“总体信息”菜单下的“调试组态”也可进入仿真调试界面。

完成组态的下载和传送后，通过系统安装、送电、运行、调试及改进等步骤，以验证项目设计要求。JX-300XP 系统运行首先登录实时监控软件，系统将弹出如图 4-40 所示的监控界面。该画面为实时监控画面的初始画面，往往用来描述系统情况或操作规程。AdvanTrol 允许用户修改或编写该画面，用户可以用任何一种编辑 HTML 的工具修改 Introduction. htm 文件或自编一个 HTML 文件并保存为 Introduction. htm。

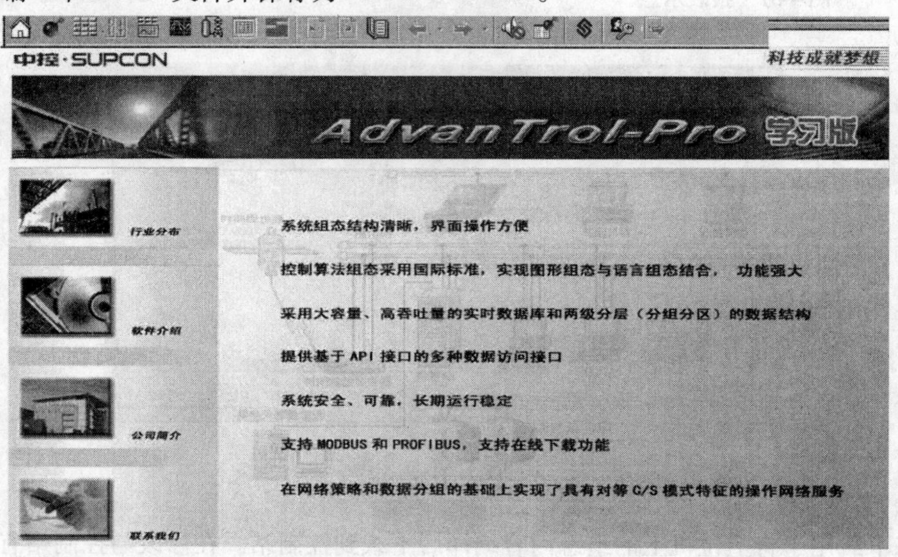

图 4-40 监控初始画面

实时监控软件可实现的功能分为：①画面相关操作，包括报警一览、系统总貌画面控制分组、调整、趋势、流程图、报表、数据一览、弹出式报警画面。②系统相关操作，包括状态、用户登录、消音、操作记录、退出。③翻页操作，包括前页、后页、翻页、前进、后退以及简介、查找位号、打印画面、系统服务、小键盘等其他操作内容，通过教师示范及学生自主学习了解。

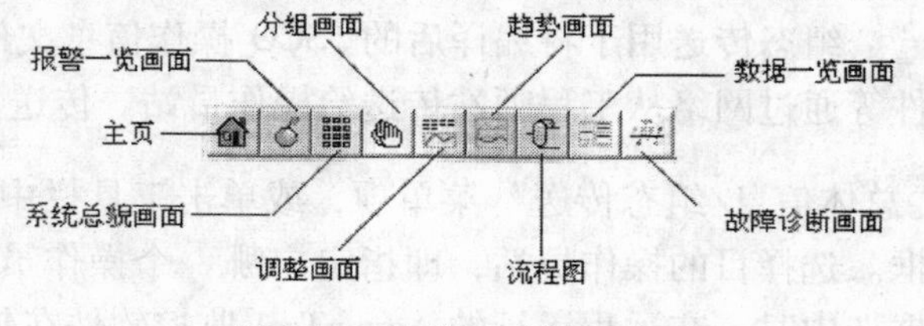

图 4-41 监控画面操作选项

单击图 4-40、图 4-41 所示界面中的一些按钮可以进入相应的操作画面，通过“用户登录”可激活相应的操作权限；系统默认特权用户“admin”，其密码为“supcondcs”，操作管理级别最高。单击图4-41中“系统总貌画面”按钮，可切换进入；系统总貌画面是主要监控画面之一，由用户在组态软件中产生。系统总貌画面是各个实时监控操作画面的总目录，主要用于显示重要的过程信息，作为索引画面可作为相应画面的操作入口，也可以根据需要设计成特殊菜单页。

4.5　项目实施

4.5.1　概况

通过对项目方案的分析和JX-300XP系统硬件、软件的学习，以及前面多个项目的实施；一方面通过老师示范，借鉴学习；另一方面，利用帮助文档、实验指导书及其他参考资料，各小组自主完成本项目工作。

CS2000 DCS实训平台经厂家安装、调试、运行，简化了项目实施；就教学而言，主要掌握系统硬件结构布局、电气特性、信号接线、信号数据处理关系，为控制站的硬件、I/O信号、通信地址、控制方案组态以及系统调试维护奠定基础。在进行硬件和位号组态时，特别注意其组态信息与硬件设置应一一对应，卡件地址及I/O信号通道原则上不必更改，即直接采用厂家的配置结果。为指导系统硬件组态工作，下面给出CS2000DCS实训平台主要卡件和I/O信号有关特性，如表4-4、表4-5所示，其他内容参考实验指导书及实验案例。

表4-4　CS2000 DCS实训平台卡件

序号	名称及型号	地址	备注（I/O卡件未用点组态为备用）
1	主控制卡XP243X（2块）	128.128.1.2	周期（0.5s）、UDP、冗余、网线A
2	数据转发卡XP233（2块）	00	冗余
3	热电阻卡XP316（I）	00	4路热电阻模拟输入，I表示点点隔离
4	电流输入卡XP313（I）	01	6路电流信号模拟输入，关联项目
5	电流输入卡XP313（I）	02	6路电流信号模拟输入
6	电压输入卡XP314（I）	03	6路电压信号模拟输入
7	电压输入卡XP314（I）	04	6路电压信号模拟输入
8	模拟信号输出卡XP322	05	4路模拟信号输出，关联项目
9	模拟信号输出卡XP322	06	4路模拟信号输出

表4-5　CS2000 DCS实训平台I/O信号及组态

序号	位号名称及注释	卡件/位号地址	备注
1	TE1-2锅炉顶部温度	00-00	Pt100热电阻信号类型、下限0、上限100、趋势组态、记录、区域默认、操作员等级（报警未组态）、不需配电
2	LT1上水箱液位	01-00	4~20ma信号类型、下限0、上限50、趋势组态、记录、区域默认、操作员等级（报警未组态）、不需配电
3	LT2中水箱液位	01-01	4~20ma信号类型、下限0、上限50、趋势组态、记录、区域默认、操作员等级（报警未组态）、不需配电

（续）

序号	位号名称及注释	卡件/位号地址	备注
4	LT3 下水箱液位	01-02	4～20ma 信号类型、下限 0、上限 50、趋势组态、记录、区域默认、操作员等级（报警未组态）、不需配电
5	TE1-1 内胆温度	01-03	4～20ma 信号类型、下限 0、上限 100、趋势组态、记录、区域默认、操作员等级（报警未组态）、不需配电，项目必需
6	TE2 夹套温度	01-04	4～20ma 信号类型、下限 0、上限 100、趋势组态、记录、区域默认、操作员等级（报警未组态）、不需配电
7	TE3 热出温度	01-05	4～20ma 信号类型、下限 0、上限 100、趋势组态、记录、区域默认、操作员等级（报警未组态）、不需配电
8	TE5 冷端温度	02-00	4～20ma 信号类型、下限 0、上限 100、趋势组态、记录、区域默认、操作员等级（报警未组态）、不需配电
9	TE6 进入热水温度	02-01	4～20ma 信号类型、下限 0、上限 100、趋势组态、记录、区域默认、操作员等级（报警未组态）、不需配电
10	FT-1 孔板流量	02-02	4～20ma 信号类型、下限 0、上限 1000、单位%、开方、小信号切除 2%、趋势组态、记录、区域默认、操作员等级（报警未组态）、不需配电
11	FT-2 涡轮流量	02-03	4～20ma 信号类型、下限 0、上限 1000、单位%、开方、小信号切除 2%、趋势组态、记录、区域默认、操作员等级（报警未组态）、不需配电
12	FV1 调节阀信号	05-00	模拟量输出、正输出特性、Ⅲ型信号类型
13	FV2 变频器信号	05-01	模拟量输出、正输出特性、Ⅲ型信号类型
14	FV3 加热信号	05-02	模拟量输出、正输出特性、Ⅲ型信号类型，项目必需

4.5.2　实施要点

利用浙江中控的“AdvanTrol-Pro”组态软件，在硬件安装基础上，通过新建工程→控制站组态（主控制卡、数据转发卡、I/O 卡、I/O 信号、控制方案及变量）→编译下载→操作员站组态（操作小组、用户、标准画面、流程图/监控界面、报表）→传送→启动运行实时监控界面→切换所需界面→调试、运行、监控→验证等步骤完成项目工作。

项目实施，首先，借鉴教师演示、示范步骤及前面所介绍的内容；其次，参考实验指导书及 JX-300XP 手册中相关内容进行开发设计；最后，根据项目要求及拓展设想，各小组自主完成。下面围绕项目基本控制要求的核心环节作简要说明：①控制站与操作员站/工程师站 TCP/IP 通信组态。②控制站 I/O 信号的硬件组态和控制方案的软件组态；主要的 I/O 信号包括：检测内胆温度、输出控制的加热信号；相关的可选信号有进入热水温度、夹套温度、孔板流量计、涡轮流量计等装置信号。③操作员站的标准画面、流程图组态。

1. 控制站与操作员站/工程师站主机设置

CS2000 控制站与操作员站/工程师站进行主机设置，构建基于 TCP/IP 通信的过程信息网，参考前面介绍的有关内容实施，关键是 TCP/IP 地址和冗余。控制站组态 TCP/IP 地址时，特别注意：①遵循 JX-300XP 控制站的地址组成规则，地址码格式为 128. 128. 1. X，X

取值范围为2～127，默认为2。②主控制卡和数据转发卡硬件拨码开关确定地址，参考表4-4选用与硬件匹配的地址。③遵循JX-300XP冗余规则。操作员站/工程师站的TCP/IP地址通过操作系统的网卡的TCP/IP“属性”设置，并遵循JX-300XP操作员站地址规则，即128.128.1.X，X取值范围为129～200。

2. I/O卡件组态

本项目I/O卡件组态，参考表4-4、表4-5及前面图4-23有关内容进行；针对本项目，主要进行两块卡件的组态工作。①XP313（I）6路电流信号输入卡，其地址为“01”，采用非冗余、不需配电方式；冗余跳线、配电跳线物理设置，厂方已处理好。②XP322为4路模拟信号输出卡，其地址为“05”，采用非冗余方式。

3. I/O信号组态

针对本项目I/O信号组态，参考表4-5及图4-24有关内容进行；主要进行两个核心变量的组态工作：①位号TE1_1（内胆温度）的参数组态要点：信号类型为4～20mA，上、下限为100℃、0℃；相关信号根据实际需要，还应进行趋势、记录、报警组态，为趋势曲线、历史数据应用、报警奠定基础。②位号FV3（加热信号）的参数组态要点：上、下限为100、0，输出特性为正输出，信号类型为Ⅲ。另外，对于未用输入点一般需要进行备用组态，XP322输出卡件未用点则需正负短接。

4. 控制方案组态

根据上述分析，控制方案组态选用常规控制方案即可，参考图4-26、图4-27。控制方案为单回路，回路输入为TE1_1(内胆温度)，输出位号为FV3（加热信号）。控制回路输出的控制量利用图4-4流程图界面上的文本工具“温度控制”下面的“??? .?”动态数据工具进行关联设置，监控运行时，单击“动态数据”符号将弹出仪表盘式的丰富界面，实施有关操作，可参考图4-42。

5. 操作员站组态

操作员站组态除TCP/IP地址设置外（128.128.1.130-工程师站），还需要进行操作小组（工程师、操作员）、标准操作画面（趋势画面、分组画面、一览画面、总貌画面）、流程图、报表组态，参考前面内容及帮助文档指导实施。流程图组态主要参考图4-4的流程图组成要素完成，通过流程图的组态，利用“调整画面”实现控制对象及“PID”回路的实时监控。

4.5.3　系统监控运行

在项目实施过程中，完成了控制柜的安装、卡件的布置、操作员站的安装，并完成了系统的供电及通信网络的连接，系统硬件与软件组态、编译下载及传送后，系统进入调试、实时运行与监控环节。实时监控软件主要是针对系统进行实时监视、控制操作，在软件中以形象直观的图标显示所有的操作命令。

结合项目案例或自主组态项目工程，参考有关手册和实验指导书实现监控运行。系统运行的操作过程主要包括：①开通以水泵、电动调节阀、孔板流量计以及锅炉内胆进水阀所组成的水路系统，关闭通往其他对象的切换阀。②将锅炉内胆的出水阀关闭。③检查电源开关是否关闭。④通过控制台开启相关设备和操作员站实时监控软件，进入项目监控界面。⑤单击操作员站/工程师实时监控界面上的工具按钮选项：总貌画面、分组画面、趋势画面、流程图等画面。⑥利用“调整画面”，单击其中 PID 参数选项，设定好给定值，并根据运行情况反复调整 P、I、D 三个参数，直到获得满意的控制效果。图 4-42 是“调整界面”监控示意图。

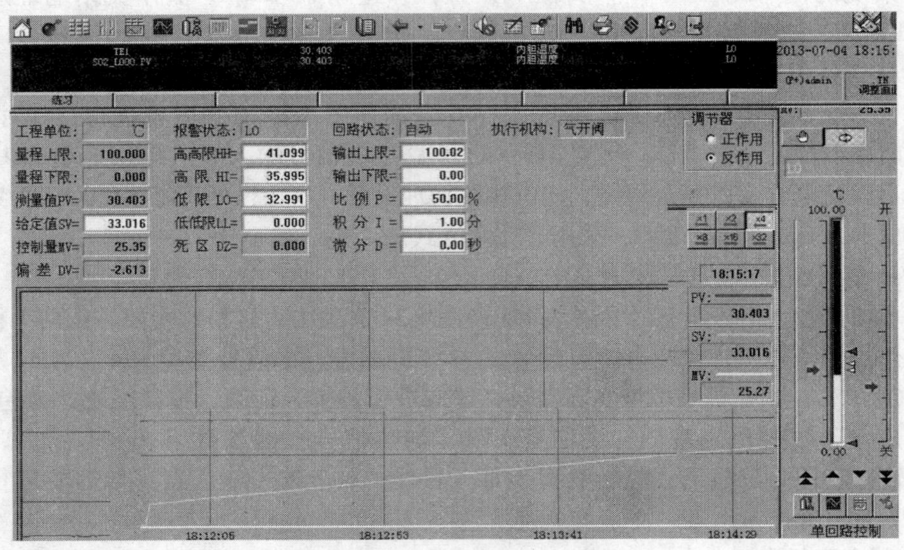

图 4-42 “调整界面”监控示意图

4.6 拓展

4.6.1 图形化编程软件 SCControl

本项目的温度恒定控制工艺在控制站组态时采用常规控制方案，虽有易于组态、操作方便等优点，但对于复杂控制对象或对一些有特殊要求的控制场合，例如复杂的回路控制和联锁控制等，用户必须根据实际需要利用图形化编程软件 SCControl 编制自定义控制方案。图形化编程软件 SCControl 是针对中控 WebField 集散控制系统开发的，用于编制系统自定义控制方案的图形化编程工具。SCControl 软件利用一些图形元素来编写工艺流程的控制算法，为用户提供形象直观、高效的组态环境，具有功能强大而友好的用户界面，与系统组态软件 SCKey 联合完成对系统的组态。

由于 DCS 控制站的编程语言遵循可编程序控制器的 IEC61131-3 标准，其编程方法、规律、调试等方面也类似于 PLC。采用工程化的文档管理方法，提供了一个功能强大的实现程序重用和结构化的工具。SCControl 软件主要特点：①图形编程提供灵活的在线调试功能，用户可以观测程序的详细运行情况；②通过导入、导出功能，用户可以在工程间重用代码和数据；③图形编程提供了详细的在线帮助，上、下文关联的联机帮助使用简单的按鼠标左键或 F1 键为组态中的每种情况提供支持。

图形化编程软件对图形编程文件进行工程化管理，即用工程描述控制站的所有图形化自定义程序，采用“语句→区段→段落→工程”组织管理，所有文件都存放在组态文件夹中的控制（Control）文件夹中。在下载之前，采用正确的添加步骤，才能正确关联工程与系统组态。下面从图形化编程软件的界面、应用步骤、编程语言等方面进行简要介绍。

1. 编程界面

依据IEC61131-3标准，图形化软件包括三类编辑器：语言编辑器、数据类型编辑器和变量编辑器，集成了梯形图（LD）、功能块图（FBD）、顺控图（SFC）、ST语言四种编程语言。语言编辑器又分为程序编辑器和模块编辑器，LD、FBD语言既有程序编辑器，又有模块编辑器；SFC语言只有程序编辑器；ST语言只有模块编辑器。图形化编程软件采用工程化管理，利用工程树状图及菜单、工具栏实现对段落、区段的统一管理。结合CS2000实训平台实验内容，软件编程界面及典型FBD段落的控制方案示意如图4-43所示。

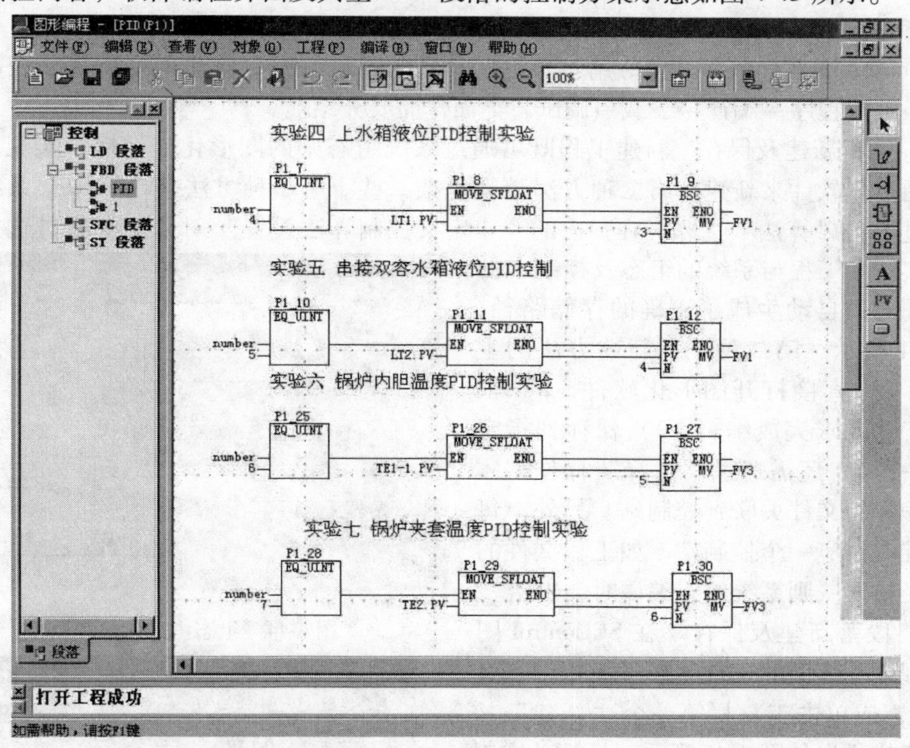

图4-43 CS2000实验控制方案

SCControl软件在图形化界面上提供了大量模块化的功能块，用户通过对模块、触点、线圈等的选取、放置、移动、连接等操作，即可轻松完成编程工作。观察图4-43，其编程界面包括菜单栏、工具栏、状态栏、工程栏、信息栏和程序的编辑区，下面对它们进行简要说明。

（1）菜单栏 集成了软件的大多数功能，有效利用菜单栏选项可完成一般程序的编辑工作。图形化编程软件为用户提供了文件、编辑、查看、对象、工程、编译、窗口及帮助8类菜单项，具体应用参考帮助文档。

（2）工具栏 工具栏将菜单栏中许多重要的功能图标化，简化了操作，工具栏中的图标和菜单项相连。它们的出现依赖于菜单项的状态，如菜单项为灰色，对应的工具栏图标也为灰色；如菜单项被激活，则对应的工具栏图标也处于激活。

(3) 工程栏　在工程栏中列出了工程中的所有程序段，图中的LD段落指的是梯形图类型的程序段；FBD段落指的是用功能块图编制的段落；ST段落指的是ST语言程序段。

(4) 编程区　程序编辑区是用来进行程序与模块设计、编辑的，窗口背景是逻辑坐标网格，用户根据需要可以显示或隐藏网格，窗口的背景颜色也可修改。

(5) 信息栏　用于显示编译及工程打开成功与否的信息，显示相应的操作及状态信息。

(6) 状态栏　位于界面的最下方，显示编辑状态，如提示用户在遇到疑难时，可按F1键获取帮助信息等。

2. 编程应用步骤

SCControl图形化编程软件应用步骤包括：启动图形编程→新建工程→关联控制站→新建段落→编写程序→编译→下载→调试，下面作简要介绍。

(1) 工程新建及保存　新建工程既可通过系统组态中的图形化文件接口实现，也可直接打开图形化软件来新建。第二种方法稍微复杂一些。第一种方法是在SCKey系统组态界面中通过单击“算法”进入，在弹出的“自定义控制算法设置”对话框中通过选择主控制卡，即实现了工程与系统的组态及控制卡的关联；同时，自动生成了正确的存储路径，如图4-44所示。第二种工程新建方法的主要步骤：1）直接打开图形化软件，2）根据控制工艺要求完成编辑，3）保存到指定文件夹中，4）还需通过“选择”操作，才能把所编辑的文件关联到控制站。另外，每个工程唯一对应一个控制站，如工程文件的存储路径错误，则系统组态编译时会出错。

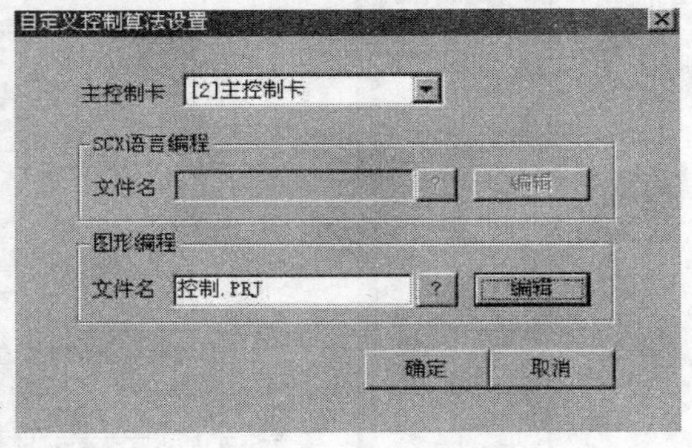

图4-44　组态中进入编程路径

(2) 段落新建及保存　在SCControl图形化编程软件界面的文件菜单下单击“新建程序段”，或单击工具栏第一个“新建”按钮，系统将弹出如图4-45所示对话框。在对话框中指定段落的程序类型、段类型、段名、描述，再单击“确定”按钮即完成程序段的新建。程序类型是指该段落使用何种图形化语言编写程序；段落类型是指该段落的编写是使用程序编辑器还是模块编辑器；段名相当于程序文档的名称。

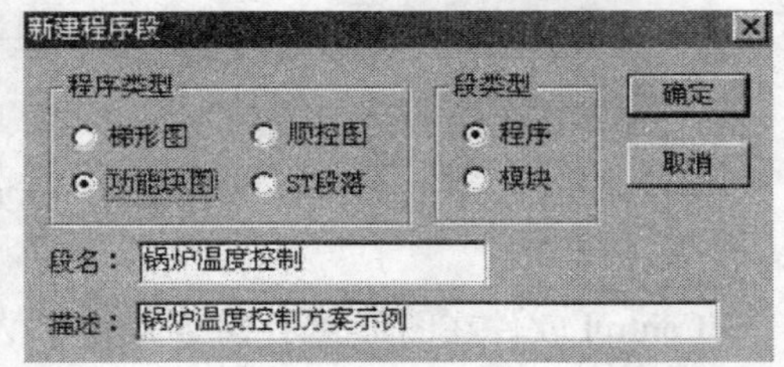

图4-45　新建程序段对话框

(3) 编写程序　图形编程的每一个工程对应一个控制站，工程可包含多个段落，每个段落只能选用一种编辑器。根据IEC61131-3标准，FBD编程语言的基本元素是功能块；LD编程语言的基本元素除了功能块外还包括触点和线圈；SFC编程语言的基本元素是转换、步和跳转；ST编程语言除了可使用基本的ST语法外，还可调用系统函数；除与编程语言有关的编辑器外，还有数据类型编辑器和变量编辑器。通过选择程序和段类型，进入到相应的语言编辑器。结合工艺要求、控制方案、编程语言的基本元素和图形编程模块库完成程序编制工作。

（4）段落和任务管理　打开 SCControl 图形化编程软件界面“工程”菜单下的“段落管理”项，系统将弹出如图 4-46 所示对话框。对话框中可以新建、打开、删除、导入、导出、修改段落。当有多个程序时，程序段落的执行周期和执行次序会影响程序的运行结果，在“工程”菜单中选择“任务管理”选项，系统将弹出任务管理对话框，如图 4-47 所示，用于设置执行周期和执行次序。经编译下载后，控制站中的主控制卡就可以根据预设的周期扫描寄存器中的程序，在扫描的同时执行程序所表示的指令。

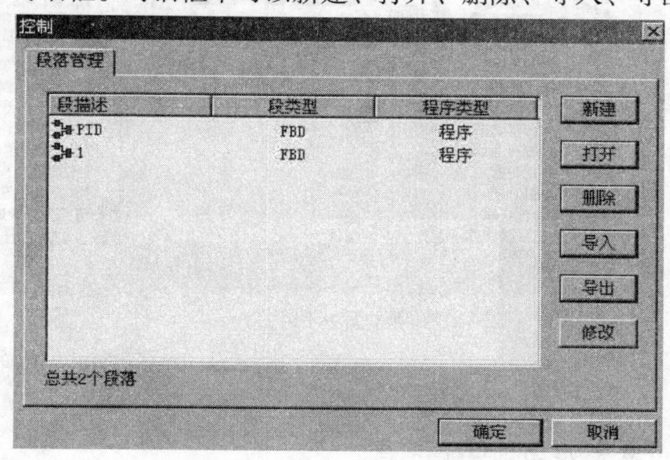

图 4-46　段落管理对话框

3. 功能块图（FBD）语言

（1）功能块　指包含内部状态的程序块，分为基本功能块（EFB）和自定义功能块（DFB），可用 EN 输入和 ENO 输出进行配置，由带有输入引脚和输出引脚的图形来描述。FBD 编辑器将基本的功能/功能块（EFB）和信号（变量、位号）组成功能块图（FBD），EFB 和变量可以加注释，图形内可以自由放置基本元素和文本。

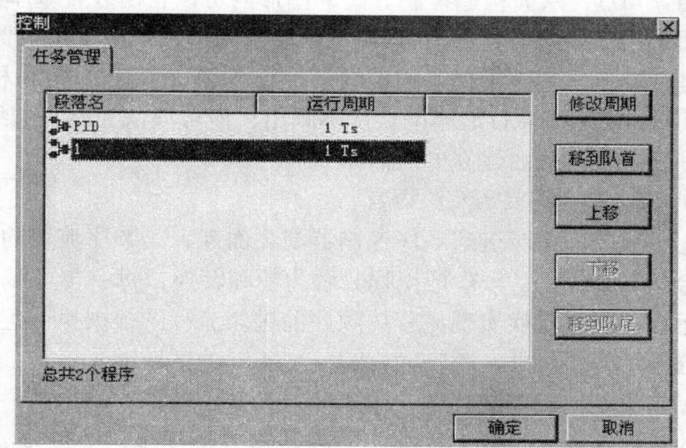

图 4-47　任务管理对话框

（2）链接　是功能块之间的连接，通过实线连接功能块与功能块之间的引脚，用来传递引脚之间的数据信号。一个功能块输出可以连接到多个功能块输入，但一个功能块输入只能连接一个功能块的输出，要连接的输入/输出必须具有相同的数据类型。

（3）模块库　图形编程提供了预定义的 EFB 模块库，包含了近 200 个基本模块，并且库中的模块被组织成不同的组，分为 IEC 模块库、辅助模块库、自定义模块库和附加库，如图 4-48 所示。IEC61131-3 中定义的功能块包括算术运算、数学运算、逻辑运算、转换、选择、触发器、计数器、定时器等类型；辅助模块库包括控制模块、通信辅助函数、累积函数、输入处理、辅助计算、电量转换等；附加库包括特殊模块、锅炉模块、造气模块、DEH 模块、智能通信卡模块等；用户用 DFB 编辑器生成的自定义模块被放在自定义模块库中，DFB 加入模块库中后，就可以被各种语言编辑器使用。**注意：**控制模块需关联控制站的自定义回路变量。

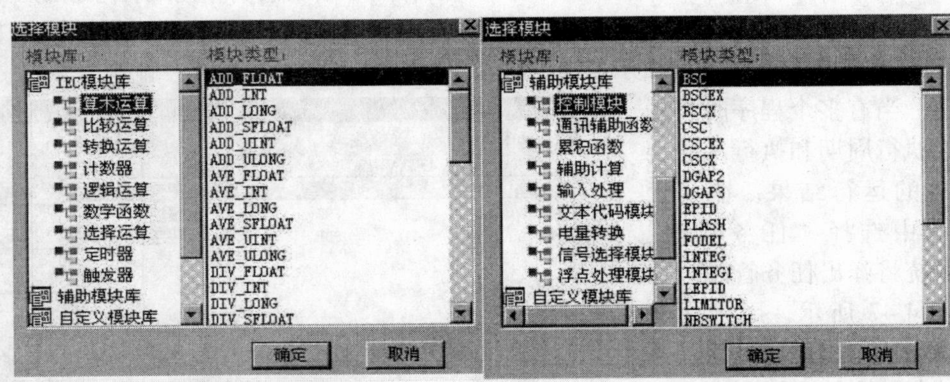

a)IEC模块库示例　　b)辅助模块库示例

图 4-48　模块库选择对话框

4. 梯形图（LD）语言

LD 编辑器将基本的功能/功能块（EFB）、线圈、触点和信号（变量、位号）组成梯形图（LD），从而构建控制方案，图形内可以自由放置基本元素和注释文本。联锁控制程序习惯采用梯形图语言进行编程。LD 段落的设计对应于继电器开关的梯级（rung），图形的左边是汇流条，相应于梯级的相线（L）。只有直接或间接与相线有开关量相连的元素在编程期间被“扫描”，右汇流条默认不画出，但可以认为所有的线圈和 FFB 开关量输出都连接到右汇流条上，从而建立电流回路。

5. 顺控图（SFC）语言

顺控图由步进式顺序控制器演变而来，是顺序流程的图形化表示，适合于多进程时序混合型复杂控制。SFC 把流程分解为步和转换，每一步可赋予动作，一个动作对应于一个控制运算；通过转换实现流程按顺序前进。流程图根据执行逻辑关系分为顺序结构、并联结构和选择结构；另外，跳转允许程序从不同的区域继续运行，跳转分为顺序跳转和循环跳转。

步是一段控制程序，用来执行规定的动作；动作是一组赋值语句，可以给常规控制模块的参数赋值；步有 3 种类型，起始步、常规步、结束步。每个 SFC 模块有一个起始步和一个结束步，常规步可以有多个，起始步在 SFC 模块启动时执行，结束步在 SFC 模块正常运行结束或放弃执行时执行，以保证 SFC 模块结束在固定状态。转换是一段条件判断程序，用来实现步间的运行转换。转换中包含条件，当条件判断满足，转换的输出值为 TRUE，转换之前的步执行结束，然后执行转换之后的步。

6. ST 语言

ST 语言即结构化文本语言，作为对功能块图编辑器、梯形图编辑器、SFC 编辑器的补充。在图形编程中和其他图形编程语言组合使用，可在工程中加入 ST 段落编制模块、在梯形图和功能块中插入文本代码、在顺控图转换条件中使用 ST 逻辑表达式及其赋值表达式中编写 ST 语言程序，使得 SCControl 软件更加丰富、灵活。

7. 数据类型和变量

图形编程中内置数据类型编辑器，用户可以用数据类型编辑器生成自己的数据类型，并可以在任何编辑变量类型的地方使用。SCControl 软件支持的变量数据类型为：布尔型、字、双字、整型、无符号整型、长整型、无符号长整型、浮点型、半浮点型、数组、结构。为了节省内存资源和提高系统的运算速度，过程控制的模拟量采用半浮点型表示，因此，在变量定义及编程时注意数据规格化处理。

变量用于存放一些运算的中间结果，用户根据实际需要通过变量编辑器定义各种数据类型的变量。变量按结构分为基本变量和复合变量，基本数据类型构成的变量称为基本变量，复合数据类型结构体、数组所对应的变量称为复合变量。变量按作用范围分为组态中定义的变量、全局变量、私有变量、输入变量、输出变量。全局变量在“工程”菜单下“变量编辑”中定义，私有变量与输入变量和输出变量在“对象”菜单下“变量”中定义，通过定义变量名、变量数据类型和注释完成变量定义工作。

8. 程序调试

调试是对编写的程序进行检验及修正的过程，以确保编写的程序满足控制要求。调试分为静态调试和动态调试，静态调试是检查并修正程序的语法错误，在装有图形化编程软件的计算机上即可进行；动态调试是检验程序的运行结果是否符合装置控制的需要，参与调试计算机必须与主控制卡（或仿真器）正确连接才能进行。

编程器与控制站连接后，可以下载程序，也可以进入在线调试（即联机调试）。进入联机调试时先校验上位机工程与实际控制站程序，不一致则报警。编程器中的当前程序与控制站实际连接，程序中的开关量和开关链路将根据实际数据显示通断状态。在程序中的调试文本（PV）将显示其实际值，用户可以通过PV设置控制站的数据。

4.6.2　基于智能仪表的锅炉恒温监控系统

1. 概况

（1）引入　在液位控制和温度控制DCS项目中，控制站采用了西门子PLC、浙江中控的JX-300XP系统；另外，也可采用智能仪表作为控制站，实现液位和锅炉恒温DCS监控系统。其重点和难点在于设备定义、数据变量定义所涉及的通信协议和寄存器单元规则，可参考有关手册、实验指导书等资料进一步学习。

智能调节器或智能模块能通过串口通信协议（RS-232、RS-485等）或其他通信协议与上位机PC相连，实现调节器和PC的数据传输、共享及监控管理功能；由PC中的程序控制，对于调节器而言还可以自行组成闭环控制；以“计算机+智能模块”可组成小型的DCS系统，从而实现采集现场的模拟信号、处理采集到的现场信号、输出模拟控制信号、输入/输出开关量等功能。

（2）功能规划　利用智能仪表控制系统，结合组态监控软件设计人机对话界面，实现锅炉温度自动控制系统设计。通过对现场系统数据的采集处理，在组态运行界面中实现动画显示、报警处理、流程控制、实时曲线和报表输出等功能。同时利用智能仪表控制系统，在所设计的组态监控界面中，进行相关仪表调校和控制器参数整定，最后向用户提供恒定控制系统的动态运行结果。

（3）平台选用　组态王支持主流的智能调节器或模块，并随着它们的发展，北京亚控自动化软件有限公司也在不断开发以支持更多的智能设备；另外，考虑到用户的特殊需要，公司还提供了软件开发包满足用户定制及功能要求。智能设备与组态王的集成基本类同于PLC，具体应用参考组态王有关驱动帮助文档和智能设备手册及实训指导书的内容。

智能仪表监控系统既可根据实验室配置情况，也可自主设计智能仪表监控系统，下面以北京汇邦公司的 XMT62X 系列智能仪表为例，对其所构筑的监控系统作进一步介绍。

2. XMT62X 系列智能仪表简介

XMT62X 系列智能可编程调节器是综合了多项新技术，由北京汇邦公司研制的新一代智能自动调节仪表，它采用先进的微型计算机芯片及技术，仅需通过面板按键设定便可使仪表与各类传感器、变送器配套使用；测量精度高，长期稳定性好，抗干扰能力强；用户可自定义 PID，自动/手动无扰动切换，具有 RS845 通信等特点。

利用仪表手册，主要掌握五个方面的内容：①了解技术指标、型号、外形结构基本常识；②具体操作应用的面板说明、仪表上电、端子接线图；③仪表设定（编程）所涉及的功能参数组设定、工作参数组设定、控制参数设定；④辅助功能块中的自动/手动无扰切换、PID 自整定、智能 PID 控制参数调试、通信协议；⑤仪表维护和保养。

3. 监控系统实施要点

组态王、MCGS 等组态软件支持与 XMT62X 型智能可编程调节器的通信，下面基于组态王构筑 XMT62X 型仪表监控系统。在仪表监控系统中，控制站的安装、操作员站组态开发与前面项目类似。而仪表参数设置（组态），尤其控制方案的实施有显著的差异。下面，主要围绕系统结构、设备定义与通信、变量定义等方面作简要说明。

（1）系统硬件总体结构　温度测控系统硬件结构示意图如图 4-49 所示，系统功能模块作用及关系是：计算机利用组态王开发监控管理工程，并利用 RS-232/RS-485 或 USB/RS-485 转换模块与汇邦仪表 XMT62 实现 RS-485 单站或多站组态；调节仪检测现场被控参数，经 PID 控制，输出控制量；固态继电器作为驱动转换装置输出工作电压给电热加温模块工作，电热加温模块既可采用 AC220V，也可采用 DC24V 作为工作电源。

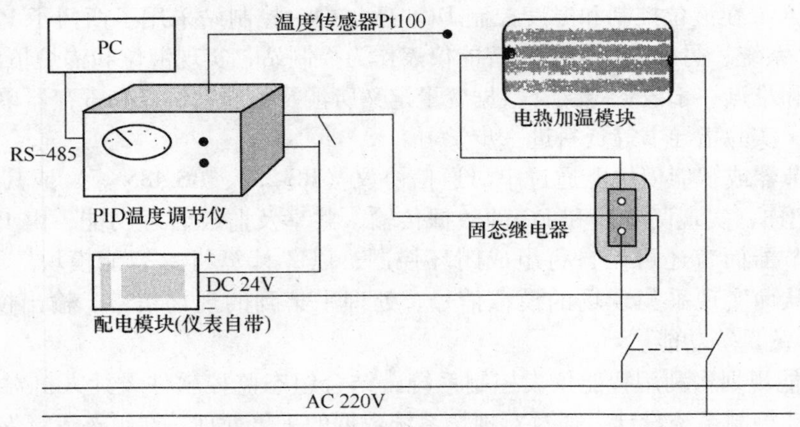

图 4-49　温度测控系统硬件结构示意图

（2）定义组态王设备　定义组态王逻辑设备时，选择“智能仪表→北京汇邦→XMT63X→非标准 Modbus 协议”，实现 RS-485 通信。

（3）设备地址及通信参数定义　设备的地址范围为 1 ~ 64，在组态王中所定义的设备地址与仪表设置的地址一致，设备默认地址为 5。通信参数定义与仪表设置的一致，建议的通信参数：波特率为 9600bit/s、数据位为 8、停止位为 1、校验位无。

（4）组态王中数据词典——I/O变量定义　组态王通过变量形式与仪表中寄存器实现数据传输及共享，不同品牌仪表，其寄存器格式（符号）、寄存器范围、读写属性、数据类型、变量类型、寄存器含义有一定区别。北京汇邦XMT63X仪表的寄存器如表4-6所示。

表4-6　XMT63X仪表组态王中寄存器列表

寄存器格式	寄存器范围	读写属性	数据类型	变量类型	寄存器含义	备注
PV	0~0	只读	FLOAT	I/O实型	测量值	
SV	0~0	只读	FLOAT	I/O实型	设定值	
OUT	0~0	读写	FLOAT	I/O实型	输出值	
AM	0~0	只写	Bit	I/O离散	=0自动；=1手动	
PRT	0~1	只读	LONG	I/O整型	当前曲线段号和剩余时间	
NAT	0~0	只写	Bit	I/O离散	取消AT状态	
State	0~7	只读	Bit	I/O离散	仪表状态	
SSv	0~0	读写	FLOAT	I/O实型	设定值	
AL1V	0~0	读写	FLOAT	I/O实型	第一报警值	
AL2V	0~0	读写	FLOAT	I/O实型	第二报警值	
At	0~0	只读	Bit	I/O离散	自整定	
AL1y	0~0	读写	LONG	I/O整型	第一报警类型	
AL1C	0~0	读写	FLOAT	I/O实型	第一报警回差	
AL2y	0~0	读写	LONG	I/O整型	第二报警类型	
AL2C	0~0	读写	FLOAT	I/O实型	第二报警回差	
CP	0~0	读写	FLOAT	I/O实型	比例带	
CI	0~0	读写	LONG	I/O整型	积分时间	
CD	0~0	读写	LONG	I/O整型	微分时间	
CT	0~0	读写	LONG	I/O整型	控制周期	
SF	0~0	读写	FLOAT	I/O实型	超调抑制系数	
Pd	0~0	读写	FLOAT	I/O实型	微分限幅	
bb	0~0	读写	LONG	I/O整型	PID工作范围	
LOUT	0~0	读写	FLOAT	I/O实型	控制输出下限幅	
HOUT	0~0	读写	FLOAT	I/O实型	控制输出上限幅	
NOUT	0~0	读写	LONG	I/O整型	输入异常时的输出值	
PSB	0~0	读写	FLOAT	I/O实型	在线变送器/传感器零位误差修正	
FILT	0~0	读写	LONG	I/O整型	数字滤波系数	
XP	0~8	读写	FLOAT	I/O实型	PID组比例带	
XI	0~8	读写	LONG	I/O整型	PID组积分时间	
XD	0~8	读写	LONG	I/O整型	PID组微分时间	
XC	0~63	读写	LONG	I/O整型	各段选择的PID组	
XT	0~63	读写	LONG	I/O整型	各段的执行时间	
XSV	0~63	读写	FLOAT	I/O实型	各段的终点目标值	

（续）

寄存器格式	寄存器范围	读写属性	数据类型	变量类型	寄存器含义	备注
Inty	0 ~ 0	读写	LONG	I/O 整型	信号输入类型	
LPV	0 ~ 0	读写	FLOAT	I/O 实型	显示量程下限	
HPV	0 ~ 0	读写	FLOAT	I/O 实型	显示量程上限	
Dot	0 ~ 0	读写	LONG	I/O 整型	小数点位置	
Rd	0 ~ 0	读写	LONG	I/O 整型	正反作用	
Obty	0 ~ 0	读写	LONG	I/O 整型	变送输出方式	
ObL	0 ~ 0	读写	FLOAT	I/O 实型	变送下限	
ObH	0 ~ 0	读写	FLOAT	I/O 实型	变送上限	
oAty	0 ~ 0	读写	LONG	I/O 整型	PID 输出方式	
EL	0 ~ 0	读写	LONG	I/O 整型	开方功能	
SST	0 ~ 0	读写	LONG	I/O 整型	小信号切除	
Modl	0 ~ 0	读写	LONG	I/O 整型	工作模式	
PrL	0 ~ 0	读写	LONG	I/O 整型	起始曲线段	
PrH	0 ~ 0	读写	LONG	I/O 整型	终止曲线段	

总　结

通过前面几个项目的学习，掌握了集散控制系统的基本知识、技能和应用。本项目立足于国内市场占有率较高的浙江中控 JX-300XP 集散控制系统，介绍了浙江中控 JX-300XP 集散控制系统的硬件和软件体系结构，并分别说明硬件和软件功能模块应用基本常识。

立足于生产实践中具有广泛代表性的“锅炉温度恒定监控系统”，同时兼顾实验室集散控制系统的平台。以简便实用的单回路 PID 控制，学习使用浙江中控的 JX-300XP 硬件和软件基本架构，并基于 CS2000 DCS 实训平台模拟“锅炉温度恒定监控系统”。另外，锅炉温度恒定控制实施方案中，可选用智能仪表作为控制站；在教学过程中，根据实际情况，侧重不同内容。

思 考 题

1. 简要叙述所选用温度传感器电气特性。
2. 归纳浙江中控 JX-300XP 卡件有关地址设置原则及方法。
3. 什么叫冗余？简述冗余在 DCS 中的必要性。
4. 简要归纳浙江中控 JX-300XP 系统的基本应用步骤。
5. 画出本项目有关设备安装接线图。
6. 基于 XMT62X 仪表、A1000、组态王实现水箱液位恒定监控系统。
7. 基于浙江中控 CS2000 DCS 实训平台实现水箱液位恒定和锅炉内胆温度恒定的监控系统。

项目5 DCS综合应用

通过前面几个项目的学习，掌握了集散控制系统的基本知识、技能和应用。由于前几个项目控制参数、过程、系统设备等方面都比较简单，故与生产实际和专业培养定位尚存在一定差距。本项目从简单项目步入实用的综合性工程项目，学生在具备DCS基本常识和应用技能的基础上，进一步掌握DCS硬件和软件在“工程”项目中应用，全面提升专业、职业素质技能。本项目主要目的在于深化DCS设计、实施思维方法和工程技能提升，并进一步提升分析问题、解决问题的能力。

本项目主要通过自主学习，对接工程实践项目，教材所介绍的方案和有关硬件、软件设计为从事DCS实际工作岗位奠定坚实基础。基于项目工艺，对接实训平台，实现功能自我完善和跨越递进，进一步延伸到其他平台、不同领域、不同工艺背景的DCS项目分析和实施；为培养学生综合素质和创新能力提供良好平台。

本项目的主要内容分为两部分：①基于A8000实训平台实施真空钎焊炉监控系统，基于浙江中控JX-300XP的甲醛生产监控系统，基于A4300平台的PCS7的蔗糖监控系统，结合生产项目背景，立足于仿真模拟，从硬件结构、软件模块应用、工程项目应用等方面进一步深化集散控制系统学习和应用。②围绕DCS工程项目设计常识、方案设计、性能评估、维护、管理规范和规律等内容，全面深化DCS工程应用，为对接DCS相关岗位奠定良好基础。

5.1 真空钎焊炉监控系统

5.1.1 概况

1. 引言

真空钎焊炉在钎焊时处于真空状态下，能起到保护、除气、净化和蒸发作用，避免出现氧化、增碳、脱碳和污染变质等现象；而且用真空钎焊的工件所构建高温高强度的材料系统，具有无污染、节能、改善工作环境等优点。总之，由于真空钎焊具有很好的性能，不仅在航空、航天、原子能和电气仪表等尖端工业中成为必不可少的生产手段，而且在石油、化工、汽车和工具等机械制造领域得到推广和普及。

以SZQL-1双室冷壁真空炉系统作为项目背景，真空炉系统主要由真空系统和加热系统及有关控制设备组成，真空系统用来满足真空钎焊生产工艺所要求的真空度，加热系统使零件加热并熔化钎料，完成零件钎焊；真空炉系统的总体结构如图5-1所示，真空钎焊过程的工作周期如图5-2所示。

针对传统控制系统架构的缺陷，从系统功能和用户需求出发，引入高效而实用的分布式监控系统。在真空钎焊炉控制系统中引入DCS，简化传统控制系统硬件结构，既便于设备维护，又为企业信息化建设和应用提供基础平台；在系统中引入实时监控，显著提升真空钎焊控制性能。本项目主要完成的工作：构筑 DCS 硬件，工艺控制方案实施，组态监控实施。根据真空钎焊实际工艺的要求，实际系统主要性能指标如下：

1）工作温度。高温室为 500℃ ~1300℃，低温室为 450℃ ~700℃。

2）炉温均匀性。高温室为 1000℃ ±5℃，低温室为 600℃ ±3℃。

3）温控精度（绝对值）。高温室为 ≤5.5‰，低温室为 ≤5.5‰。

4）升温速率。为 100℃/h ~1000℃/h，无级调节。

5）真空度。高温室的极限真空度为 2×10^{-4} Pa，工作真空为 1×10^{-3} Pa；低温室的极限真空度为 3×10^{-4} Pa，工作真空度为 2×10^{-3} Pa。

6）抽真空时间。高温室为 20min 抽到工作真空；低温室为 30min 抽到工作真空。

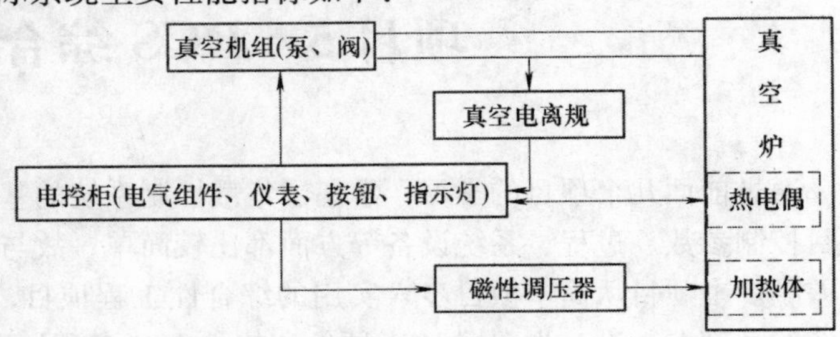

图 5-1　真空炉系统总体结构示意图

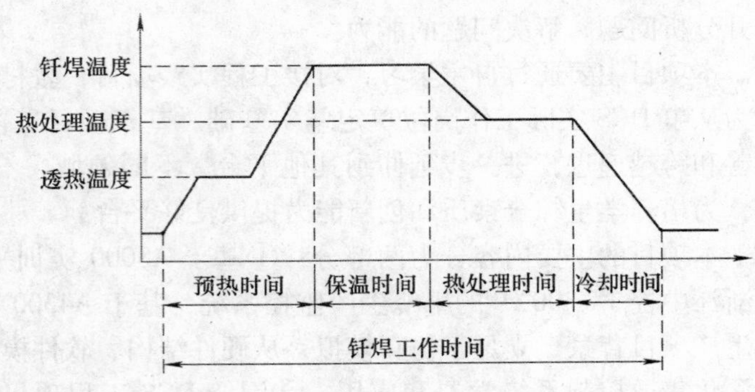

图 5-2　真空钎焊工作周期示意图

2. 控制工艺流程

两个炉室的组成和工作原理完全类似，并共用部分控制设备。真空钎焊系统的控制逻辑由 PLC 编程实现，结合项目工艺，真空钎焊系统的 PLC 主要 I/O 开关信号时序图如图 5-3 所示，其控制流程图如图 5-4 所示。

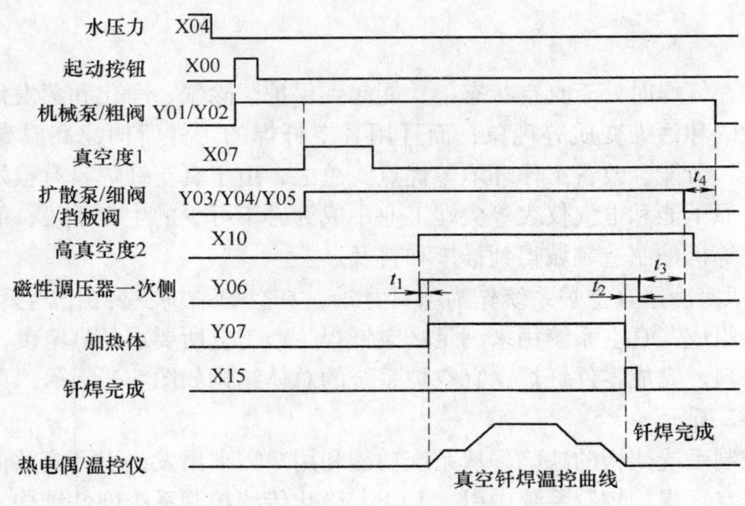

图 5-3　PLC 主要 I/O 开关信号时序图

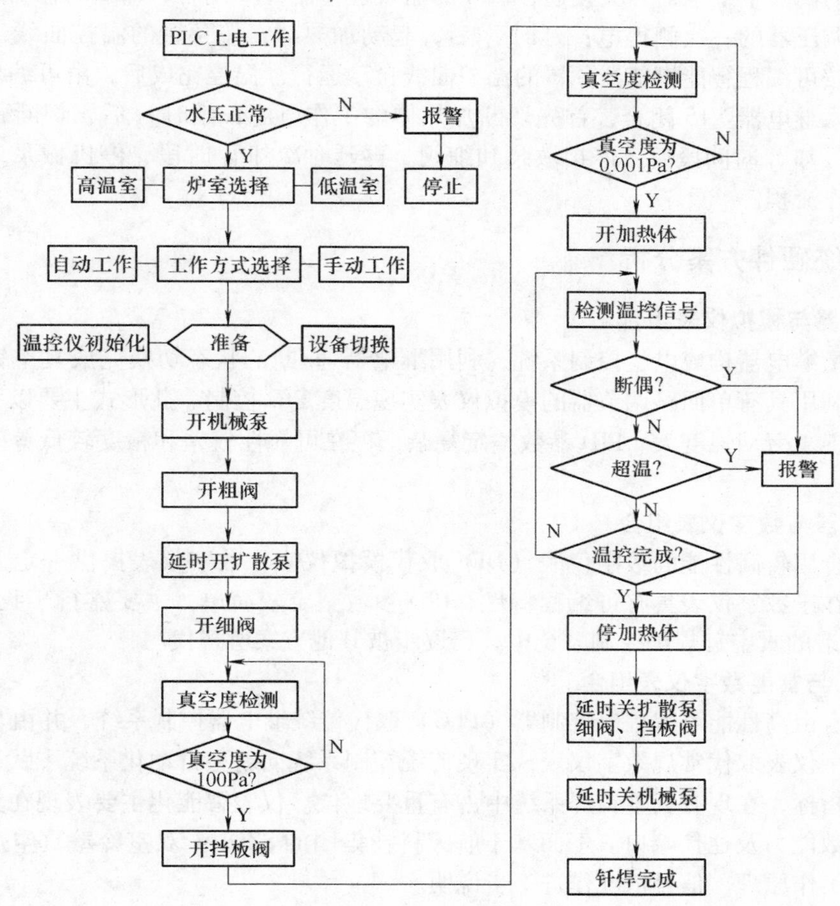

图5-4　工艺控制流程图

系统主要工作过程为：首先，系统做必要的准备工作；其次，验证真空钎焊启动的工作条件，即要求水压正常；然后，进入钎焊的工作流程，开机械泵，待系统达到一定真空度后，接通扩散泵，将炉室抽至所要求的高真空后，按系统所预置的温控曲线进行升温加热。在整个加热过程中真空系统持续抽气，以维持所要求的真空度。另外，对工作过程中可能出现的停水、断偶、超温三种异常情况，按要求进行相应处理。

控制系统分为自动和手动工作方式，为提高工作效率，减少开关的频繁操作，控制站以自动工作方式为主；手动工作方式的单步流程主要是基于维护需要，即为便于真空钎焊炉系统调试和紧急情况的处理，而设置手动分步操作控制方式。

图5-3所示控制信号时序关系，由真空钎焊工艺流程所确定，由PLC编程实施。水压力信号由水压表的继电器输出触点提供，水压表的水压正常是真空钎焊工作的基本条件，接至PLC的X04输入继电器。操作启动按钮SB1后，PLC的输出继电器Y01和Y02接通，开启机械泵和粗阀，炉室进入真空的“粗抽”工作阶段。当炉室真空度高于100Pa，真空仪内部的低真空继电器开关接通；PLC的输入继电器X07闭合，PLC输出继电器Y03和Y04闭合，起动扩散泵和细阀，炉室进入高真空度的“精抽”工作阶段。当炉室真空度高于0.001Pa

时，真空仪的高真空继电器开关接通；PLC 的输入继电器 X10 闭合，PLC 的输出继电器 Y06 得电，磁性调压器的一次侧得电；延时 t_1 后，起动加热体，按预置的温控曲线工作，炉室的工作温度按可编程智能调节器预置的温控曲线自动运行。温控完成后，由可编程调节器发出信号，输入继电器 X15 闭合，首先切断加热体的工作电源，延时 t_2 后，切断磁性调压器电源。延时冷却 t_3 时间段后，停扩散泵和细阀。再延时冷却 t_4 时段，停机械泵，完成真空钎焊所有工作流程。

5.1.2　系统硬件方案分析

1. 继电器与模拟仪表组合

采用大量继电器构成电气控制系统，利用继电器通/断的状态切换完成真空钎焊工艺流程工作；并利用具有单回路调节器的模拟仪表实现温度 PID 控制。此形式主要以手动操作为主，操作繁锁、劳动强度大、PID 参数整定复杂，存在可靠性较差和精度较低等问题，目前已完全淘汰。

2. 继电器与数字仪表组合

此种组合用较高性能的数字仪表（DI）取代模拟仪表，数字仪表提供一定人机交互界面，其优点在于数字仪表具有可编程特性、PID 参数整定较简单，主要盛行于我国 20 世纪 80 年代所建造的真空钎焊炉控制系统中，已逐步被其他方案所替代。

3. PLC 与智能数字仪表组合

此种组合由高性能可编程序控制器（PLC）取代传统继电器控制系统，并由具有一定智能作用的数字仪表取代常规数字仪表，实现传统控制系统向新型自动化系统飞跃，而且具有较高的性能指标，在现有真空钎焊系统中占有重要地位。仪表智能化主要表现在具有一定自整定 PID 参数能力及通信端口。下面基于航天科技集团的 SZQL-1 双室冷壁真空炉系统，从硬件平台、工作原理、信号情况作进一步说明。

（1）典型硬件平台　根据项目背景及图 5-1 所示真空炉系统总体结构示意图，可进一步确定系统硬件总体结构示意图如图 5-5 所示，PLC 电气控制系统结构示意图如图 5-6 所示。分析图 5-5 及图 5-6，主要完成 DCS 中设备之间的逻辑和过程控制关系。热电偶及温控仪（可编程智能调节器——日本岛电 FP21）、真空仪（ZDF-III）和水压表属于传感器类设备，主要功能包括：采集和显示工作参数、与上位机实行数据通信、PID 控制，根据设定的上、下限值，输出数字开关量到 PLC 中。PLC 接收输入数字开关量，分为Ⅰ类和Ⅱ类，Ⅰ类输入针对手动控制按钮；Ⅱ类输入主要针对仪表类开关信号。按照真空钎焊工艺流程输出开

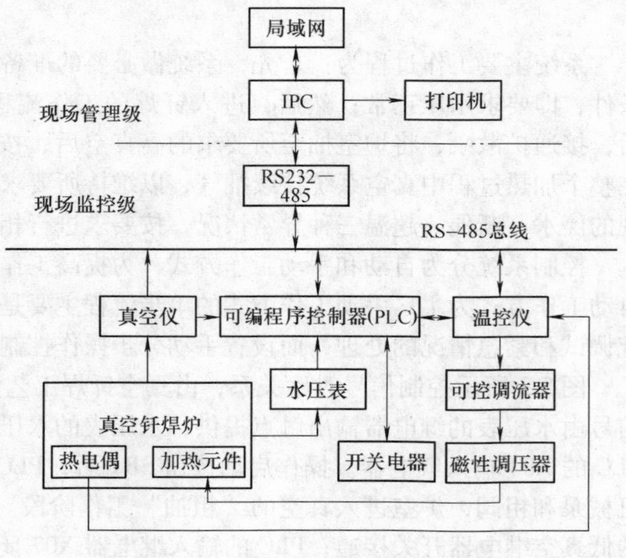

图 5-5　系统硬件总体结构示意图

关信号，控制相关设备工作，分为三类：一类为控制输出，控制工艺设备按控制要求动作；二类为工艺设备工作状态的指示输出，便于调试和维护；三类为报警输出，即PLC还负责处理断水、断偶、超温的报警工作。工控机通过与PLC和仪表通信，实现系统全面监控功能。

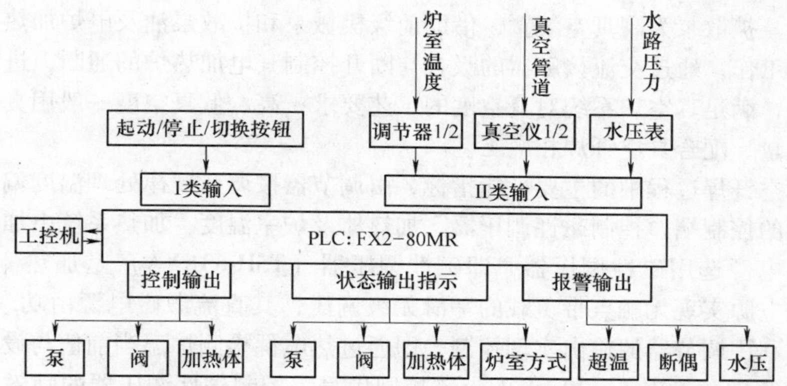

图5-6 PLC电气控制系统结构示意图

真空钎焊炉分布式系统用于控制高、低温两个炉室的钎焊工作，双炉室在共用电气设备的同时，需对各炉室专用的工作设备进行相应切换。为进一步了解硬件平台工作关系，下面给出高温室PLC电气控制系统接线示意图，如图5-7所示，PLC继电器输出开关量一般通过接触器驱动有关设备工作，为了在现场直观地显示有关设备的工作状态，PLC的输出继电器外部并接了所需的指示灯。PLC不仅控制真空钎焊的正常工作流程，而且对系统工作过程出现的意外情况进行相应报警处理。

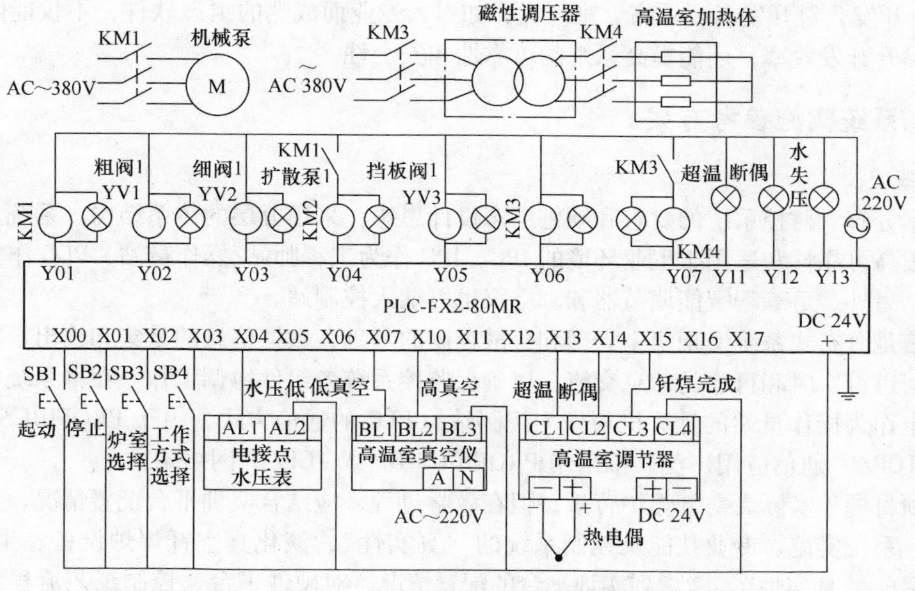

图5-7 高温室PLC电气控制系统接线示意图

（2）控制系统工作原理　真空炉系统主要由真空系统和加热系统及有关控制设备组成，真空系统用来满足真空钎焊过程所要求的真空度，加热系统使零件加热并熔化钎料，完成零件钎焊。真空系统由机械泵、扩散泵、细阀、粗阀和高真空挡板阀等组成，真空机组完成抽真空作用。机械泵为粗真空装置，其动力源是1台三相交流电动机，通过交流接触器控制泵的工作与停止。扩散泵为高真空装置，借助前级机械泵和扩散泵油及电炉加热的作用完成高真空度的抽气工作，通过交流接触器的吸合与断开控制其电加热炉的通断，进而控制扩散泵的动作与停止，满足真空炉系统对真空度的工艺要求；高、低真空度一般用真空仪所设置的限值输出开关量，配合真空钎焊相应工艺。

温度是真空钎焊过程中的主要性能指标，由调节器按调节规律处理温度偏差后输出到可控调压触发器的控制端，控制磁性调压器、加热体及炉室温度。加热系统由加热电源和加热体组成，加热电源选用磁性调压器，即磁性调压器（TSH-63KVA）是加热体的工作电源。利用直流激磁电源实现无触点带负载的平滑无级调压，其直流激磁电源由功率调控器控制，而功率调控器利用调节器的输出实现控制，即通过热电偶检测炉温当前值与设定值之差，经调节器PID运算后，输出4～20mA的直流控制信号，控制磁性调压器的励磁电压，按所需的温控曲线实现加热电流和温度的自动调控，满足真空钎焊对温度的工艺要求。

（3）系统I/O信号概况　在真空钎焊炉控制系统中，需要采集的模拟量有：两个炉室的高、低真空度值和两个炉室加热区域的工作温度，分别用真空仪和热电偶完成采样。需要采集的数字开关量包括：众多手动切换和启/停按钮，调节器的超温，断偶报警及钎焊完成开关信号，用于测试冷却循环水的水压表开关信号和真空仪所设置上、下限真空度对应的开关信号，输入信号合计为32个。需要输出的数字开关信号有：与真空钎焊工艺流程对应的有关设备控制信号和工作状态及报警指示信号，输出信号共达到33个。

（4）系统通信　根据图5-5所示的系统硬件总体结构示意图，工控机（IPC）、PLC、温控仪、真空仪智能设备具备RS-485串行通信端口；通信程序及监控界面可利用高级语言VB、VC开发，对开发者要求高、难度大；如引入专业而成熟的组态软件，不仅能降低开发难度，提升开发效率，还能提高系统的可靠性和安全性。

5.1.3　系统实施参考方案

1. 概况

根据分布式监控系统的要求和硬件组态设计思想，采用分层的体系结构。系统上位机选用具有很高可靠性和适用于工业环境的IPC，IPC作为工程师站/操作员站，PLC作为控制站的核心；另外，可编程智能调节器和真空仪也可纳入控制站。

通信是分布式系统实现集中管理和分散控制的基础，数据信息的采集和输出，需要有关设备之间进行实时和可靠的信息交流，以确保监控系统各组件协调工作。在本系统中，主要需要确定作为操作员站的计算机与作为控制站的PLC的通信方式，由于PROFIBUS-DP现场总线和TCP/IP通信应用广泛，拟采用PROFIBUS-DP或TCP/IP网络架构。

本项目源于实际真空钎焊炉背景，但在教学过程，应结合实训平台配置情况，立足于控制方案、系统实施、专业技能及控制系统的“真实性”，淡化真空钎焊炉设备、生产工艺、控制指标的“真实性”。考虑到实训平台的配置情况，对硬件平台、控制工艺流程和控制指标应作灵活调整，立足于自动工作方式，淡化手动工作方式（在生产现场，为确保安全可靠，尤其计算机或网络故障，需要手动工作方式应急处理），重新拟定实施方案。下面就系统功能框图和工艺流程处理等内容作进一步说明。

2. 工艺流程实施方案

为指导后续的硬件系统设计和软件开发工作，明确工艺流程实施方案至关重要。为确保真空钎焊炉安全、可靠、高效地工作，在实施工艺流程时，以自动工作方式为主，手动工作方式为辅。自动工作方式以控制站的 PLC 为主，操作员站为辅。手动工作方式可以利用 PLC 外接输入按钮回路，也可以利用操作员站中的监控界面上所组态的“功能按键”，甚至可以利用 DCS 的操作员键盘实施手动控制。

根据本项目的定位和实训平台情况，立足于真空钎焊的自动工作方式，把真空炉的真空系统和温度系统有关工作流程分解到 1 号控制站和 2 号控制站实施，它们的工作关系参考图 5-8；至于真空度和温度过程控制的实施方案将在控制站程序开发部分作进一步说明。

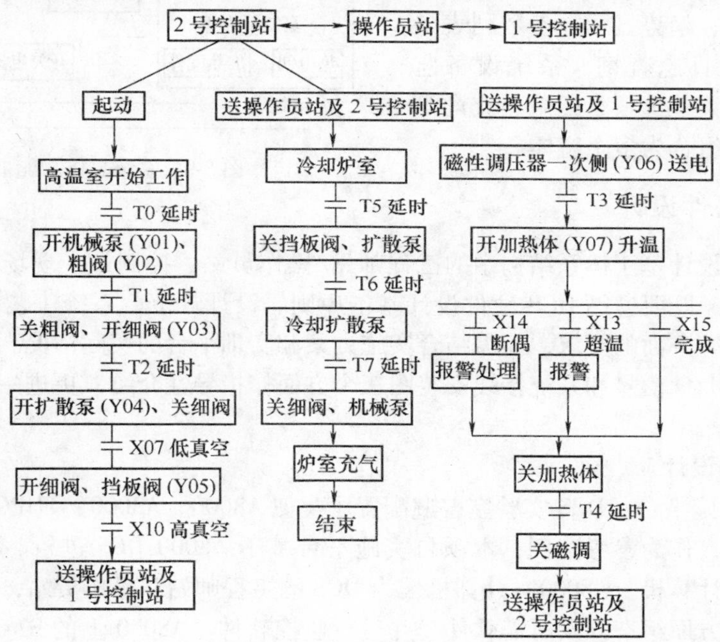

图 5-8 工艺流程自动方式工作关系示意图

3. 系统总体功能框图

典型的 DCS 架构由工程师站/操作员站、控制站、现场过程级设备及通信网络组成，由于高温室和低温室工作原理和工艺流程完全类似，本项目选取一个工作室，作为“实施对象”。综合上述的分析，真空钎焊炉中的模拟量、数字量较多；同时，也为提升本项目实用性，引入 1 号控制站和 2 号控制站，作为典型代表分别选用 S7-300 和 S7-200 PLC 应用系统。下面根据 A8000 实训平台配置情况对系统控制工艺作适当分解，基于 THPCAT-2FCS 平台的情况与之基本类似；同时它们又与上层操作员站实现数据传输和共享，构成典型的 DCS，其系统总体功能框图如图 5-9 所示。

4. 工作站数据通信方式

两个控制站与操作员站利用 PROFIBUS-DP 或 TCP/IP 通信，对有关数据通信及共享方式需进一步明确，以指导后续组态工作。根据上述系统总体功能框图，可选用 PROFIBUS-DP 或 TCP/IP 通信，建议首选 TCP/IP 通信方式。另外，有两种情况还需进一步确定：①两个控制站不直接进行通信，所需交换信息通过操作员站中转；②两个控制站所需的交换信息直接进行通信，操作员站分别对控制站实现监控工作。

5. 操作员站的主要功能模块

操作员站运行相应的实时监控程序，对整个系统进行监视、控制和管理；明确操作员站的功能模块，为后续软件组态及开发提供基本方向。主要功能模块包括：工艺流程图显示、趋势显示、参数列表显示、报警监视、日志查询、系统设备监视、操作功能、菜单选项、记录、查询等功能模块，分解组合为多个窗体。

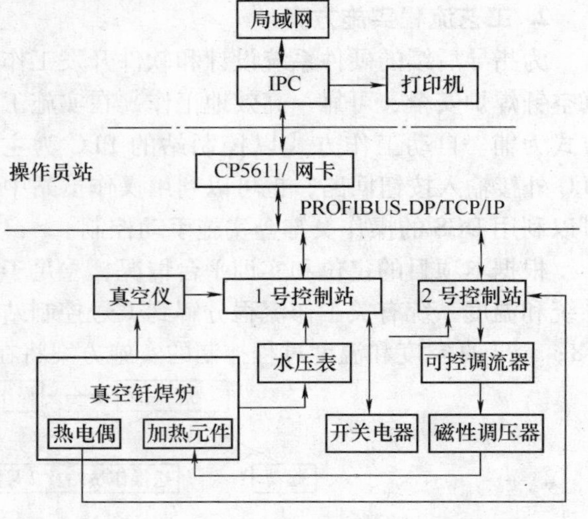

图 5-9　系统总体功能框图

5.1.4　系统硬件设计

DCS 的硬件设计基于体系结构中的工程师站/操作员站、控制站、现场过程级设备及通信网络设计工作，既要遵循 DCS 硬件设计基本原则、设计规范、系统工艺和性能指标及软件功能模块协调等方面的要求，还需结合实施方案和实训平台的实际情况。下面主要从硬件结构设计、系统 I/O 信号和系统接线安装图三个方面作指导性介绍，更进一步的具体工作由各小组自主完成。

1. 硬件结构设计

（1）硬件实施平台　DCS 实验室普遍配置了类似 A8000、A3000、THPCAT-2FCS 集散控制系统实训平台，作为参考案例，本项目实施平台基于 A8000 DCS 进行。项目实施平台可确定为：硬件是计算机、A8000。计算机作为 DCS 的工程师站和操作员站，一方面需要安装相关软件，另一方面组态开发所需软件，并运行监控软件。A8000 上的 S7-300 PLC、S7-200 PLC 及其模块作为控制站，执行程序完成真空钎焊工艺控制流程。A8000 上的模块、仪表、电气开关等设备作为现场控制级及被控对象，作为“模拟”的检测输入、控制输出和被控对象。操作员站与控制站的通信采用 PROFIBUS-DP 或 TCP/IP，控制站与现场控制级采用 4～20mA 模拟信号、0～24V 的数字开关信号。

（2）硬件总体结构框图　基于 A8000 DCS 实训平台，其 A8052 温度可变负载控制模块“模仿”真空钎焊炉中的温度控制对象；其 A8051 直流电动机调速模块“模仿”真空钎焊炉中的抽真空的机械泵。S7-300 系统作为本项目 DCS 的 1 号控制站，S7-200 系统作为本项目 DCS 的 2 号控制站；既实现真空钎焊炉逻辑和回路控制要求，又实现操作员站与控制站能通信。同时，控制站不仅实现了温度的“模拟” PID 过程控制，还能实现真空度的“模拟” PID 过程控制。结合前面内容，真空钎焊炉 DCS 在 A8000 DCS 实训平台的硬件功能框图如图 5-10 所示。

（3）系统配置和选型　基于 A8000 DCS 实训平台构筑“真空钎焊炉监控系统”，其核心功能模块包括：S7-300 PLC应用系统、S7-200PLC应用系统、PWM/FV驱动转换模块、A8052温度可变负载控制模块、A8051直流电动机调速模块、光电传感器测速模块、温度检测变送模块。PLC的CPU分别为CPU 315-2 PN/DP（CPU 315-2DP）和CPU-224及CP243-1（EM277PROFIBUS-DP）扩展模块，其他功能模块的特性、应用可参考项目1和实验指导书手册的相关内容。

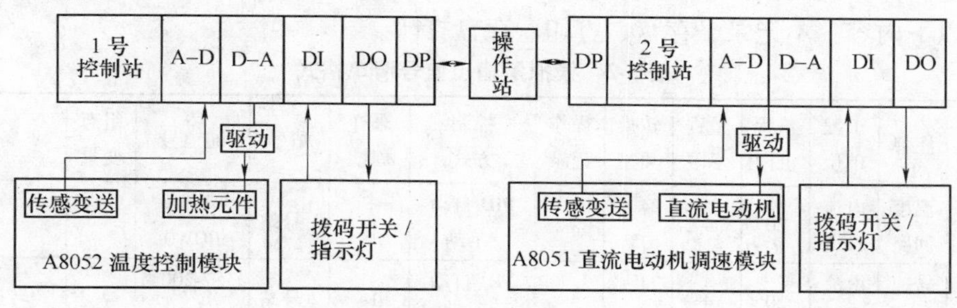

图5-10　硬件功能框图

2. 系统I/O信号清单

根据系统方案、控制工艺要求和硬件平台，列出所有的控制及采集信号清单，既为进一步确定系统硬件配置及实际安装奠定基础，同时也为后续软件开发提供依据。下面按模拟信号、数字信号和输入信号、输出信号类型，列出主要信号的相关信息作为参考。

（1）模拟量输入信号清单　下面把模拟输入信号的主要特性列于表5-1，并简要说明如下。

表5-1　模拟量输入信号清单格式

序号	仪表位号	注释	工程单位	量程上限	量程下限	转换类型	报警级别	报警上限	报警下限	采样周期	站号	通道号	组态变量	备　注
1	TI0	温度	℃	100	0	4～20mA		60	30	1s	1号站	S7-300 PIW0	温度	模仿炉室
2	SI0	转速	r/m	250	0	2～10V		220	20	1s	2号站	S7-200 AIW0	转速	200、100模仿高、低真空度

1）仪表位号：是该测点在系统中对应的仪表的工位号，用仪表信号来表示该点的名称，以便操作工、仪表工熟悉掌握。

2）注释：对该信号作说明性描述，如温度、转速等。

3）工程单位：该信号物理量单位，如m、℃、MPa等。

4）量程上限和量程下限：对应变送器（或传感器）输出最高、最低值时的物理量值。

5）转换类型：填入信号的转换类型，如4～20mA、TC(K)、RTDPt(100)。

6）报警级别：不同的DCS对报警的处理不同，强调信号越限处理要求的紧急程度。

7）报警上、下限：分别表示引起信号报警的上、下限值；还可引入报警上上限、下下限，进一步强化报警处理。

8）采样周期：确定信号测量周期。

9）站号、通道号：指定信号在控制站中的物理位置，为安装和编程应用提供依据。

10）组态变量：关联控制站和操作员站的数据库成员，为组态和实时监控奠定基础。

11）备注：作补充性功能说明，如监控界面上显示要求。

（2）模拟量输出信号清单　参见表 5-2，模拟输出量的特性基本类同于模拟输入量的特性，新增了操作记录；因为模拟输出信号大都与控制执行机构相连，因此为了安全和故障检查需要，每次操作员对模拟输出信号进行处理（手动操作）之后，系统都应记录下来；如可以填入以下内容：不记录、存盘、打印、存盘打印。

表 5-2　模拟量输出信号清单格式

序号	仪表位号	注释	工程单位	量程上限	量程下限	转换类型	操作记录	控制方式	采样周期	站号	通道号	组态变量	备　注
1	TO0	温度回路	电流/mA	20	4	24～0V		PID 自动/手动	1s	1 号站	S7-300 PQW0		
2	SO0	转速回路	电流/mA	20	4	24～0V		PID 自动/手动	1s	2 号站	S7-200 AOW0		转速代真空

（3）开关量信号清单　表 5-3 所列开关量信号清单均以 S7-200 PLC 作为参考：①考虑到 A8000 DCS 实训平台数字开关量的实际配置情况，在后续控制站的功能流程图绘制及编程时，在此基础上做进一步取舍；②为简化本项目实施，本项目基于“单炉室的自动工作方式”；③为完善工艺和监控，预留发挥空间。为此，下面主要列出工艺流程自动工作方式所对应的开关量信号测点，手动方式的输入和报警输出量暂不考虑。

表 5-3　开关量信号测点清单格式

序号	仪表位号	注释	信号类型	操作记录	置 0 说明	置 1 说明	初始值	采样周期/s	站号	通道号	备　注
1	DI0	起停	输入		起动	停止	1	1	2 号站	I0.0	1——打开
2	DI1	低真空	输入		未达标	达标	0	1	2 号站	I0.1	0——关闭
3	DI2	高真空	输入		未达标	达标	0	1	2 号站	I0.2	
	2 号站输入合计:3										
4	DI3	起停	输入		起动	停止	1	1	1 号站	I0.0	
5	DI4	超温	输入		否	是	0	1	1 号站	I0.1	
6	DI5	断偶	输入		否	是	0	1	1 号站	I0.2	
7	DI6	钎焊完成	输入		否	是	0	1	1 号站	I0.3	
	1 号站输入合计:4										
8	DO0	机械泵	输出		停止	起动	0	1	2 号站	Q0.0	
9	DO1	粗阀	输出		停止	起动	0	1	2 号站	Q0.1	
10	DO2	细阀	输出		停止	起动	0	1	2 号站	Q0.2	
11	DO3	扩散泵	输出		停止	起动	0	1	2 号站	Q0.3	
12	DO4	挡板阀	输出		停止	起动	0	1	2 号站	Q0.4	
	2 号站输出合计:5										
13	DO5	磁调	输出		停止	起动	0	1	1 号站	Q0.0	
14	DO6	加热体	输出		停止	起动	0	1	1 号站	Q0.1	
	1 号站输出合计:2										

3. 系统接线图和安装

根据系统硬件设计框图、I/O 信号分配清单表和项目 1 有关内容，绘制相应系统接线图，以指导系统硬件安装工作。图 5-11 是 1 号控制站温度控制模块接线原理示意图，图 5-12 是 2 号控制站电动机转速控制模块接线原理示意图，其他系统接线图请各小组自主完成。根据系统接线图和安装规范，指导相关安装工作；安装完毕不仅需要外观检查，还需要进行电气测试，尤其通电之前，须经教师审查同意才能通电。

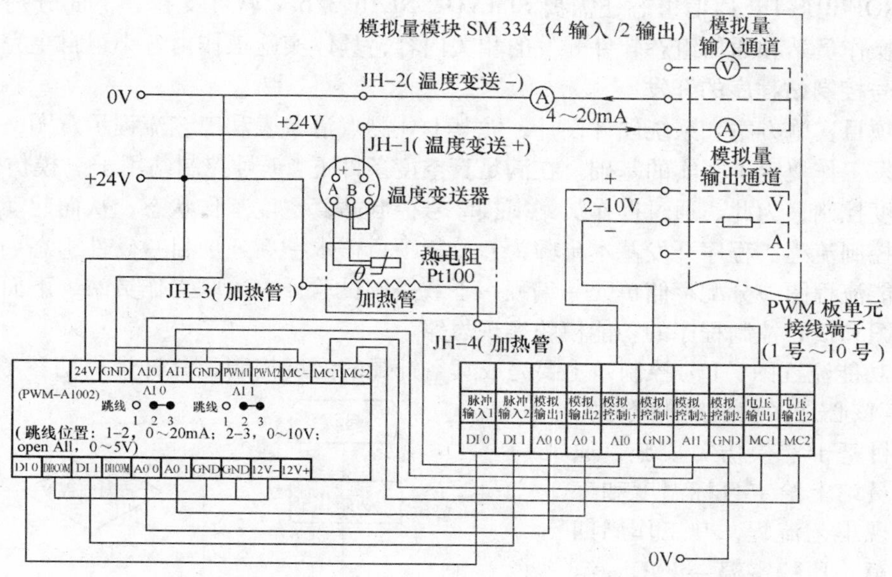

图 5-11　1 号控制站温度控制模块接线原理图

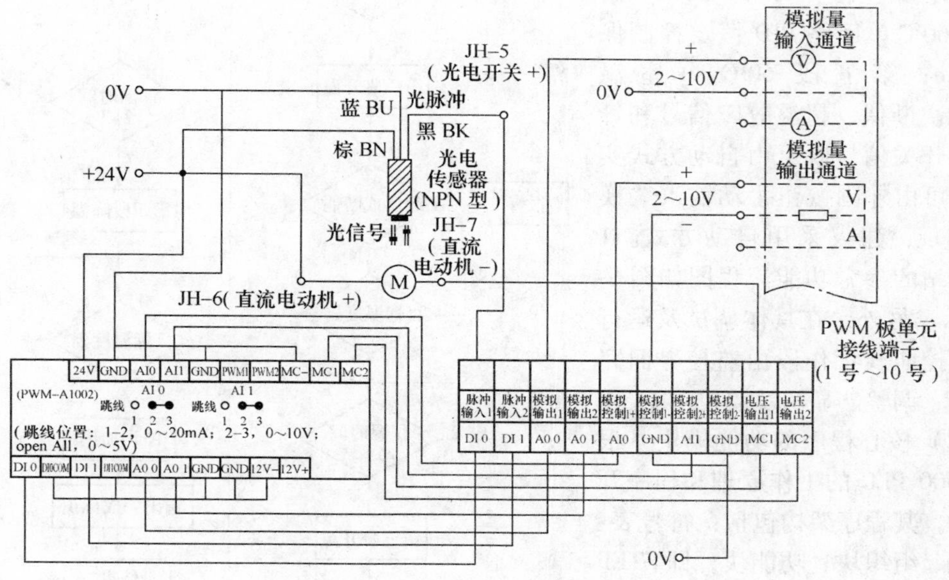

图 5-12　2 号控制站电动机转速控制模块接线原理图

5.1.5 系统软件开发

硬件是 DCS 项目实施的基本条件，而软件是 DCS 的灵魂，其开发具有多样性、复杂性和创新性。通过前面几个项目的学习，为本项目的实施，尤其软件开发工作奠定了良好的基础。1 号控制站采用西门子的 S7-300 PLC，2 号控制站采用西门子的 S7-200 PLC，工程师站上需要安装 STEP V5.4 开发软件；工程师站上的监控开发的组态软件以“组态王”为主，如采用 PROFIBUS-DP 通信组态还需要 SIMATIC NET6.3/6.2 软件支持。下面分别简要介绍控制站、操作员站和通信组态软件开发的相关内容，具体实施工作由各小组自主完成。

1. 1 号控制站程序的开发

上述项目实施方案和系统硬件设计，尤其 I/O 测点清单表和工艺流程示意图，为控制站程序的开发工作奠定了坚实的基础。在满足真空度条件下，1 号控制站用于“模仿”真空钎焊炉的温度控制；为此，通过操作员站衔接 2 号控制站真空度工作状态，从而起动 1 号控制站的温度控制流程。程序开发基本步骤为：分析项目需求→新建项目→硬件组态→通信组态→绘制功能流程图→分配存储单元→编程→下载→调试验证→关联操作员站，下面主要介绍功能流程图和核心控制程序的功能模块实现思路。

（1）功能流程图　1 号控制站主要完成真空钎焊的温度控制，其钎焊周期参考图 5-2 和图 5-8，其核心是多段温控曲线的实施。本项目基于“模仿”实施，通过在操作员站上给定目标温度和工作时间实现工艺流程，其工作周期拟定为：第一段：室温→40℃；第二段：40℃单回路 PID 恒定控制保持 2min；第三段：40℃→60℃；第四段：60℃单回路 PID 恒定控制保持 2min；第五段 60℃→室温（30℃）。断偶、超温故障信号和钎焊完成开关信号既可由自动方式实现，也可由外围按钮手动输入“模拟”实现，建议采用自动方式。1 号控制站的参考功能流程图如图 5-13 所示。另外，在具体调试及运行时，温控曲线工作段由监控界面完成设定、调整、显示及监控功能。

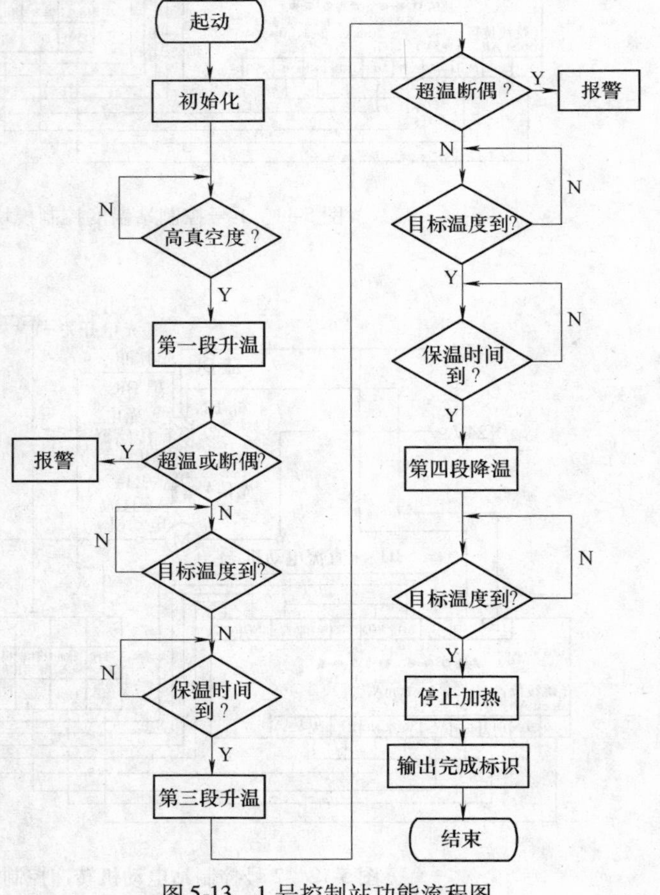

图 5-13　1 号控制站功能流程图

（2）核心程序的功能模块　根据 S7-300 PLC 的工作原理和程序开发规律，其程序架构包括：符号表、数据块、组织块、功能块，即 STEP 7 中的块主要包括组织块（OB）、功能（FC）、功能块（FB）、系统功能（SFC）、系统功能块（SFB）、背景数据块（IDB）、共享数据块（SDB），它们是一些独立的程序或数据单元，在STEP 7的Blocks文件夹中。

本项目用到的组织块分别为：OB1——循环执行主程序，OB35——周期性中断执行，OB100——起动初始化，FB41——系统PID运算功能块，FC201——把输入转换为FB41现场输入所需格式（模拟量规格化处理，自编），FC202——把FB41控制量的输出转换为D-A模块输入所需格式（模拟量规格化处理，自编），DB1——FB41的背景数据块，DB2——关联共享数据。由图5-13，结合系统I/O清单表，所定义主要数据变量与分配的存储单元关系表如表5-4所示，数据结构对编程、安装等方面至关重要；特别注意开关量与PLC的两种关联方式的处理及应用，具体情况由各小组设计。

表5-4 1号控制站定义数据变量与分配存储单元关系表

序号	符号名称	数据类型	PLC地址	组态关联（变量名）
1	温度值	I/O实数	DB2. DBD10	温度
2	设定值	I/O实数	DB2. DBD6	温度设定值
3	自动输出值	I/O实数	DB2. DBD72	温度自动输出值
4	比例系数	I/O实数	DB2. DBD20	温度比例系数
5	采样时间	I/O实数	DB2. DBD2	温度采样时间
6	积分时间	I/O实数	DB2. DBD24	温度积分时间
7	微分时间	I/O实数	DB2. DBD28	温度微分时间
8	磁性调压器	I/O实数	Q0. 6	磁性调压器
9	加热体	I/O实数	Q0. 7	加热体
10	控制站起动	I/O离散	DB3. DBX0. 0	1号控制站起动
11	高真空度标识	I/O离散	DB3. DBX0. 1	高真空度标识
12	超温标识	I/O离散	DB3. DBX0. 2	超温报警
13	断偶标识	I/O离散	DB3. DBX0. 3	断偶报警
14	磁调起动	I/O离散	DB3. DBX0. 4	起动1号站
15	加热起动	I/O离散	DB3. DBX0. 5	
16	温控完成标识	I/O离散	DB3. DBX0. 6	
17	第一段温控标识	I/O离散	DB3. DBX0. 7	第一段温控标识
18	第二段温控标识	I/O离散	DB3. DBX1. 0	第二段温控标识
19	第三段温控标识	I/O离散	DB3. DBX1. 1	第三段温控标识
20	第四段温控标识	I/O离散	DB3. DBX1. 2	第四段温控标识
21	第五段温控标识	I/O离散	DB3. DBX1. 3	第五段温控标识
22	初始化设置完毕	I/O离散	DB3. DBX1. 4	初始化设置完毕300
23	反馈2号站	I/O离散	DB3. DBX1. 5	反馈2号站
24	手动选择	I/O离散	DB3. DBX1. 6	手动选择300
25	手动标识	I/O离散	DB3. DBX1. 7	手动选择标识300
26	自动选择	I/O离散	DB3. DBX18. 0	自动选择300
27	自动标识	I/O离散	DB3. DBX18. 1	自动选择标识300

（续）

序号	符号名称	数据类型	PLC地址	组态关联(变量名)
28	目标温度1	I/O实数	DB3. DBD2	目标温度1
29	目标温度1保温时间	I/O整数	DB3. DBW6	目标温度1保温时间
30	目标温度2	I/O实数	DB3. DBD8	目标温度2
31	目标温度2保温时间	I/O整数	DB3. DBW12	目标温度2保温时间
32	目标温度3	I/O实数	DB3. DBD14	目标温度3

综合上述分析，编程的重点和难点主要包括：工作站共享数据处理、工艺段衔接。下面给出OB35中PID单回路温度控制主要参考程序，至于工艺流程其他程序段由各小组自行完成。

图5-14为OB35程序代码，用于周期性地实现PID过程控制。程序段1：FC201用于把模拟输入转换成0～100，不仅提供给PID运算器，也为工程项目的关联变量定义奠定基础；其数据变换由A-D接收2～10V（4～20mA）电信号转换为对应5530～27648数值，FC201把5530～27648数值转换为0～100。程序段3：FB41基于背景数据块，调用连续控制PID功能块，实现PID运算。程序段4：FC202把FB41的输出变换成WORD型提供给D-A模块，由D-A模块输出4～20mA或者2～10V控制信号到后续执行机构。

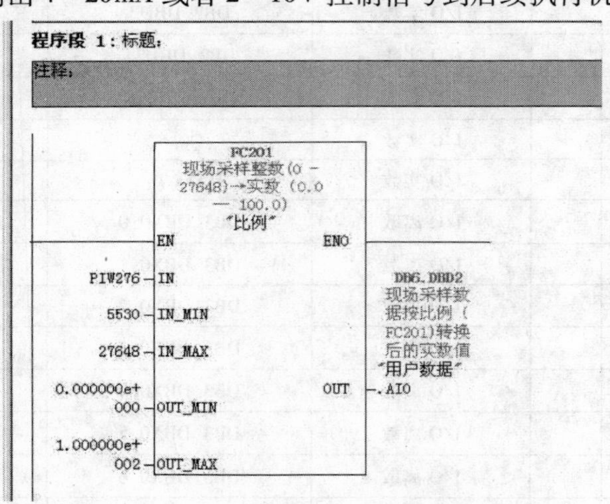

a)程序段1

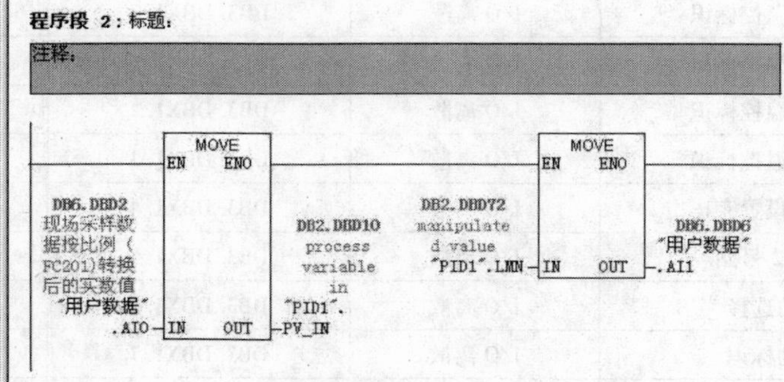

b)程序段2

图5-14　OB35控制程序代码

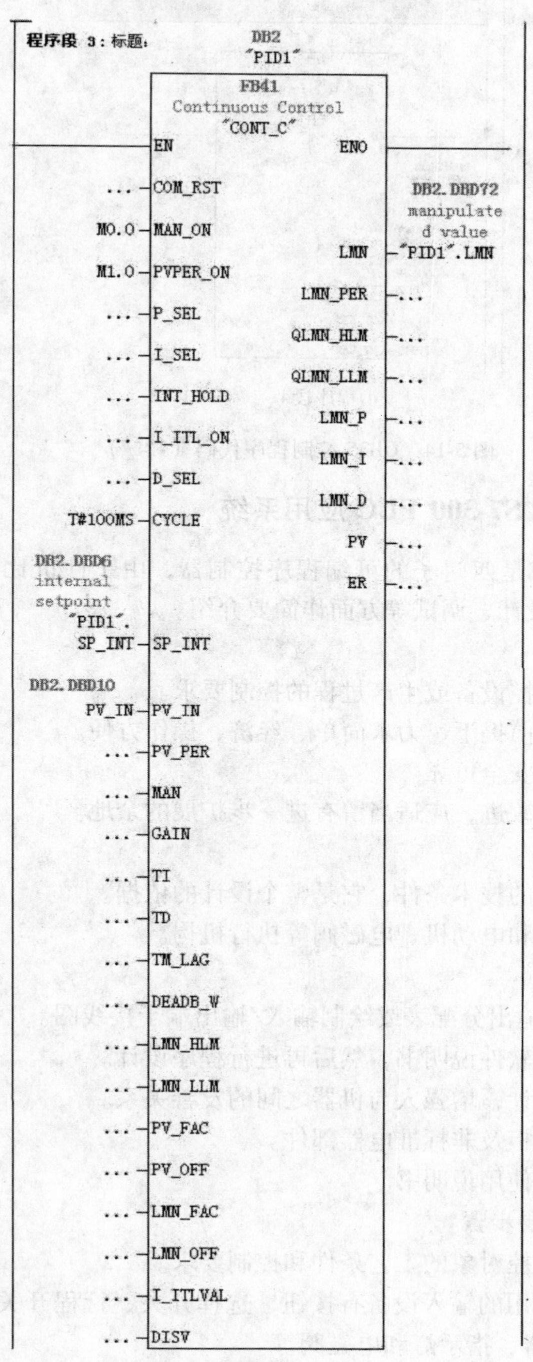

c)程序段3

图5-14 OB35控制程序代码（续一）

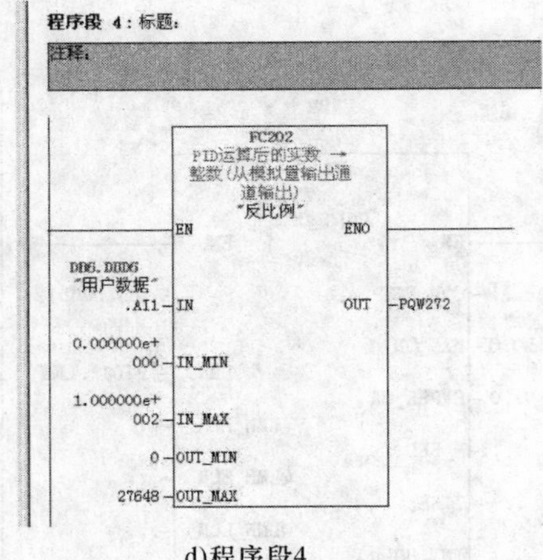

d)程序段4

图 5-14　OB35 控制程序代码（续二）

【知识链接】　S7-200 和 S7-300 PLC 应用系统

S7-200、S7-300 PLC 都是西门子的可编程序控制器，由于性价比高，其市场占有率很高。下面对其应用系统的设计、调试等方面作简要介绍。

（1）设计原则

1）最大限度地满足被控设备或生产过程的控制要求。

2）在满足控制要求的前提下，力求简单、经济，操作方便。

3）保证控制系统工作安全可靠。

4）考虑到今后的发展改进，应适当留有进一步扩展的余地。

（2）设计内容

1）拟定控制系统设计的技术条件，它是整个设计的依据。

2）选择电气传动形式和电动机、电磁阀等执行机构。

3）选定 PLC 的型号。

4）编制 PLC 的输入/输出分配表或绘制输入/输出端子接线图。

5）根据系统要求编写软件说明书，然后再进行程序设计。

6）重视人机界面的设计，增强人与机器之间的友善关系。

7）设计操作台、电气柜及非标准电器部件。

8）编写设计说明书和使用说明书。

（3）设计和调试的主要步骤

1）深入了解和分析被控对象的工艺条件和控制要求。

2）确定 I/O 设备，常用的输入设备有按钮、选择开关、行程开关和传感器等，常用的输出设备有继电器、接触器、指示灯和电磁阀等。

3）选择合适的 PLC 类型，根据已确定的用户 I/O 设备，统计所需的输入信号和输出信号的点数，选择合适的 PLC 类型。

4）分配 I/O 点，编制出输入/输出端子的接线图。

5）设计应用系统梯形图程序，是整个应用系统设计最为核心的工作。

6）将程序输入PLC，当在计算机上编程时，可将程序下载到PLC中。

7）进行软件测试，在将PLC连接到现场设备上之前，必须进行软件测试，以排除程序中的错误。

8）应用系统整体调试，在PLC软硬件设计和控制柜及现场施工完成后，就可以进行整个系统的联机调试。调试中发现的问题要逐一排除，直至调试成功。

9）编制技术文件，系统技术文件包括功能说明书、电气原理图、电器布置图、电气元件明细表、PLC梯形图等。

（4）硬件设计内容

PLC应用系统的硬件设计主要包括：PLC选型、PLC容量估算、I/O模块选择、分配输入/输出点、安全回路设计、外围电器设备选用、编程通信等设备选用。

（5）软件设计内容

1）PLC软件功能的分析与设计。

2）I/O信号及数据结构分析与设计。

3）程序结构分析与设计。

4）软件设计规格说明书编制。

5）用编程语言、PLC指令进行程序设计。

6）软件测试。

7）程序使用说明书编制。

（6）软件设计步骤

1）制定设备运行方案。根据生产工艺的要求，分析各输入、输出与各种操作之间的逻辑关系，确定需要检测的量和控制的方法，并设计出系统中各设备的操作内容和操作顺序；据此便可画出流程图。

2）绘制控制流程图。对于较复杂的应用系统，需要绘制系统控制流程图，用以清楚地表明动作的顺序和条件。对于简单的控制系统，可省去这一步。

3）制定系统的抗干扰措施。根据现场工作环境、干扰源的性质等因素，综合制定系统的硬件和软件抗干扰措施，如硬件上的电源隔离、信号滤波，软件上的平均值滤波等。

4）编写程序。根据被控对象的输入/输出信号及所选定的PLC型号分配PLC的硬件资源，为梯形图的各种继电器或触点进行编号，再按照软件规格说明书即技术要求、编制依据、测试要求，用梯形图编程。

5）软件测试。编写好的程序难免有缺陷或错误。为了及时发现和消除程序中的错误和缺陷，需要对程序进行离线测试。经调试、排错、修改及模拟运行后，才能正式投入运行。

6）编制程序使用说明书。当一项软件工程完成后，为了便于用户和现场调试人员的使用，应对所编制的程序进行说明，说明书应包括程序设计的依据、结构、功能、流程图，各项功能单元的分析，PLC的I/O信号，软件程序操作使用的步骤、注意事项等。

2. 2号控制站程序开发

（1）概况　综合上述分析，2号控制站用于“模仿”真空钎焊炉的真空度控制，并在满足真空度条件下，通过操作员站衔接1号控制站的温度控制流程。另外，如1号控制站在工作过程中出现断偶、超温故障和钎焊完成状态，通过操作员站衔接2号控制站，按工艺要求作相应处理。其程序开发步骤与1号控制站类似，即分析项目需求→新建项目→硬件组态→通信组态→绘制功能流程图→分配存储单元→编程→下载→调试验证→改进→关联操作员站。

(2) 功能流程图　2号控制站主要完成真空钎焊的真空系统控制，参考其工作流程。而本项目基于自动工作方式的“模仿”实施，为此，拟定其工作流程为：转速100——低真空度、转速200——高真空度；可采用PID单回路闭环控制，为简便也可直接采用开环控制；根据工艺流程，通过在操作员站上给定目标转速即可。各种延时采用PLC内部的定时器，均约定为1min，由此得到参考功能流程图，如图5-15所示。

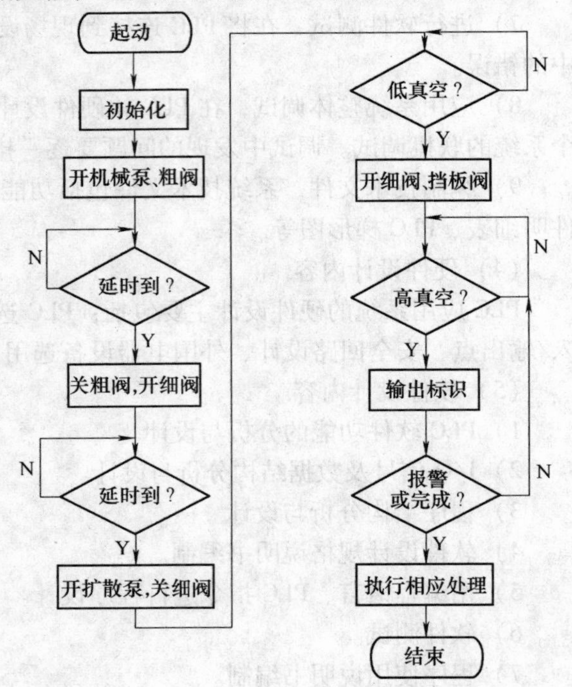

图5-15　2号控制站功能流程图

(3) PLC存储单元分配　由项目控制工艺和图5-15，并结合系统I/O清单表，可得所分配的主要存储单元如表5-5所示。本项目2号控制站的核心程序与项目3基本类似，根据功能流程图和存储单元分配表，各小组自行完成2号控制站的程序开发工作。

表5-5　2号控制站存储单元分配表

序号	符号名称	数据类型	PLC地址	组态关联(变量名)
1	起动	I/O离散	I0.0/m0.1	起动按钮
2	机械泵	I/O离散	Q0.0/V1.0	机械泵
3	粗阀	I/O离散	Q0.1/V1.1	粗阀
4	细阀	I/O离散	Q0.2/V1.2	细阀
5	扩散泵	I/O离散	Q0.3/V1.3	扩散泵
6	挡板阀	I/O离散	Q0.4/V1.4	挡板阀
7	高真空H	I/O离散	Q0.5/V1.5	输出标识
8	炉室低温	I/O离散	Q0.6/V1.6	炉室低温
9	充气阀	I/O离散	Q0.7/V1.7	充气阀
10	低真空L	I/O离散	Q1.0/M1.0	低真空
11	手动选择	I/O离散	M10.0	手动选择200
12	手动标识	I/O离散	M10.1	手动选择标识200
13	自动选择	I/O离散	M10.2	自动选择200
14	自动标识	I/O离散	M10.3	自动选择标识200
15	初始化设置完毕	I/O离散	M10.4	初始化设置完毕
16	存储低真空值	I/O实数	VD400	手动设置低真空

（续）

序号	符号名称	数据类型	PLC地址	组态关联（变量名）
17	存储高真空值	I/O实数	VD404	手动设置高真空
18	真空度值	I/O实数	VD100/VD300	真空度测量值/真空度
19	真空设定值	I/O实数	VD104	真空设定值
20	自动输出值	I/O实数	VD108	自动输出值
21	比例系数	I/O实数	VD112	比例系数
22	采样时间	I/O实数	VD116	采样时间
23	积分时间	I/O实数	VD120	积分时间
24	微分时间	I/O实数	VD124	微分时间

3. 控制站与操作员站通信组态

根据上面的分析，控制站与操作员站的数据传输与共享可选用PROFIBUS-DP、TCP/IP、OPC通信，由于TCP/IP通信的众多优点和广泛应用，下面介绍1号控制站与操作员站的TCP/IP通信组态工作。对于控制站与操作员站实现PROFIBUS-DP、OPC通信组态方法，参考相关手册的内容。

另外，为了验证TCP/IP通信状态，首先，在计算机上用ping命令，保证能ping到PLC站；其次，自主拟定简单数据传输和控制关系，为控制站PLC和操作员站构建项目，开发测试程序。最重要的是在项目实施过程，需要规划好工作站之间传递、共享的数据，以及在工艺流程中控制关系的衔接问题。

根据实施平台和系统配置，通信组态硬件配置包括：PLC选用西门子的CPU-315-2 PN/DP，另外还需要8口交换机和MPI下载电缆。下面分别介绍S7-300的以太网配置和组态王以太网的设置基本步骤。

（1）S7-300以太网配置基本步骤　启动S7-300的开发软件SIMATIC STEP 7，执行“新建项目→插入SIMATIC300工作站→硬件组态→以太网设置”命令，即可进行以太网设置。下面对所选的CPU-315-2 PN/DP的以太网设置配置流程作简要说明，相比S7-200的以太网配置，其配置比较简单。

1）在硬件组态过程中，单击CPU-315-2 PN/DP模块中的PN-IO栏目，系统将弹出如图5-16所示Ethernet接口属性界面，在IP地址栏和子网掩码栏输入图中所需数字，确保与计算机本地连接网络的TCP/IP属性在同一网段，建议新建1个子网。

2）利用SIMATIC Manager开发界面中“选项”菜单下的“设置PG/PC接口”，设置好“通信”和“PG/PC接口”，利用PC/MPI下载电缆或直接用TCP/IP方式把硬件组态、以太网配置及程序下载到PLC的CPU中，以太网通信才能起作用。

3）在计算机上用ping命令，保证能ping到PLC站；随后，“PG/PC接口”可设置为“TCP/IP”，实现项目组态下载和在线监控作用。

4）为了进一步验证TCP/IP通信，自主设计通信单元及数据工作关系，在工程师站上利用组态王开发简单的测试项目；PLC控制站开发相应测试程序；启动PLC和操作员站上的监控程序，验证两者通信关系。例如，利用S7-300的CPU属性中的“时钟存储器”输出固定频率方波控制输出继电器（M100.5→Q0.0）；在组态项目中定义 I/O 离散变量 DO _ 1，DO _ 1 关联 Q0.0，在监控界面上 DO _ 1 变量与指示灯动画连接；通过项目运行，以验证 TCP/IP 通信效果。

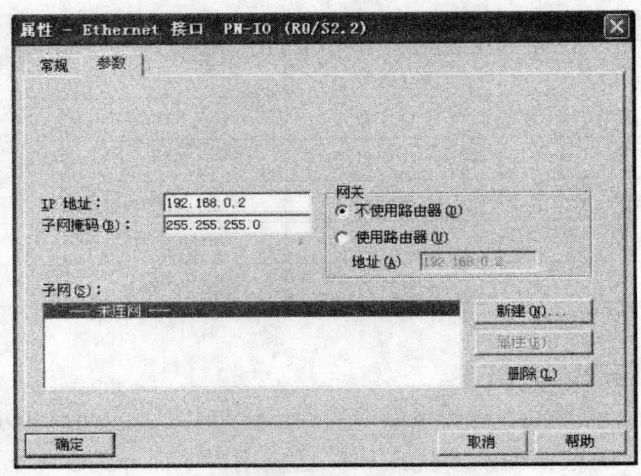

图 5-16　Ethernet 接口属性设置界面

（2）组态王以太网设置　其步骤如下：

1）定义组态王设备，组态王定义设备时请选择“PLC→西门子→S7-300（TCP）→TCP”命令。设备向导页选项的特殊说明：是否选串口—是，是否有地址选择页—是，通信方式—以太网，描述—TCP。

2）设备地址及通信参数定义，设备地址格式：PLC 的 IP 地址、CPU 机架号、CPU 槽号，即 XXX.XXX.XXX.XXX:Y：Z（XXX 为 0～255，Y 为 0～21，Z 为 0～18）对于所选实训平台，其地址为 192.168.0.3:0:2。

3）组态王数据词典。主要围绕 I/O 变量定义，根据项目的需要，在变量定义界面确定 I/O 变量与 PLC 寄存器关系。

4）寄存器有关说明。

①组态王中定义的寄存器的通道范围是指该寄存器支持的最大范围，实际范围由 PLC 中的程序确定，如果组态王中定义的寄存器通道范围超出了 PLC 的实际范围，则在运行时组态王信息窗口会提示（超出范围的）寄存器读失败。

②组态王中定义的 DB 寄存器序号、数据类型必须与 PLC 中定义的保持一致，否则运行系统读上来的数据有可能是错误的。比如，PLC 中 DB 块的定义为：DB1.0（INT），DB1.2（UINT），DB1.4（REAL），DB1.8（BYTE），则在组态王中定义变量时寄存器序号和数据类型对应为 DB1.0（SHORT），DB1.2（USHORT），DB1.4（FLOAT），DB1.8（BYTE）。

③对于 BIT 数据类型，I、Q、M 寄存器的定义方式为 xx.yy，xx 为对应字节的通道，yy 为其中位的通道，范围为 0～7；DB 寄存器的定义方式为 xx.yy.zz，xx 为 DB 块号，yy 为对应块中地址序号，zz 为其中位的通道号，范围为 0～7。

④对于 DB 寄存器，在不同的定义情况下，其通道设定是不一样的。当选择 S7-300 或者 S7-400 系列 PLC 时，定义方式为 xx.yy.zz，xx 为 DB 块号，范围是 0～255，yy 为对应块中

地址序号，zz 为其中位的通道号，当寄存器类型是 BIT 型时，范围是 0 ~ 7。当寄存器类型是 STRING 型时，范围是 0 ~ 127。

4. 操作员站组态

本项目操作员站的组态格局立足于项目 2 和项目 3 的基础之上，新增安全管理功能；前面已经应用的功能模块，参考前面监控界面分析相关内容；另外，对于组态软件中前面尚未介绍或应用的其他功能模块，参考帮助文档和其他资源自主学习；各小组自主完成操作员站组态。根据前面项目实施方案相关分析，操作员站的主要功能模块包括：系统用户及安全管理、工艺流程图显示、趋势显示、参数列表/报表显示、报警监视、日志查询、系统设备状态监视、操作功能、菜单选项、记录等功能模块，分解组合为多个窗体。

操作员站组态最为核心和复杂的内容主要包括：①数据库词典的变量定义，既直接关系到控制站的编程，又关系到三个工作站的数据共享通信处理及应用；②硬件设计、工作方式选用和三个工作站工艺流程衔接。下面对数据变量相关内容作进一步说明。

（1）数据库变量定义示例　在 1 号控制站定义数据变量与分配存储单元关系（见表 5-4）和 2 号控制站定义数据变量与分配存储单元关系（见表 5-5）基础上，根据项目的需要，实现工作站的数据监控、共享、通信；作为参考，组态王所定义的数据变量如图 5-17 所示。

变量名	变量类型	ID	连接设备	寄存器
$网络状态	内存整型	17		
机械泵	I/O离散	21	plc200	V1.0
粗阀	I/O离散	22	plc200	V1.1
细阀	I/O离散	23	plc200	V1.2
扩散泵	I/O离散	24	plc200	V1.3
挡板阀	I/O离散	25	plc200	V1.4
输出标识	I/O离散	26	plc200	V1.5
炉室低温	I/O离散	27	plc200	V1.6
充气阀	I/O离散	28	plc200	V1.7
真空度	I/O实型	29	plc200	V300
起动按钮	I/O离散	30	plc200	M0.1
起动1号站	I/O离散	31	plc300	DB3.0.4
断偶报警	I/O离散	32	plc300	DB3.0.3
超温报警	I/O离散	33	plc300	DB3.0.2
加热完成	I/O离散	34	plc300	DB3.0.6
加热体	I/O离散	35	plc300	Q0.7
磁性调压器	I/O离散	36	plc300	Q0.6
反馈2号站	I/O离散	37	plc300	DB3.1.5
温度	I/O实型	38	plc300	DB2.10
低真空	I/O离散	41	plc200	M1.0
真空度测量值	I/O实型	43	plc200	V100
真空度设定值	I/O实型	44	plc200	V104
自动输出值	I/O实型	45	plc200	V108
比列系数	I/O实型	46	plc200	V112
采样时间	I/O实型	47	plc200	V116
积分时间	I/O实型	48	plc200	V120
微分时间	I/O实型	49	plc200	V124
第一段温控标识	I/O离散	50	plc300	DB3.0.7
第二段温控标识	I/O离散	51	plc300	DB3.1.0
第三段温控标识	I/O离散	52	plc300	DB3.1.1
第四段温控标识	I/O离散	53	plc300	DB3.1.2
第五段温控标识	I/O离散	54	plc300	DB3.1.3
目标温度1	I/O实型	55	plc300	DB3.2.0
目标温度1保温时间	I/O整型	56	plc300	DB3.6.0
目标温度2	I/O实型	57	plc300	DB3.8.0

图 5-17　操作员站组态变量

目标温度2保温时间	I/0整型	58	plc300	DB3.12.0
目标温度3	I/0实型	59	plc300	DB3.14.0
温度设定值	I/0实型	60	plc300	DB2.6
温度采样时间	I/0实型	61	plc300	DB2.2
温度比列系数	I/0实型	62	plc300	DB2.20
温度积分时间	I/0实型	63	plc300	DB2.24
温度微分时间	I/0实型	64	plc300	DB2.28
温度自动输出	I/0实型	65	plc300	DB2.72
手动选择200	I/0离散	66	plc200	M10.0
手动选择标识200	I/0离散	67	plc200	M10.1
自动选择200	I/0离散	68	plc200	M10.2
自动选择标识200	I/0离散	69	plc200	M10.3
初始化设置完毕200	I/0离散	70	plc200	M10.4
手动设置低真空	I/0实型	71	plc200	V400
手动设置高真空	I/0实型	72	plc200	V404
初始化设置完毕300	I/0离散	73	plc300	DB3.1.4
手动选择300	I/0离散	74	plc300	DB3.1.6
手动选择标识300	I/0离散	75	plc300	DB3.1.7
自动选择300	I/0离散	76	plc300	DB3.8.0
自动选择标识300	I/0离散	77	plc300	DB3.8.1
组态手动选择	内存离散	78		
组态自动选择	内存离散	79		
高真空度标识	I/0实型	80	plc300	DB3.0.1
控制1号起动	I/0离散	82	plc300	DB3.0.0

图 5-17　操作员站组态变量（续）

（2）监控界面示例　根据项目工艺要求及项目功能、实施方案、控制站程序和组态王功能模块的应用，对真空钎焊炉监控系统操作员站的监控界面进行开发工作，具体过程由各小组自主完成，下面给出图 5-18、图 5-19 所示监控界面作为参考。

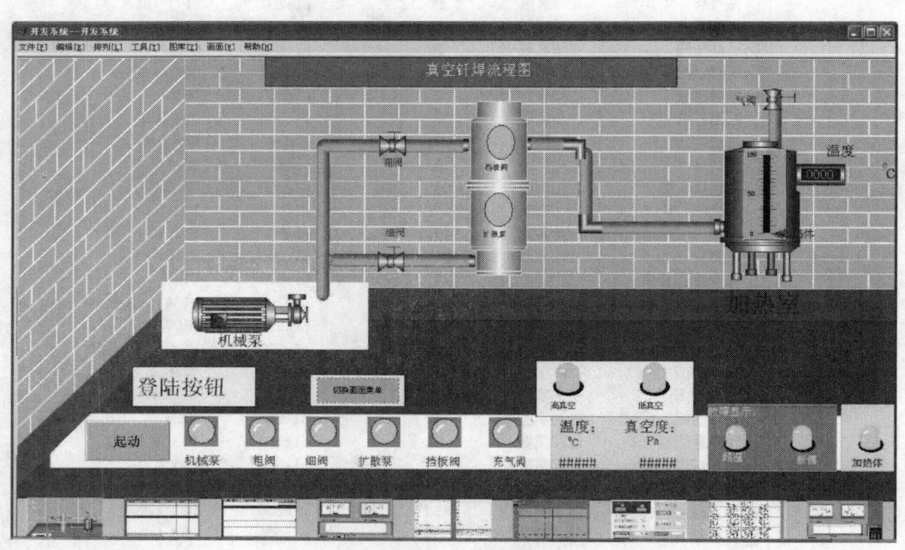

a) 真空钎焊总控流程图

图 5-18　监控参考界面

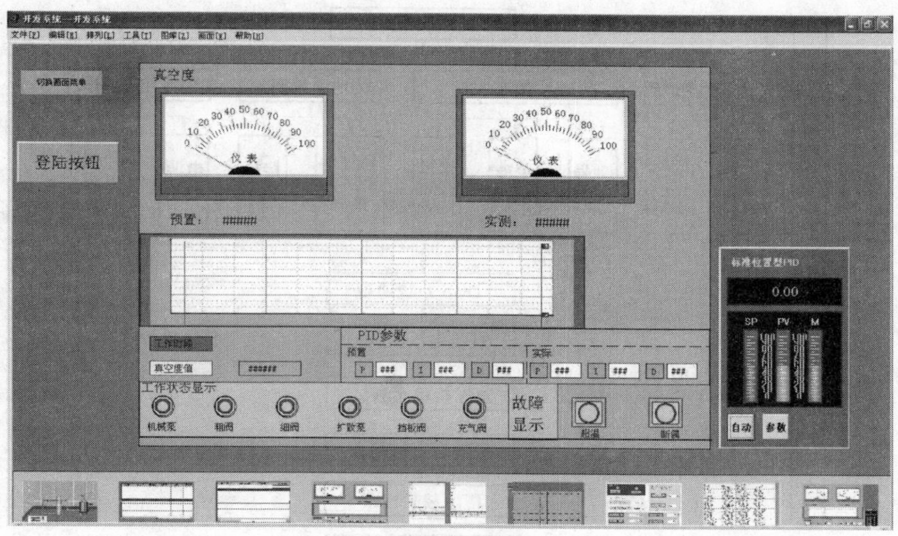

b) 2号控制站真空度PID控制图

图5-18 监控参考界面（续）

图5-19 系统初始化设置

5.1.6 系统调试、运行和维护

1. 系统调试

为了确保系统有序、安全、可靠地运行，其调试工作至关重要。根据自动控制系统调试的基本要求和本项目具体情况，依据设计图样、产品技术资料、调试方案和有关规范，精心组织调试。应全面了解所设计的控制方案和实现的控制功能要求，有必要首先将自动化系统的设计目标及控制程序的目标与项目所提供的控制要求内容相比较、分析，提出合理意见，使控制流程更合理、适用，满足生产工艺需要；调试过程团队成员分工明确、互相配合。DCS的调试工作重要而复杂，并遵循一定的流程和规律，其总体调试流程如图5-20所示。

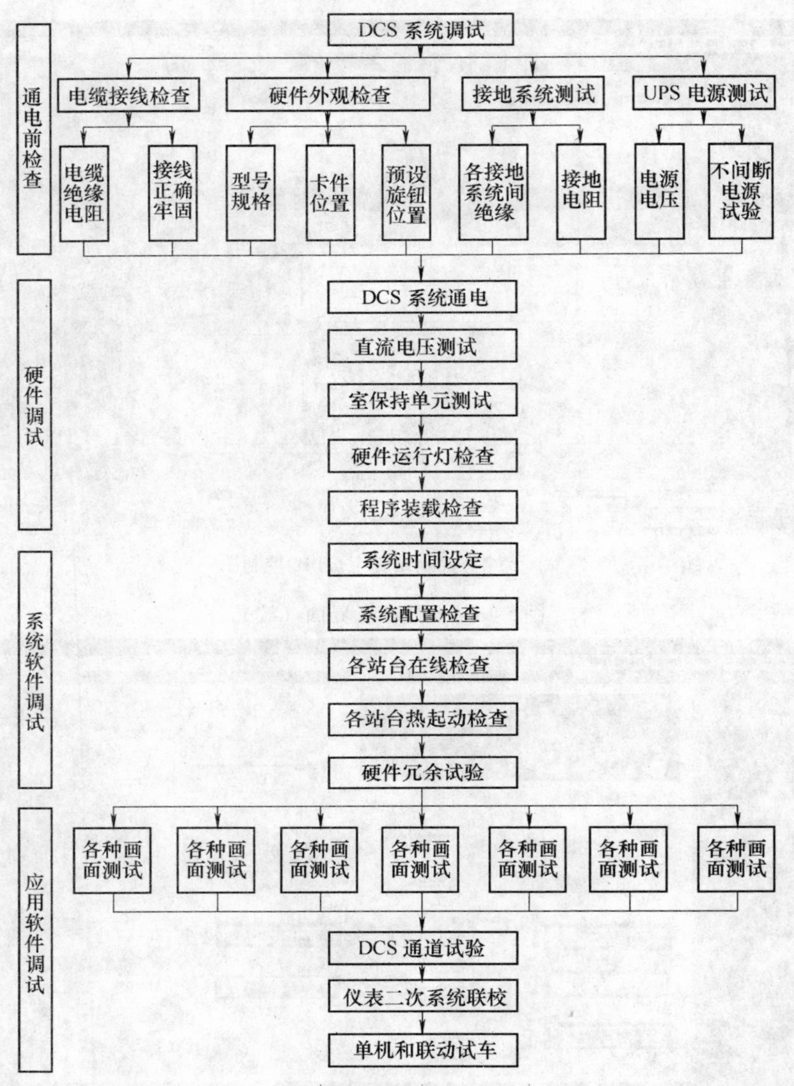

图 5-20　DCS 调试总体流程图

通过真空炉监控系统软、硬件设计和开发，按照具体工艺流程和工业应用环境对硬件和软件程序进行安装调试，以检查所设计系统是否满足设计目标及系统工作需要。

调试围绕系统软、硬件两方面同时进行，硬件功能模块调试，主要包括操作员站、控制站和现场电气控制系统及通信；软件模块调试主要包括 PLC 各功能模块程序和操作员站各功能模块的监控程序。通过各功能组件独立调试、系统模拟联调和现场调试，解决所发现问题，力争系统硬件和软件运行良好，从而确保真空钎焊炉系统工作安全、可靠、高效、实用，其各种性能指标达到系统设计要求。本项目调试既要遵从"工程项目"的共性，又要注意到实施平台的特色；调试分为设备静态测试、PLC 应用系统工艺调试、仪表调试、系统联调。

2. 系统运行与维护

（1）项目监控运行　在系统安装、调试、通电的基础上，首先启动 2 号控制站 PLC 工作程序，然后再启动 1 号控制站 PLC 工作程序，最后启动操作员站所组态的工程文件，真空钎焊炉监控系统项目运行的总监控界面状态如图5-21所示；利用菜单选项、位图和界面上的命令按钮可切换至其他监控界面，如实时曲线和报警监控界面（见图5-22）、系统参数报表界面（见图5-23）。根据系统运行界面状态，分析、验证所开发的程序是否满足项目设计要求；若不满足，针对所存在的问题，进行分析解决。

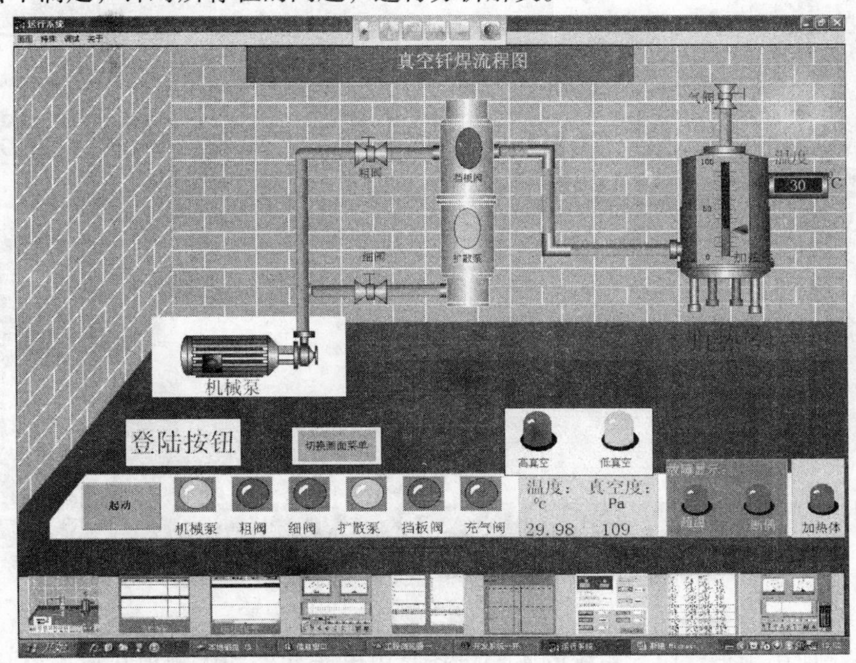

图5-21　真空钎焊总监控界面状态

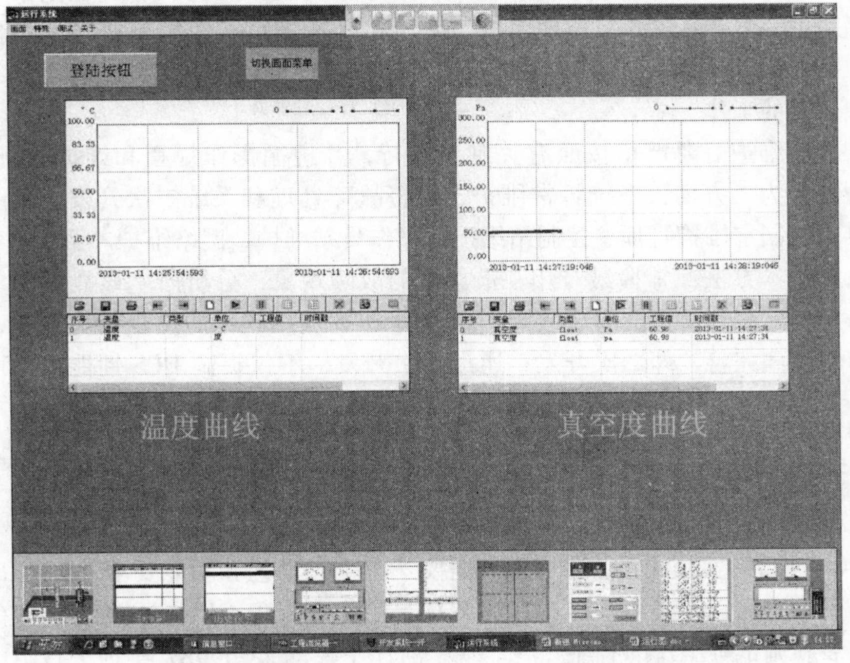

图5-22　真空钎焊监控系统实时曲线和报警监控界面

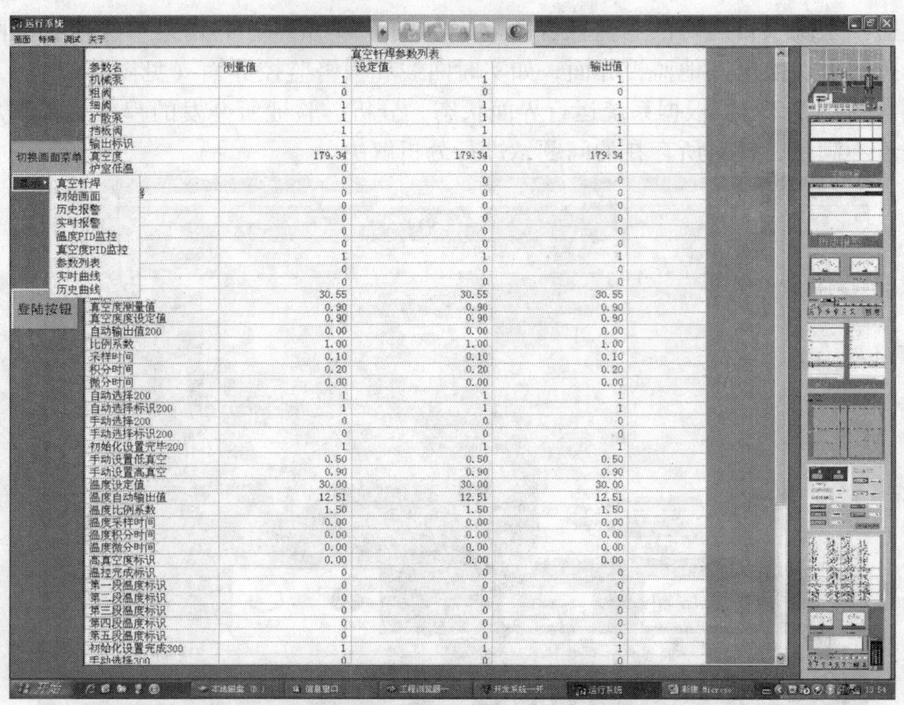

图 5-23　真空钎焊监控系统实时报表界面

（2）系统应用维护　DCS 系统的主要设备是由电子元件和大规模集成电路构成，结构紧密，而且控制部件采用冗余容错技术，运行可靠性高。但是受安装环境因素（温度、湿度、尘埃、腐蚀、电源、噪声、接地阻抗、振动和鼠害等）和使用方法（元器件老化和软件失效等）的影响，不能保证 DCS 系统长期可靠、稳定地运行，因此，管理和维护好 DCS 系统是一项重要的工作。

DCS 的应用维护需要严格按照有关制度进行，并遵循操作规程和维护手册指导进行；DCS 的维护可分为三方面：系统日常维护、报警故障处理和系统二次开发。系统日常维护的主要内容：控制室维护管理、控制站维护、操作员站维护、网络维护。系统报警故障处理的基本思路和基本方法：掌握最有用、最典型的故障现象，分析产生该故障现象的可能原因，然后采用排除法和替换法解决故障。通过对 DCS 应用软件的逐步消化吸收，可对其功能作进一步修改和完善，即二次开发；通过二次开发，不仅提高 DCS 性能，也可持续提升应用技能。

5.2　基于浙江中控 DCS 的甲醛生产监控系统

作为 DCS 项目的实施人员，一方面，需要了解生产工艺和功能要求，作为 DCS 项目实施的依据；另一方面，还必须了解 DCS 工程项目的作业流程，以指导 DCS 装置的设计、组态开发、安装和调试等工作的有序开展。基于浙江中控的 JX-300XP 实训平台，已经实施了锅炉的液位、温度监控系统；为了进一步理解复杂的甲醛监控仿真模拟系统，下面将简要介绍甲醛生产工艺、系统控制功能要求等内容。

5.2.1　工艺及要求

1. 甲醛生产工艺概况

甲醛是重要的有机化工原料，广泛应用于树脂合成、工程塑料聚甲醛、农药、医药、染料等行业。含甲醛35% ~55%的水溶液，商品名为福尔马林，主要用于生产聚甲醛、酚醛树脂、乌洛托品、季戊四醇、合成橡胶、粘胶剂等产品，在农业和医药部门也可用于制作杀虫剂或消毒剂。为提高甲醛的产品质量和生产能力，降低成本，保证生产的稳定和安全性，很多国内厂家对生产的自动控制提出了更高的要求。目前工业上生产甲醛，一般采用甲醇氧化制甲醛的方法。在甲醛的生产中，采用先进的集散控制系统DCS，进行全程监控，提高生产的技术水平。

甲醛生产过程简要归纳为：原料甲醇由高位槽进入蒸发器加热，水洗后经过加热到蒸发器的甲醇层（约50℃），为甲醇蒸汽所饱和，并与水蒸气混合；然后通过加热器加热到100 ~120℃，经阻火器和加热器进入氧化反应器；反应器的温度一般控制在600 ~650℃，在催化剂的作用下，大部分甲醇即转化为甲醛。为控制副反应产生并防止甲酸分解，转化后气体冷却到100 ~120℃，再进入吸收塔，先用37%左右的甲醛水溶液吸收，再用稀甲醛或水吸收未被吸收的气体，然后从塔顶排出，送到尾气锅炉燃烧，提供热能。

2. 用户授权设置

根据操作习惯和甲醛工艺项目操作的权限等级要求，需建立4个用户，用户名、密码、允许访问的操作小组名称、对应的角色、角色对应的功能如表5-6所示。

表5-6　用户设置

权限	用户名	用户密码	相应权限
特权	系统维护	SUPCONDCS	PID参数设置、报表打印、报表在线修改、报警查询、报警声音修改、报警使能、查看操作记录、查看故障诊断信息、查找位号、调节器正反作用设置、屏幕拷贝打印、手工设置值、退出系统、系统热键屏蔽设置、修改趋势画面、重载组态、主操作员站设置
工程师	工程师	1111	PID参数设置、报表打印、报表在线修改、报警查询、报警声音修改、报警使能、查看操作记录、查看故障诊断信息、查找位号、调节器正反作用设置、屏幕拷贝打印、手工设置值、退出系统、系统热键屏蔽设置、修改趋势画面、重载组态、主操作员站设置
操作员	蒸发氧化操作组	1111	重载组态、报表打印、查看故障诊断信息、屏幕拷贝打印、查看操作记录、修改趋势画面、报警查询
操作员	吸收操作组	1111	重载组态、报表打印、查看故障诊断信息、屏幕拷贝打印、查看操作记录、修改趋势画面、报警查询

3. 控制回路

控制回路信息用于指导控制方案的组态，甲醛生产工艺需要10个单回路控制方案，下面列出3个主要控制回路信息，如表5-7所示。

表 5-7 控制回路信息表

序　号	控制方案注释、回路注释	回路位号	控制方案	PV	MV
00	蒸发器压力控制	PIC-201	单回路	PI-201	PV-201
01	蒸发器液位控制	LIC-201	单回路	LI-201	LV-201
02	甲醇气流量控制	FIC-201	单回路	FI-201	FV-201

5.2.2 测点统计

经过对工艺过程的统计，该甲醛工艺控制项目中有测点与控制点共 80 余个，具体测点清单如表 5-8 所示。

表 5-8 测 点 清 单

序号	位号	描述	I/O	类型	量程/ON描述	单位/OFF描述	报警要求	趋势要求（均记录统计数据）
1	PIA-203	系统压力	AI	配电 4～20mA	0.0～60.0	kPa	HH60；HI54；LI6；LL0	低精度压缩，记录周期 1s
2	PI-201	蒸发器压力	AI	配电 4～20mA	0.0～120.0	kPa	HH120；HI108；LI12；LL0	低精度压缩，记录周期 1s
3	PIA-202	尾气压力	AI	配电 4～20mA	0.0～60.0	kPa	HH60；HI54；LI6；LL0	低精度压缩，记录周期 1s
4	PI-202R101	蒸汽压力	AI	配电 4～20mA	0.0～3.0	MPa	HH3；HI2；LI1；LL0	低精度压缩，记录周期 1s
5	PI-213	二塔顶压力	AI	配电 4～20mA	0.0～10.0	kPa	HH10；HI9；LI1；LL0	低精度压缩，记录周期 1s
6	FR-203	风量	AI	配电 4～20mA	0.0～4500.0	m^3/h	HH4500；HI4050；LI450；LL0	低精度压缩，记录周期 1s
7	FI-201	甲醇气流量	AI	配电 4～20mA	0.0～2000.0	m^3/h	HH2000；HI1800；LI200；LL0	低精度压缩，记录周期 1s
8	FI-204	配料蒸汽流量	AI	配电 4～20mA	0.0～2000.0	m^3/h	HH2000；HI1800；LI200；LL0	低精度压缩，记录周期 1s
9	FIA-202	尾气流量	AI	配电 4～20mA	0.0～3500.0	m^3/h	HH3500；HI3150；LI350；LL0	低精度压缩，记录周期 1s
10	LI-201	蒸发器液位	AI	配电 4～20mA	0.0～100.0	%	HH100；HI90；LI10；LL0	低精度压缩，记录周期 1s
11	LI-202	废锅液位	AI	配电 4～20mA	0.0～100.0	%	HH100；HI90；LI5；LL0	低精度压缩，记录周期 1s
12	LI-205	V201 液位	AI	配电 4～20mA	0.0～100.0	%	HH100；HI90；LI10；LL0	低精度压缩，记录周期 1s
13	LI-203	一塔底液位	AI	配电 4～20mA	0.0～100.0	%	HH100；HI90；LI10；LL0	低精度压缩，记录周期 1s

（续）

序号	位号	描述	I/O	类型	量程/ON描述	单位/OFF描述	报警要求	趋势要求（均记录统计数据）
14	LI-204	二塔底液位	AI	配电 4～20mA	0.0～100.0	%	HH100;HI90;LI10;LL0	低精度压缩，记录周期1s
15	LI-206	汽包液位	AI	配电 4～20mA	0.0～100.0	%	HH100;HI90;LI10;LL0	低精度压缩，记录周期1s
16	I-101	空气风机电流	AI	不需配电 4～20mA	0.0～312.0	A	HH180;HI150;LI50;LL0	低精度压缩，记录周期2s
17	I-102	尾气风机电流	AI	不需配电 4～20mA	0.0～250.0	A	HH150;HI125;LI25;LL0	低精度压缩，记录周期2s
18	I-103A	甲醇上料泵电流A	AI	不需配电 4～20mA	0.0～10.0	A	HH10;HI9;LI3;LL0	低精度压缩，记录周期2s
19	I-103B	甲醇上料泵电流B	AI	不需配电 4～20mA	0.0～10.0	A	HH10;HI9;LI3;LL0	低精度压缩，记录周期2s
20	I-201A	一塔循环泵电流A	AI	不需配电 4～20mA	0.0～100.0	A	HH50;HI45;LI15;LL0	低精度压缩，记录周期2s
21	I-201B	一塔循环泵电流B	AI	不需配电 4～20mA	0.0～100.0	A	HH50;HI45;LI15;LL0	低精度压缩，记录周期2s
22	I-202A	二塔循环泵电流A	AI	不需配电 4～20mA	0.0～140.0	A	HH35;HI32;LI10;LL0	低精度压缩，记录周期2s
23	I-202B	二塔循环泵电流B	AI	不需配电 4～20mA	0.0～140.0	A	HH35;HI32;LI10;LL0	低精度压缩，记录周期2s
24	I-104A	软水泵电流A	AI	不需配电 4～20mA	0.0～400.0	A	HH10;HI9;LI3;LL0	低精度压缩，记录周期2s
25	I-104B	软水泵电流B	AI	不需配电 4～20mA	0.0～400.0	A	HH10;HI9;LI3;LL0	低精度压缩，记录周期2s
26	I-203	二塔中循环泵电流	AI	不需配电 4～20mA	0.0～100.0	A	HH20;HI18;LI3;LL0	低精度压缩，记录周期2s
27	I-204A	汽包给水泵电流A	AI	不需配电 4～20mA	0.0～150.0	A	HH20;HI18;LI3;LL0	低精度压缩，记录周期2s
28	I-204B	汽包给水泵电流B	AI	不需配电 4～20mA	0.0～150.0	A	HH20;HI18;LI3;LL0	低精度压缩，记录周期2s
29	I-111A	点火电流A	AI	不需配电 4～20mA	0.0～30.0	A	HH30;HI27;LI5;LL0	低精度压缩，记录周期2s
30	I-111B	点火电流B	AI	不需配电 4～20mA	0.0～30.0	A	HH30;HI27;LI5;LL0	低精度压缩，记录周期2s
31	I-111C	点火电流C	AI	不需配电 4～20mA	0.0～30.0	A		低精度压缩，记录周期2s

（续）

序号	位号	描述	I/O	类型	量程/ON 描述	单位/OFF 描述	报警要求	趋势要求（均记录统计数据）
32	TI-210	氧化温度 1	TC	K	0.0 ~ 800.0	℃	HH720；HI690；LI610；LL0	
33	TI-211	氧化温度 2	TC	K	0.0 ~ 800.0	℃	HH700；HI695；LI600；LL550	
34	TI-212	氧化温度 3	TC	K	0.0 ~ 800.0	℃	HH710；HI685；LI615；LL545	
35	TI-213	氧化温度 4	TC	K	0.0 ~ 800.0	℃	HH720；HI690；LI605；LL540	
36	TI-214	氧化温度 5	TC	K	0.0 ~ 800.0	℃	HH700；HI685；LI600；LL555	
37	TI-227	尾气锅炉温度	TC	K	0.0 ~ 800.0	℃	HH800；HI720；LI80；LL0	
38	FQ-201	甲醇流量	TC	1 ~ 5V	0.0 ~ 4000.0	公斤	HH4000；HI3600；LI400；LL0	
39	TE-203	空气过热温度	RTD	Pt100	0.0 ~ 150.0	℃	HH150；HI135；LI15；LL0	高精度压缩，记录周期 1s
40	TE-205	混合气温	RTD	Pt100	0.0 ~ 150.0	℃	HH150；HI135；LI15；LL0	高精度压缩，记录周期 1s
41	TI-209	废锅温度	RTD	Pt100	0.0 ~ 150.0	℃	HH150；HI135；LI15；LL0	高精度压缩，记录周期 1s
42	TI-215	R201 出口温度	RTD	Pt100	0.0 ~ 150.0	℃	HH150；HI135；LI15；LL0	高精度压缩，记录周期 1s
43	TI-216	A201 温度	RTD	Pt100	0.0 ~ 150.0	℃	HH150；HI135；LI15；LL0	高精度压缩，记录周期 1s
44	TI-217	A201 顶温	RTD	Pt100	0.0 ~ 150.0	℃	HH150；HI135；LI15；LL0	高精度压缩，记录周期 1s
45	LV-201	蒸发器液位调节	AO	Ⅲ型；正输出				
46	PV-201	蒸发器压力调节	AO	Ⅲ型；正输出				
47	FV-201	甲醇气流量调节	AO	Ⅲ型；正输出				
48	FV-204	配料蒸汽流量调节	AO	Ⅲ型；正输出				
49	TV-210	氧温自动调节阀	AO	Ⅲ型；正输出				

（续）

序号	位号	描述	I/O	类型	量程/ON 描述	单位/OFF 描述	报警要求	趋势要求（均记录统计数据）
50	HV-101	空气放空调节阀 A	AO	Ⅲ型；正输出				
51	HV-102	空气放空调节阀 B	AO	Ⅲ型；正输出				
52	TV-214	氧化温度 5 调节	AO	Ⅲ型；正输出				
53	HV-103	尾气流量手操	AO	Ⅲ型；正输出				
54	LV-202	废锅液位调节	AO	Ⅲ型；正输出				
55	LV-205	V201 液位	AO	Ⅲ型；正输出				
56	LV-203	一塔底液位调节	AO	Ⅲ型；正输出				
57	LV-204	二塔底液位调节	AO	Ⅲ型；正输出				
58	LV-206	汽包液位控制	AO	Ⅲ型；正输出				
59	WQV-202	尾气流量压力控制	AO	Ⅲ型；正输出				
60	PV-203A	高压补低压	AO	Ⅲ型；正输出				
61	PV-203B	蒸汽放空	AO	Ⅲ型；正输出				
62	B-101	空气风机运行状态	DI	NO；触点型	起动	停止		高精度压缩，记录周期 2s
63	B-102	尾气风机运行状态	DI	NO；触点型	起动	停止		高精度压缩，记录周期 2s
64	P-103A	甲醇上料泵运行状态 A	DI	NO；触点型	起动	停止		高精度压缩，记录周期 2s
65	P-103B	甲醇上料泵运行状态 B	DI	NO；触点型	起动	停止		高精度压缩，记录周期 2s
66	P-104A	软水泵运行状态 A	DI	NO；触点型	起动	停止		高精度压缩，记录周期 2s
67	P-104B	软水泵运行状态 B	DI	NO；触点型	起动	停止		高精度压缩，记录周期 2s

（续）

序号	位号	描述	I/O	类型	量程/ON 描述	单位/OFF 描述	报警要求	趋势要求（均记录统计数据）
68	P-201A	一塔循环泵运行状态 A	DI	NO；触点型	起动	停止		高精度压缩，记录周期 2s
69	P-201B	一塔循环泵运行状态 B	DI	NO；触点型	起动	停止		高精度压缩，记录周期 2s
70	P-202A	二塔循环泵运行状态 A	DI	NO；触点型	起动	停止		高精度压缩，记录周期 2s
71	P-202B	二塔循环泵运行状态 B	DI	NO；触点型	起动	停止		高精度压缩，记录周期 2s
72	P-203	二塔中循环泵运行状态	DI	NO；触点型	起动	停止		高精度压缩，记录周期 2s
73	P-204A	汽包给水泵运行状态 A	DI	NO；触点型	起动	停止		高精度压缩，记录周期 2s
74	P-204B	汽包给水泵运行状态 B	DI	NO；触点型	起动	停止		高精度压缩，记录周期 2s
75	LAH206	汽包水位高报警	DI	NO；触点型	水位高		ON 报警	高精度压缩，记录周期 2s
76	LAL206	汽包水位低报警	DI	NO；触点型	水位低		ON 报警	高精度压缩，记录周期 2s
77	Q-101	空气风机切换	DO	NO；触点型	开	关		
78	Q-102	尾气风机切换	DO	NO；触点型	开	关		
79	Q-103A	甲醇上料泵切换 A	DO	NO；触点型	开	关		
80	Q-103B	甲醇上料泵切换 B	DO	NO；触点型	开	关		
81	Q-104A	软水泵切换 A	DO	NO；触点型	开	关		
82	Q-104B	软水泵切换 B	DO	NO；触点型	开	关		
83	ZV-01	二塔顶放空	DO	NO；触点型	开	关		
84	Q-201A	一塔循环泵切换 A	DO	NO；触点型	开	关		
85	Q-201B	一塔循环泵切换 B	DO	NO；触点型	开	关		

（续）

序号	位号	描述	I/O	类型	量程/ON描述	单位/OFF描述	报警要求	趋势要求（均记录统计数据）
86	Q-202A	二塔循环泵切换A	DO	NO；触点型	开	关		
87	Q-202B	二塔循环泵切换B	DO	NO；触点型	开	关		
88	Q-204A	汽包给水泵切换A	DO	NO；触点型	开	关		
89	Q-204B	汽包给水泵切换B	DO	NO；触点型	开	关		

5.2.3　系统组态

根据测点清单要求，完成测点统计和控制站的卡件选型工作，并对各卡件进行合理的布置，接下来要进行系统组态，将用户硬件的配置情况、采集的信号类型、采用的控制方案及操作时需要的数据及画面等在软件中体现出来，即对DCS的软、硬件构成进行配置。完整的项目组态包含：控制站、操作员站等硬件设备在软件中的配置，操作画面设计，流程图绘制，控制方案编写，报表制作等。下面对操作员站组态作简要说明。

1. 操作员站组态

操作员站的组态主要包括操作小组的设置、标准操作画面的制作、流程图绘制、报表制作、自定义键组态等内容。下面简单介绍其中几方面内容。

（1）操作小组的设置。在实际的工程应用中，往往并不是每个操作员站都需要查看和监测所有的操作画面，可以利用操作小组对操作功能进行划分，每一个不同的操作小组可观察、设置、修改指定的一组标准画面、流程图、报表、自定义键。对于一些规模较大的系统，一般建议设置一个总操作小组，它包含所有操作小组的组态内容，这样，当其中有一操作员站出现故障，可以运行此操作小组，查看出现故障的操作小组运行内容，以免时间耽搁而造成损失。本甲醛项目设置操作小组3个，设置如表5-9所示；数据分组分区设置如表5-10所示。

表5-9　操作小组设置

操作小组名称	切换等级	光字牌名称及对应分区
工程师	工程师	压力:对应压力数据分区 流量:对应流量数据分区 液位:对应液位数据分区 温度:对应温度数据分区
蒸发氧化	操作员	
吸收	操作员	

表5-10　数据分组分区设置

数据分组	数据分区	位　　号
工程师数据分组	压力	PIA-203、PI-201、PI-213
	流量	FI-201、FI-204
	液位	LI-201、LI-202、LI-205
	温度	TI-211、TI-212、TI-213、TI-214
蒸发氧化数据分组		
吸收数据分组		

单击“SCKEY”组态软件中“操作站”菜单，选择“操作小组设置”子菜单，进行操作小组的设置，如图5-24所示。

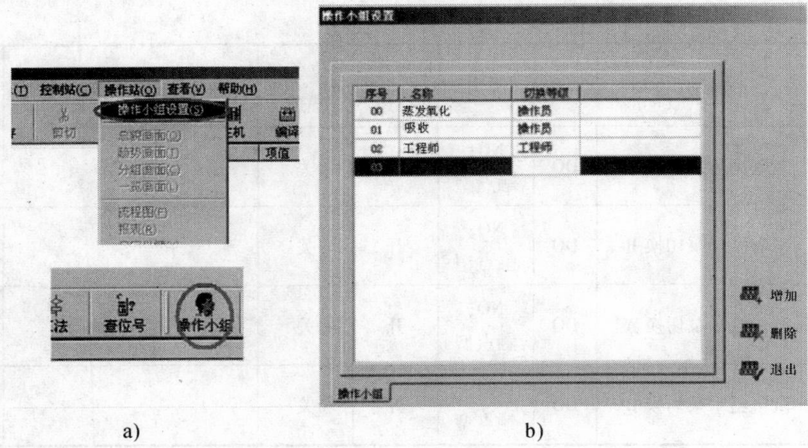

图 5-24　操作小组设置

（2）标准操作画面的制作　系统的标准画面组态是指对系统已定义格式的标准操作画面进行组态。其中包括总貌画面、趋势曲线、控制分组、数据一览等四种操作画面的组态。当工程师进行监控时，本甲醛项目操作画面设置分别如表 5-11～表 5-15 所示。

表 5-11　可浏览总貌画面

页码	页标题	内　容
1	索引画面	索引:工程师操作小组所有流程图、所有分组画面、所有趋势画面、所有一览画面
2	液位	LI-201、LI-202、LI-205、LI-203、LI-204、LI-206

表 5-12　可浏览分组画面

页码	页标题	内　容
1	常规回路	PIC-201、LIC-201、FIC-201
2	开出量	Q-201 A、Q-201 B、Q-202 A、Q-202 B、Q-204 A、Q-204 B

表 5-13　可浏览数据一览画面

页码	页标题	内　容
1	热电偶信号一览	TI-210、TI-211、TI-212、TI-213、TI-214、TI-227
2	电流信号一览	所有电流量(不包括备用)

表 5-14　可浏览趋势画面

页码	页标题	内　容
1	热电阻温度	TE-203、TE-205、TI-209、TI-215、TI-216、TI-217
2	流量	FR-203、FI-201、FI-204、FIA-202

表 5-15　可浏览流程图画面

页码	页标题	内　容
1	蒸发氧化工序流程图	图 5-29
2	吸收工序流程图	类似于图 5-29

（3）报表制作　传统的工业控制中，报表由操作工手工记录完成。对于JX-300XP系统，数据报表的生成则可以根据一定的配置自动生成；班报表示例如表5-16所示，报表名称及页标题均为班报表。

表5-16　班报表示例

班报表									
____班____组　组长______记录员______　____年____月____日									
时间									
内容	描述	数据							
PI-201	####								
LI-201	####								
FI-201	####								
TI-210	####								

2. 系统实时运行监控演示

完成组态的下载和传送后，通过系统安装、送电、运行、调试及改进等步骤，以验证项目设计要求。JX-300XP系统运行首先登录实时监控软件，弹出系统总监控界面。单击“总监控界面”上方的一些按钮可以进入相应的操作画面。下面示例几个典型的监控界面：系统总貌画面如图5-25所示，控制分组画面如图5-26所示，数据一览画面如图5-27所示，趋势画面如图5-28所示，流程图画面如图5-29所示。

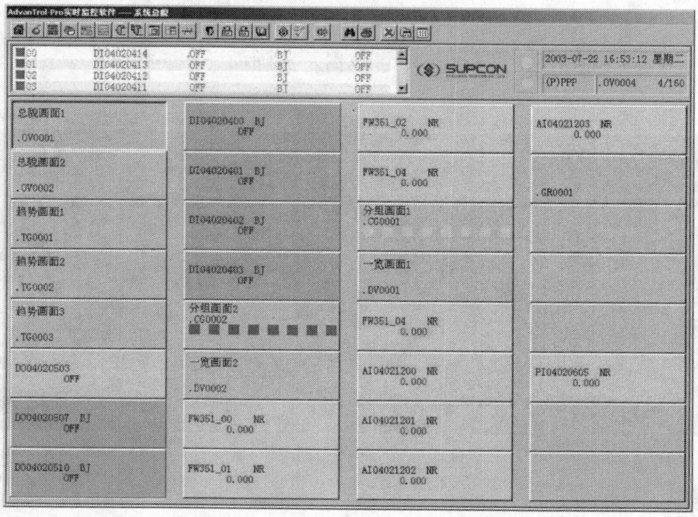

图5-25　系统总貌画面

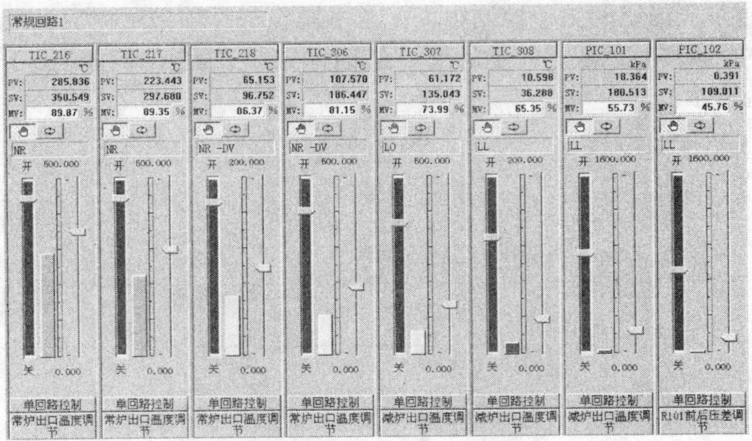

图 5-26　控制分组画面

常压流程压力一览1

序号	位号	描述	数值	单位	序号	位号	描述	数值	单位
1	PI505	氨罐压力	0.640	MPa	17	FIC201	原油入常炉流量	22.621	t/h
2	PI201	闪顶压力	0.196	MPa	18	TIC217	常炉出口温度	402.706	℃
3	LIC_201	闪底液位调节	53.480	%	19	PI501	干气压力	0.761	MPa
4	TI201	进闪蒸塔原油…	30.842	℃	20	FIC204	常一中流量	12.873	t/h
5	TI202	闪顶油气温度	12.015	℃	21	FIC203	常顶循环回流量	7.607	t/h
6	TI203	闪底出口温度	1.685	℃	22	TI219	常顶温度	188.230	℃
7	TI207	烟气进热交换…	499.025	℃	23	TI220	常顶循环返塔…	17.241	℃
8	TI206	烟气出口温度	486.447	℃	24	TI221	常顶循环抽出…	35.748	℃
9	TI205	烟道口温度	551.062	℃	25	TI221	常顶循环抽出…	33.748	℃
10	TI209	常炉对流室温度	578.480	℃	26	TI223	常一中抽出温度	116.630	℃
11	TI210	常炉膛北上温度	801.758	℃	27	TI224	常二中返塔温度	168.846	℃
12	TI211	常炉膛北下温度	721.538	℃	28	TI225	常二中抽出温度	254.859	℃
13	TI212	常炉膛东南上…	555.013	℃	29	TI230	常压塔进料段…	432.512	℃
14	TI213	常炉膛东南下…	516.484	℃	30	TI231	常底油抽出温度	494.628	℃
15	TI214	常炉膛西南上…	354.463	℃	31	PIC502	燃料油压力	0.900	MPa
16	TI215	常炉膛西南下…	294.045	℃	32	TIC218	常顶温度	5.910	℃

图 5-27　数据一览画面

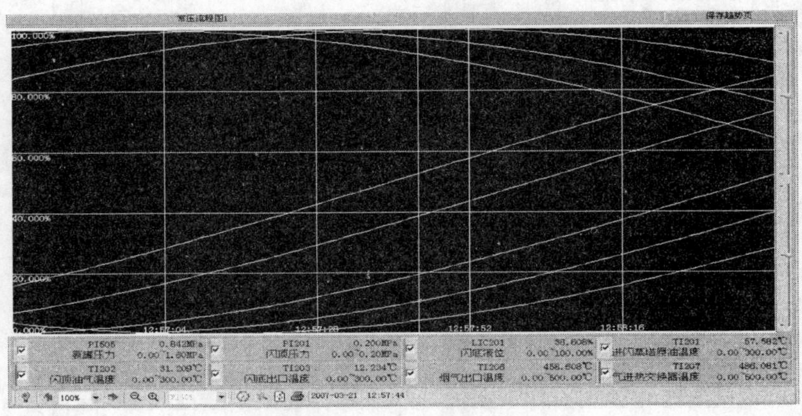

图 5-28　趋势画面

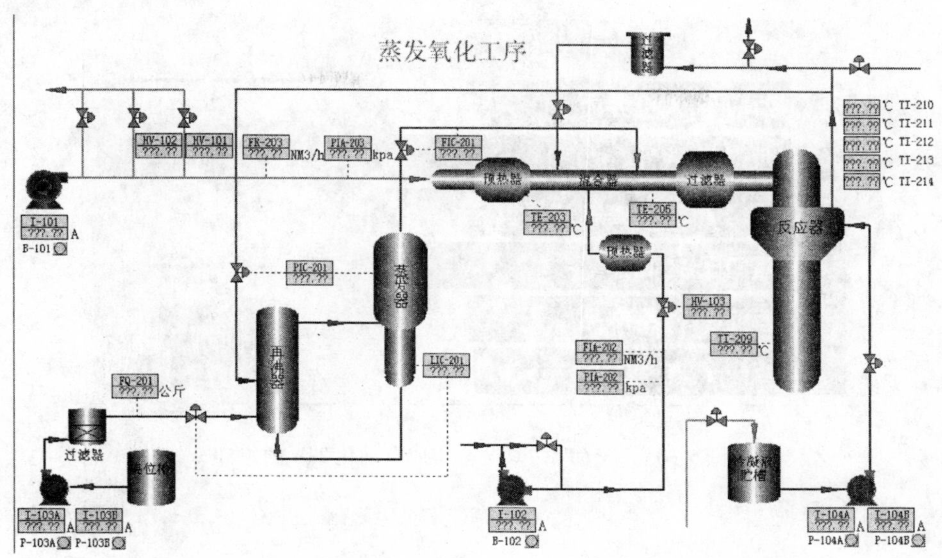

图5-29　蒸发氧化工序流程图

5.3　基于PCS7的蔗糖监控系统

5.3.1　PCS7的基本常识

1. PCS7概况

SIMATIC PCS7是西门子公司在TELEPERM系列集散系统和S5、S7系列可编程序控制器的基础上，结合先进的电子制造技术、网络通信技术、图形及图像处理技术、现场总线技术、计算机技术和自动化控制理论开发的先进过程控制系统。PCS7是SIEMENS的DCS系统，由STEP 7、WINCC、CFC、SFC组成，包括许多过程控制系统编程所需的块与图标，用于工厂自动化系统；可以用STEP7、WINCC实现PCS7的功能，但其编程较为复杂，PCS7主要采用图形化编程。采用优秀的上位机软件WINCC作为操作和监控的人机界面，利用开放的现场总线和工业以太网实现现场信息采集和系统通信，采用S7自动化系统作为现场控制单元实现过程控制，以灵活多样的分布式I/O接收现场传感检测信号。

2. PCS7特点

SIMATIC PCS7过程控制系统主要的特点：高度的可靠性和稳定性，高速度、大容量的控制器，客户/服务器的结构，集中的从上到下的组态方式，集中的、友好的人机界面，含有配方功能的批量处理包，开放的结构，可以同管理级进行通信，同现场总线技术融为一体。SIMATIC PCS7基于全集成自动化TIA的组件，如图5-30所示，其典型系统结构图如图5-31所示。

SIMATIC PCS7采用三层网络结构：①现场总线层是PROFIBUS-DP与PROFIBUS-PA是联系控制站与现场设备的纽带；②控制总线层为工业以太网，是连接控制站与服务器、操作员站的桥梁；③厂级网络为标准以太网，是建立服务器与操作员站或上层厂级网络的关键。

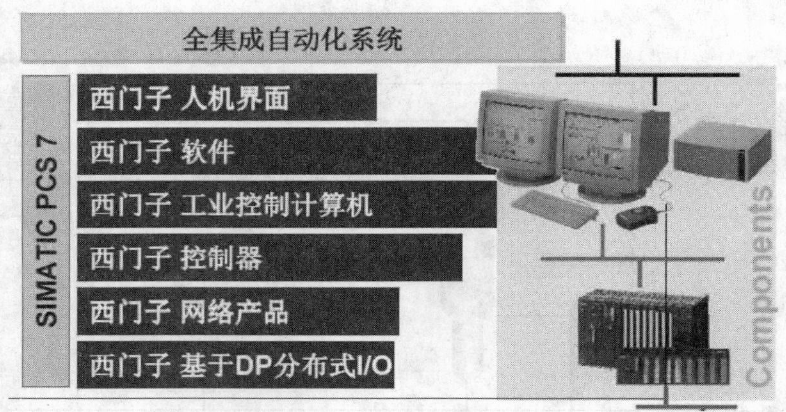

图 5-30　SIMATIC PCS7 全集成自动化 TIA 的组件

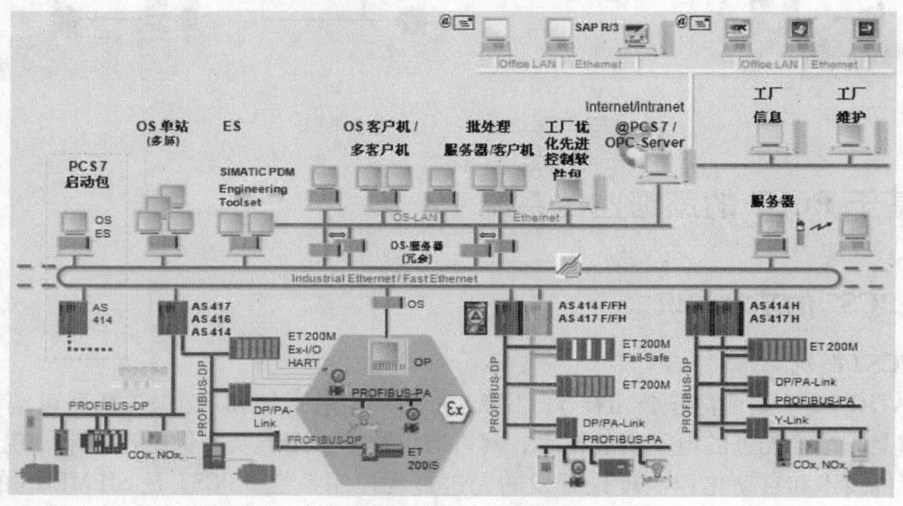

图 5-31　SIMATIC PCS7 典型系统结构图

设备库中提供大量的常用的现场设备信息及功能块，可大大简化组态工作，缩短工程周期。SIMATIC PCS7 具有 ODBC、OLE 等标准接口，并且应用以太网、PROFIBUS 现场总线等开放网络，从而具有很强的开放性，可以很容易地连接上位机管理系统和其他厂商的控制系统。以 S7-300、S7-400 系列 PLC 应用系统为核心构筑控制站，PLC 与上位机采用 MPI、DP、TCP/IP 通信方式；中央集成的工程师站组态所有的系统组件，从 OS（操作员站）经由 AS（控制站）到现场级设备；操作员站利用友好而丰富的人机界面，对系统完成实时全面监控和管理工作。PCS7 系统中现场设备的优点是：采用现场总线技术把各种现场设备和仪表无缝集成于它们的中央控制系统中。西门子公司本身和各种设备供应商提供了多系列遵守 PROFIBUS 协议的驱动器、变送器、传感器和仪表。PROFIBUS 支持本质安全型仪表，并具有 DART 和 AS 模块接口。

3. PCS7 软件模块

SIMATIC PCS7 采用符合 IEC61131-3 国际标准的编程软件和现场设备库，提供连续控制、顺序控制及高级编程语言。PCS7 的软件功能模块如图 5-32 所示，分为标准组态工具、结构化编程语言和图形化编程语言。标准组态工具包括STL语句表、LAD梯形图、FBD功能块图，编程较复杂，对于复杂的算法和功能编程困难；结构化编程语言SCL用于编写算法程序和创建功能块等，适用于编写复杂的函数和运算模块，是图形化编程语言CFC和SFC的基础；图形化编程语言CFC（连续功能图）用于设计库、自动化逻辑、联锁、算法和控制等，通过调用程序库中的功能块，可编写专用的功能块；图形化编程语言SFC（顺序功能图），用于设计顺序控制、逻辑和联锁等。

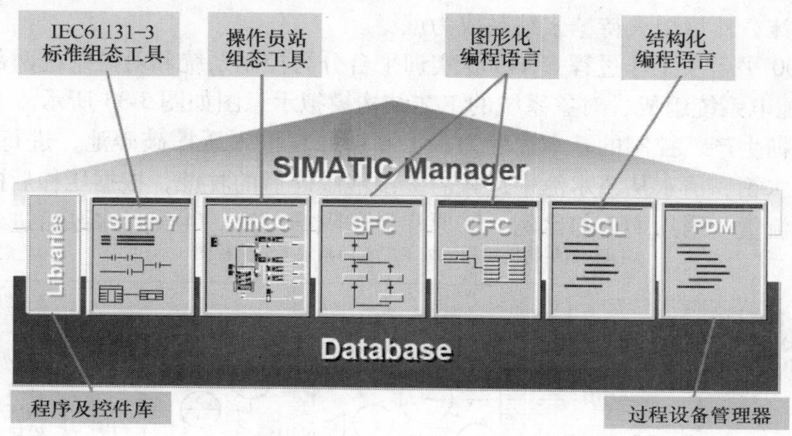

图5-32　PCS7软件功能模块

CFC是一种简洁的图形组态工具，采用IEC-1131的标准；CFC主要用于连续过程的自动化控制的组态。用CFC进行组态是以功能块为基础的，系统配置了很多预编程的功能块。这些功能块以库的形式体现。每个功能块都有一个参数表，可根据实际工艺要求选择不同的参数。功能块之间的连接可以在不同CFC之间的不同页面上进行，连接标记由系统自动标出。因此，采用CFC可以完成很复杂的大型控制任务。

PCS7项目主要流程包括：PCS7项目设计、硬件安装、项目创建、硬件组态、建立符号表、编程开发、调试运行验证。项目组态完成后，把程序从ES（工程师站）下载到AS中去执行；项目的OS部分被下载到OS服务器和客户机上激活OS项目；项目就处于PCS7运行系统的控制之下。项目设计开发具体应用方法参考相关手册及课程资源库资料。

4. 系统组态

系统的组态软件为SIMATIC Manager，具有集中的、从上到下的、友好的人机界面，所有的组态工作均在工程师站上完成。组态主要包含上位机的操作员站和工程师站配置、下位机的CPU设置、对应的I/O通道建立以及与它们相连接的网络配置。人机接口部分的组态软件是WINCC，过程控制与监视的组态包括硬件系统搭建、控制策略实现、各种记录配置、报表生成及数据归档。

SIEMENS PCS7系统采用具有标准化、开放性、性能优异、功能强大的关系型、分布式数据库平台作为数据采集、数据处理、数据分析和生产过程控制管理系统的数据库支撑系统。SIEMENS PCS7系统采用了Microsoft的SQL SERVER 2000作为数据库管理系统，该系统能实现完整的数据管理功能，包括支持在异种网上提供透明的数据管理，确保了数据库的数据共享和安全。

5.3.2 蔗糖监控系统实施要点

1. 生产工艺和实施平台

蔗糖是人类基本的食品添加剂之一，蔗糖以它甜美的口味和独特的功能在食品及工业中应用广泛。蔗糖的原料主要是甘蔗和甜菜，将甘蔗或甜菜用机器压碎，收集糖汁，过滤后用石灰处理，除去杂质，再用二氧化硫漂白；将经过处理的糖汁煮沸，抽去沉底的杂质，刮去浮到上面的泡沫，然后熄火待糖浆结晶成为蔗糖。

（1）A4300 平台及工作过程　A4300 实训平台分为控制系统和对象系统两部分，控制系统由 PCS7 及配电系统组成，对象系统的工艺结构模拟示意图如图 5-33 所示。基于 A4300 实训平台模拟蔗糖生产、控制的基本过程为：①制糖原料进入压榨破碎池，进行碎裂和压榨，然后进入浸出水箱，清水从清水池中进入。②浸泡破碎后的甘蔗，根据压榨后的糖原水流量来配置清水的流量，采用 1:2 的比例。③原汁经过隔栅过滤。④经过水泵后进入加热水箱进

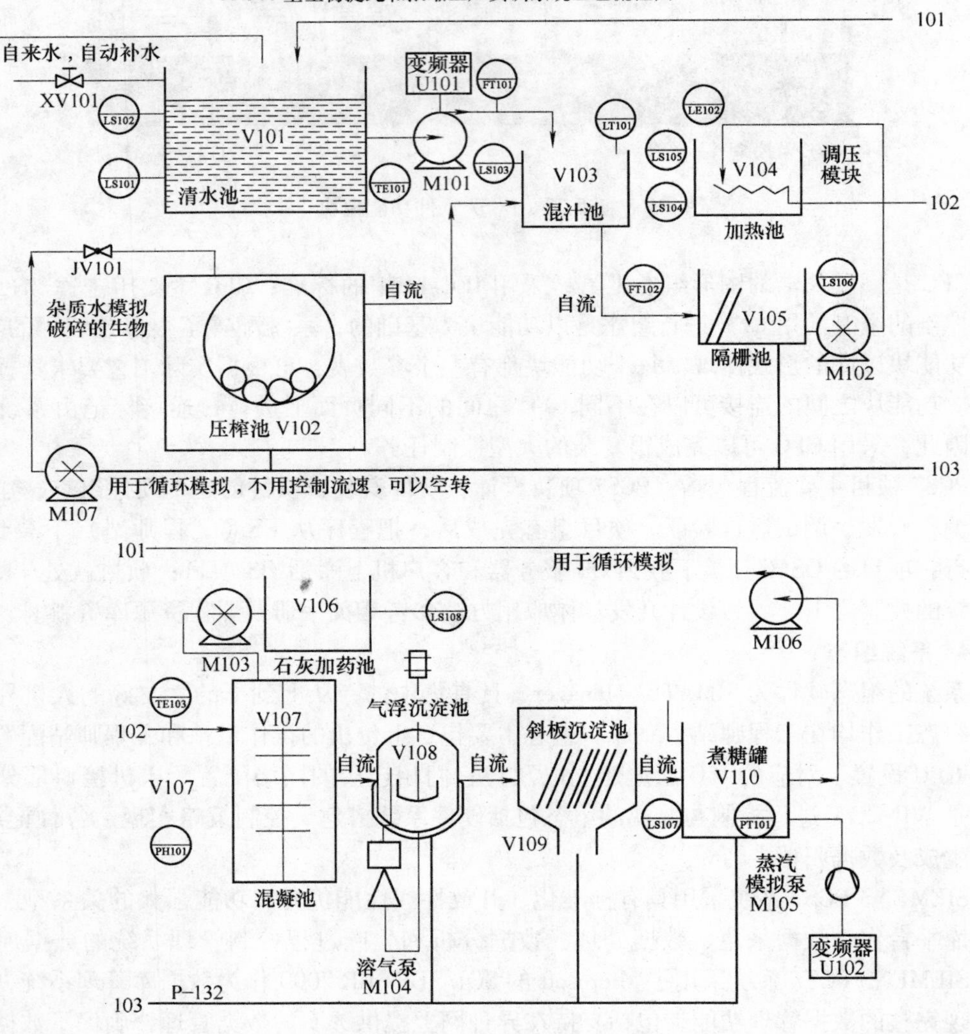

图 5-33　A4300 蔗糖工艺结构模拟示意图

行预热，加热水箱保持在 55 ~ 57℃之间。⑤然后加入石灰乳，控制 pH 值在 10 左右。⑥经过各种物理过滤，最后浓缩为“蔗糖”成品。

（2）A4300 系统测控点 根据蔗糖生产工艺及 A4300 平台结构，为指导监控系统实施，表 5-17 列出了相应的测控点清单，表中从位号、设备名称、接线、用途、信号类型、工程量、供电方面进行了相应说明。

表 5-17 A4300 平台测控点清单

序号	位号	设备名称	线制或接点特性,用途	信号类型		工程量	设备供电
1	TE101	清水池温度	变送器 2 线制	4 ~ 20mA	AI0	0 ~ 100℃	DC 24V
2	TE102	加热池温度	变送器 2 线制	4 ~ 20mA	AI1	0 ~ 100℃	DC 24V
3	TE103	预热后温度	变送器 2 线制	4 ~ 20mA	AI2	0 ~ 100℃	DC 24V
4	PT101	模拟蒸汽压力	变送器 2 线制	4 ~ 20mA	AI3	100kPa	DC 24V
5	LT101	混合池液位	变送器 2 线制	4 ~ 20mA	AI4	5kPa	DC 24V
6	FT101	清水流量	变送器 2 线制	4 ~ 20mA	AI5	$6m^3/h$	DC 24V
7	FT102	混合液流量	变送器 4 线制	4 ~ 20mA	AI6	$3m^3/h$	DC 24V
8	PH101	pH 值,LD293	变送器 4 线制	4 ~ 20mA	AI7	0 ~ 14	DC 24V
9	U101	变频器驱动	M101 控制	4 ~ 20mA	AO1	50Hz	AC 380V
10	U102	变频器驱动	气泵 M105 控制	4 ~ 20mA	AO2	50Hz	AC 380V
11	BS101	调压模块		4 ~ 20mA	AO3	380V	380V
12	P103	加药蠕动泵		4 ~ 20mA	AO0		
13	LS101	清水池低限液位开关	常闭		DI0		高电平
14	LS102	清水池高限液位开关	常开		DI1		高电平
15	LS103	混汁池低限液位开关	常闭		DI2		高电平
16	LS104	加热池低限液位开关	常开		DI3		高电平
17	LS105	加热池高限液位开关	常开		DI4		高电平
18	LS106	隔栅高限液位开关	常开		DI5		高电平
19	LS107	煮糖罐低限液位开关	常闭		DI6		高电平
20	LS108	石灰池液位低限开关	常闭		DI7		高电平
21	M101	清水泵(U101 起动)	信号继电器	S1-ACM	DO0		
22	M102	预热泵	电力继电器		DO4		
23	M103	加石灰泵	电力继电器		DO5		
24	M104	溶气泵	电力继电器		DO7		
25	M105	蒸汽模拟泵(U102 起动)	信号继电器	S1-ACM	DO1		
26	M106	回流泵	电力继电器		DO6		
27	M107	污水回流泵	电力继电器		DO3		
28	XV101	补水	电力继电器	两位三通	DO2	0 ~ 100%	AC 220V

（3）A4300 蔗糖控制策略　系统的控制策略分为开机规程和策略、关机规程和策略、运行策略。①开机规程和策略。需要一开始就加热，检查石灰乳的液位，如果液位不符合要求，则无法运行；保持加热容器温度在规定范围，如果 5min 仍然无法到达规定温度，系统则直接关机。②关机规程和策略。先停止压榨系统和清水系统（M107，M101 停止），再停止加热，之后继续运行 1min，最后关机，停止生产。③运行策略。系统开始运行，在某单元（容器）的液位不够时，该单元的后续水泵就不会运行，本单元操作也不会进行。系统采用直接加热方式，原料直接经过浸泡在热水中的管道进行预热；然后打开清水泵，以及开启压榨单元；后续单元逐步进入混合液；所有单元工作正常，系统进入正常工作状态。为便于系统开发和指导系统操作，以状态方式描述系统的控制流程，如图 5-34 所示，有关控制逻辑说明如下。

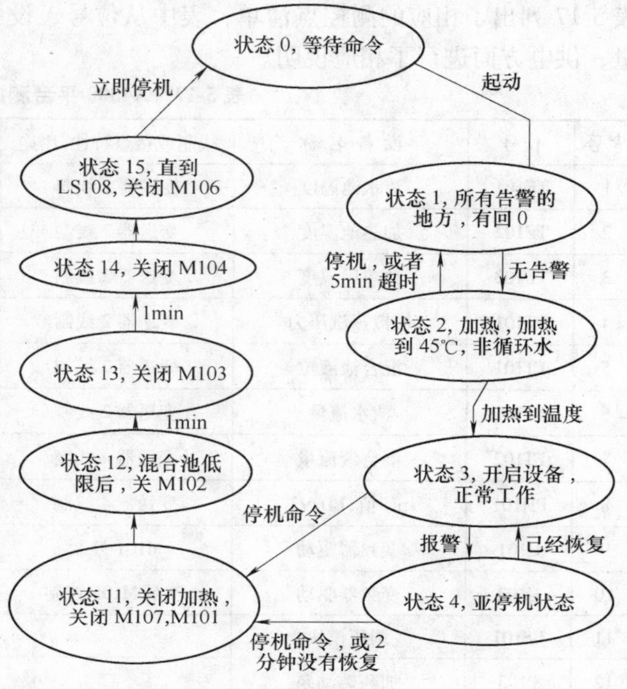

图 5-34　蔗糖工艺流程状态

1）出现了清水池低位告警，进入状态 4，则 M101 停止，开电磁阀 XV101；如果到了高限位，关闭 XV101。如果低限告警消失后 1min，则 M101 可以重新起动。如果 1min 后仍然报警，进入状态 11，开始停机流程。

2）如果出现了混合池高限液位，则关闭 M107、M101，停止榨糖，进入状态 4。1min 后报警消失，则正常工作，否则进入状态 11，开始停机流程。

3）如果加热池缺水，则进入状态 4。告警。1min 后报警消失，则正常工作，否则进入状态 11，开始停机流程。

4）如果隔栅高限报警，则进入状态 4。则 M101 停止，M107 停止。如果低限告警消失后 1min，则 M101、M107 可以重新起动。如果 1min 后仍然报警，进入状态 11，开始停机流程。

5）如果石灰池低限告警，则进入状态 4，M103 停止。如果低限告警消失后 1min，则 M103 可以重新起动。如果 1min 后仍然报警，进入状态 11，开始停机流程。LS108 就是高限到，则开 M106，否则关闭。

2. 项目运行监控

根据 PCS7 项目实施流程，其核心在于组态系统硬件和软件。具体实施由各小组参考相关指导书，并结合教学情况自主完成。下面给出一个典型的系统总监控界面，如图 5-35 所示。

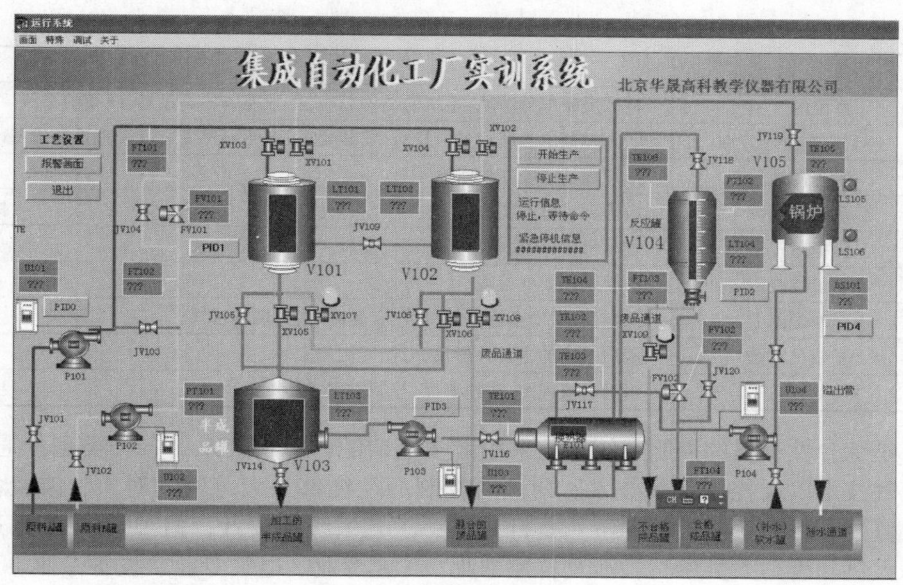

图5-35 系统总监控界面

5.4 系统工程设计

5.4.1 工程设计常识

工程项目的实施围绕着用户方提出的项目要求，依次进行项目的前期系统设计、现场设备的采购、安装与连接、系统调试及投运等各项工作，前期系统设计包括工艺设计、系统组态、流程图制作、报表制作、控制方案设计等内容，工程项目运作流程如图5-36所示。工程设计依据技术协议、合同、设计联络会纪要、用户提供的各类图样、项目要求等内容开展设计，设计输出的主要图样及用途见表5-18。

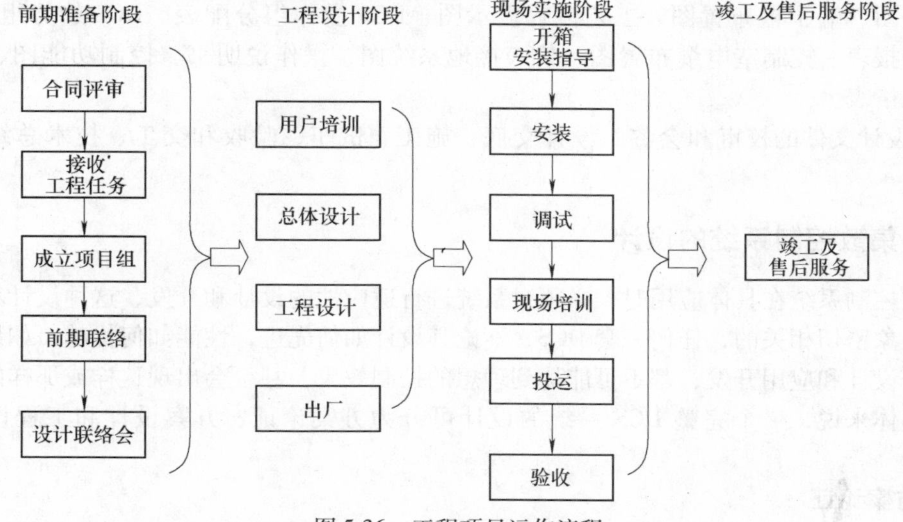

图5-36 工程项目运作流程

表 5-18　工程设计输出图样及用途

序号	图样名称	用　途
1	系统配置图	整体反映项目情况、系统的结构总貌、指导现场各类设备、线缆的布线
2	控制室布置示意图	明确控制室系统设备的排布、安装要求，以便用户安装时合理排布设备
3	系统接地图	指导现场系统接地实施
4	系统供电图	指导现场供电实施
5	机柜布置图	表示机柜布置，指导系统部件安装
6	端子接线图	指导现场 I/O 接线
7	外配图	继电器柜、安全栅柜的接线、布置图，指导现场接线
8	安装尺寸图	用户系统的主要外形尺寸，便于用户安装
9	组态	项目的流程图、监控界面、控制方案

DCS 是综合性很强的控制系统，它采用诸多复杂的计算机技术、各种类型的通信技术、电子与电气技术以及控制系统技术。DCS 所控制的往往都是大范围的对象，涉及各种类型的控制、监视和保护功能。DCS 虽然是针对某一工艺系统的设计，但 DCS 在应用过程中有各种技术人员和管理人员参与，涉及自控专业、工艺专业、电气专业、设备专业、建筑结构专业、采暖通风、工程管理等专业。工程设计除表 5-18 中各类图样外，还应进一步细化系统选型及硬件配置、抗干扰设计、过程画面的设计、过程流程图中数据的显示、信号报警和联锁控制系统的确定，下面就 DCS 的工程设计基本步骤进行简要说明。

1）施工图设计前的调研。主要包括：初步设计阶段发现的技术问题、DCS 系统定型后发现的技术问题、经试验后尚未解决的技术问题。

2）施工图开工报告。主要包括：设计依据、自动化水平确定、控制方案确定、仪表选型、控制室要求、动力供应、带控制点工艺流程图及有关材料选型等。

3）设计联络。主要解决：确定设计的界面、熟悉 DCS 硬件与软件环境对设计的要求、DCS 定型后遗留的技术问题、对 DCS 系统外部设备的要求。

4）工程技术文件。主要包括：DCS 设计文件目录、DCS 技术规格书、DCS 的询价基础文件、DCS-I/O 表、联锁系统逻辑图、仪表回路图、DCS 监控数据表、DCS 系统配置图、控制室布置图、端子柜布置图、工艺流程显示图、DCS 操作组分配表、DCS 趋势组分配表、DCS 生产报表、控制室电缆布置图、仪表接地系统图、操作说明书、控制功能图、通信网络设备规格表。

5）设计文件的校审和会签、设计交底、施工、试车、验收和交工、技术总结和设计回访。

5.4.2　集散控制系统的设计

集散控制系统在具体应用时，必须对系统进行适应性的设计和开发，这种设计和开发是与被控对象密切相关的，任何一套 DCS，不论其设计如何先进，性能如何优越，如果没有很好的工程设计和应用开发，都不可能达到理想的控制效果，甚至会出现这样或那样的问题或故障。具体来说，一个完整 DCS 系统的设计可分为方案论证、方案设计和工程设计 3 个阶段。

1. 方案论证

方案论证为项目的可行性研究设计，其主要任务是明确具体项目的规模、成立条件和可行性；确定项目的主要工艺、主要设备和项目投资具体数额。对于DCS的建设，可行性研究设计是必须进行的第一步工作，涉及经济发展、投资、效益、环境、技术路线等方向性问题。

2. 方案设计

（1）DCS的基本任务分析　确定DCS的控制范围、DCS的控制深度和DCS的控制方式，分别说明如下：

1）DCS的控制范围。DCS是通过对各主要设备的控制来控制工艺过程。设备的形式、作用、复杂程度，决定了该设备是否适合于用DCS去控制。在全厂的设备中，哪些由DCS控制，哪些不由DCS控制，要在总体设计中提出要求。考虑的原则有很多方面，如资金、人员、重要性等。从控制上讲，以下设备宜采用DCS控制：工作规律性强的设备、重复性大的设备、在主生产线上的设备、属于机组工艺系统中的设备。DCS通过对这些设备的控制实现对工艺过程的总体控制。除此以外，工艺线上的很多独立的阀门、电动机等设备也往往是DCS的控制对象。

2）DCS的控制深度。DCS有时可以控制某些设备的起/停和运行过程中的调节，但不能控制一些间歇性的辅助操作。而对有的设备，DCS只能监视其运行状态，不能控制，这些就是DCS的控制深度问题。DCS的控制深度越深，就要求设备的机械与电气化程度越高，从而设备的造价越高。在总体设计中，要决定DCS控制与监视的深度，使后续设计是可实现的。

3）DCS的控制方式。主要确定的内容为：人机接口的数量，根据工艺过程的复杂程度和自动化水平决定人机接口的数量；辅助设备的数量，包括工程师站、打印机等。

（2）硬件设计　硬件设计的结果可以确定工程对DCS硬件的要求及DCS对相关接口的要求，尤其是对现场接口和通信接口的要求。主要内容分别为：①确定系统I/O点，根据控制范围及控制对象决定I/O点的数量、类型和分布。②确定DCS硬件。主要是指DCS对外部接口的硬件，根据I/O点的要求决定DCS的I/O卡；根据控制任务确定DCS控制器的数量与等级；根据工艺过程的分布确定DCS控制柜的数量与分布，同时确定DCS的网络系统。根据运行方式的要求，确定人机接口设备、工程师站及辅助设备；根据与其他设备的接口要求，确定DCS与其他设备的通信接口的数量与形式。

（3）软件设计　软件设计主要针对工艺的控制程序，其主要工作包括：

1）根据顺序控制要求设计逻辑框图及控制说明，用于组态的指导。

2）根据调节系统要求设计调节系统框图，它描述的是控制回路的调节量、被调量、扰动量、联锁保护等信息。

3）针对应控制的设备，提出控制要求，如起、停、开、关的条件与注意事项。

（4）人机接口的初步设计　人机接口的初步设计规定了今后设计的风格，良好的初步设计能保持今后详细设计的一致性，初步设计的内容与DCS的人机接口形式有关，一些最基本的内容如下：

1）画面的类型与结构，这些画面包括工艺流程画面、过程控制画面、系统监控画面等，结构是指它们的范围和它们之间的调用关系，确定针对每个功能需要有多少幅画面，要用什么类型的画面完成控制与监视任务。

2）画面形式的约定，约定画面的颜色、字体、布局等方面的内容。

3）报警、记录、归档、报表等功能的设计需求，定义典型的设计方法。

3. 工程设计

系统的方案设计完成后，有关自动化系统的基本原则随之确定。但针对DCS还需进行工程设计，才能使DCS与被控过程融为一体，实现自动化系统设计的目标。DCS的工程设计过程，实际上就是落实方案设计的过程。如果说在方案设计阶段以及之前的各个设计阶段，其主要执行者是设计院的话，那么DCS工程设计的主要执行者将是DCS工程的承包商和用户，用户在DCS的工程设计过程中将扮演着重要的角色。

控制系统的方案设计和DCS的工程化设计这两部分的工作是紧密结合在一起的，而设计院和DCS工程的承包商、用户之间也将在这个阶段产生密切的工作联系。工程设计是控制系统成败的关键，必须给予高度重视。

（1）DCS工程设计与实施步骤　一个DCS项目从开始到结束可以分为：招标前准备、选型与合同签订、系统工程化设计与生成、现场安装与调试、运行与维护五个阶段，为了对DCS的工程化设计和实施过程有一个清晰认识，先给出一个DCS项目实施步骤、每一步所完成文件的清单及每一阶段要完成的工作。

1）招标前的准备阶段。要完成的工作：确定项目人员、确定系统所用的设计方法、制定《技术规范书》、编制《招标书》、项目招标。

2）选型与合同签订阶段。要完成的工作：应用DCS评标原则分析各厂家的《投标书》、厂家书面澄清疑点、确定中标厂家、与厂家进行商务及技术谈判、签订《合同书》和《技术协议》。

3）系统工程设计与生成阶段。要完成的工作：①进行联络会，确定项目进度及交换技术资料，提供设计依据和要求，形成《系统设计》、《系统出厂测试与验收大纲》、《用户培训计划》；②用户培训；③系统硬件装配和应用软件组态；④软件下装、联调与考机；⑤出厂测试与检验；⑥系统包装、发货与运输。

4）现场安装与调试阶段。要完成的工作：①开箱验货和检查；②设备就位、安装；③现场接线；④现场加电、调试；⑤现场考机；⑥现场测试与验收；⑦整理各种有关的技术文档；⑧现场操作工上岗培训。

5）维护与运行阶段。要完成的工作：①正常运行的周期性检查；②故障维修；③装置大修检修；④改进升级。

（2）DCS厂家和用户方协作完成工程设计　从下面四个方面进行介绍：

1）准备工作。DCS厂家在合同谈判结束后需要指定项目经理、成立项目组，项目组整理合同谈判纪要，项目经理要对项目实施的全过程负责。合同签订之后，项目经理以及项目组成员要仔细地逐条分析合同和技术协议的每一条款，并认真地领会合同谈判纪要的内容。同时应该了解整个项目的背景及谈判经过，考虑并确定每一条款的具体执行方法，对有开发内容的条款更应引起足够的重视，计算出工时并落实开发人员。

另外，项目组还要拟定项目管理计划，主要包括：①技术联络会的具体时间，每次联络会准备落实和解决的问题；②相关各方的资料交接时间；③项目实施具体的工期计划，包括设计、组态、检验、出厂、安装、调试及验收等阶段；④项目各相关单位人员的具体分工和责任；⑤用户培训计划，主要包括：时间、地点、培训内容等；⑥应用工程软件组态计划；⑦硬件、软件说明书提交时间等等。

合同签订后，乙方（供货厂家）最急需的就是用户的测点清单，这是硬件配置的基础。用户方应尽快准备资料包括：①系统工艺流程框图及其说明，DCS系统为控制工艺流程服务，DCS设计者必须对工艺要有一个大致的了解。②系统控制功能要求和主要的控制内容，列出主要的控制回路，说明采取的主要控制策略；详细列出各回路框图，并附以说明。③“控制及采集测点清单”，为硬件选型、安装、软件组态及调试奠定基础。

2）工程设计联络会。上述准备工作完成之后，就可以进行第一次设计联络会。用户方的项目人员了解所用的DCS硬件结构和软件组态方法和内容，对联络会内容的顺利完成有着重要的意义。对于大型DCS项目，由于工期较长，工程也复杂，往往要开2~3次联络会。设计联络会要完成以下工作：

①DCS厂家系统介绍，厂家项目组的人员向用户项目组人员详细介绍所采用DCS的结构、硬件配置、应用软件组态及其他软件内容，对实际系统进行参观和操作演示，使用户基本了解该DCS。

②用户介绍。根据合同的要求，用户应将该系统的工艺流程、控制要求及其他要求详细介绍，使DCS厂家的项目人员对控制对象有较深入的认识。

③确认“控制及采集测点清单”，并将其按控制功能和地理位置的要求分配到各控制站。

④确认控制方案及控制框图。根据合同及技术协议的要求，双方仔细审核各个控制回路（包括顺序控制逻辑回路）的结构、算法及执行周期的要求，结合测点清单，将各回路分配到相应的控制站，审核每个I/O站的计算负荷。

⑤流程显示、操作画面和报表要求确认。报表包括：表的种类、数量及打印方式、每幅报表的格式和内容。

⑥其他控制或通信功能的确认，如果系统中还涉及其他功能开发，如先进控制、与管理系统实现数据交换等，也需要在联络会上进行初步方案确认签字，并确认项目管理流程。

3）设计联络会后形成的一致性文件。第一次设计联络会后，便开始进行项目的具体设计工作。每一步工作进展之前，先要完成相应的文件设计工作，文件由双方签字确认之后，方能转到下一道工序。

首要完成的设计文件主要包括三个方面技术文件：①概述文件，概述简要地说明此项目的背景情况、工作内容、工程目标。②整理“系统数据库测点清单”，此清单是在用户及设计院提供的“控制及采集测点清单”的基础上，通过在联络会与用户项目组认真地分析控制回路的分配及负荷分配后，确定各控制及采集测点在各站的分配并将其分配到各模块/板和通道。根据此文件，从根本上确定了各控制站的物理结构。③“系统硬件配置说明书”设计，该项设计包括下面几项内容的设计：

a. 系统配置图，在此部分详细地画出DCS的结构框图和系统状态图，详细描述系统的基本结构，说明系统主要设备的布置方式和连接方式。

b. 各站详细配置表。包括工程师站、操作员站、网关及服务器等站配置表。

c. 工期要求。要求明确标明项目的工期计划，特别是硬件成套完成日期。

d. “系统控制方案”设计。通过联络会以及用户设计方提供的设计图样，DCS厂家技术人员进行系统控制方案的详细设计，生成“系统控制方案说明”，作为软件组态的依据和系统方案调试的依据。

e. “操作盘、机柜平面布置图”设计。根据厂家 DCS 的各部件尺寸及用户操作车间、控制室的要求，画出系统各部分的平面布置图，以供用户设计人员进行具体机房设计。“操作盘、机柜平面布置图”要标明各站具体的安装尺寸及标有尺寸的主体投影图，以及各站主要设备的质量。

f. DCS 环境要求。明确标明 DCS 的各项环境指标：“电源要求及分配图”应详细列出各站及整个系统的电源容量要求；“系统接地图”应详细说明各站、各种接地要求并用图示方法标明各种接地的连接方法；其他环境要求如温度、湿度、振动等作出说明。

g. 采用标准。列出整个 DCS 及应用系统设计中所采用的国家标准和国际标准，最后由双方项目组人员签字确认。

4）DCS 厂家做完整的工程设计。主要内容包括：①硬件设计，包括操作员站、现场控制站的数量、I/O 模块的型号、数量等。②软件设计，包括控制层组态、监控软件组态等。③现场施工计划，包括人力分配、调试计划等。另外，如果在设计过程中遇到不明确的地方，可以将问题集中起来，再召开技术联络会和用户商讨共同解决。

5.4.3 DCS 性能指标评价

评价一个集散控制系统的准则主要包括：系统运行不受故障影响、系统不易发生故障、能够迅速排除故障、系统的性能价格比高。集散型控制系统的评价涉及诸多因素，归纳为对系统的技术性能、使用性能、可靠性和经济性等方面的评价，评价的目的是为了使用户能正确选择所需要的集散控制系统。下面从技术性能评价、使用性能评价、可靠性与经济性评价三个方面进行简要介绍。

1. 技术性能评价

（1）现场控制站的评价　主要包括：结构分散性、现场适应性、I/O 结构、信号处理功能、控制功能、冗余与自诊断。信号处理功能涉及系统信号处理精度、信号的隔离、抗干扰指标、信号采样周期以及输出信号的实时性能等指标；控制功能包括连续控制功能、顺序控制功能和批量控制功能的强弱。

（2）人机接口的评价　指对操作员站和工程师站进行评价：①对操作员站的评价归纳为操作员站的自主性、操作员站的硬件配置、操作员站的性能。②对工程师站，除应具有操作员站的所有功能外，还要求具备离线/在线组态以及是否有专家系统、优化控制等方面的评价工作。

（3）通信系统评价　主要包括：线路成本与通信介质和通信距离的关系、通信系统的网络结构、网络的控制方法、节点之间允许的最大长度、通信系统的容量、数据校验方式、通信网络的传输速率、实时性、冗余性和可靠性、全系统的网络布局、信息传递协议等内容。

（4）系统软件评价　评价集散型控制系统的软件包括多任务实时操作系统、组态及控制软件、作图软件、数据库管理软件、报表生成软件、系统维护软件，从成熟程度、更新情况、软件升级的方便程度、软件使用中出现的问题及如何解决等方面加以评价。

2. 使用性能评价

评价集散控制系统的使用性能包括系统技术的成熟性、系统的技术支持、可维护性能和系统的兼容性。系统的技术支持分为维护能力、备件供应能力、厂家的售后服务、技术培训能力。

3. 可靠性与经济性评价

1）可靠性评价一般包括以下几方面：①系统的平均无故障间隔时间MTBF，MTBF越大，DCS的可靠性越高；②系统的平均故障修理时间MTTR；③冗余、容错能力；④安全性，其内容包括系统的操作控制级别设定，安全措施是否严密等。

2）经济性评价。评价一个集散控制系统的经济性有两种类型：在购置和使用系统之前和在系统投入运行之后。第一种经济评价着重考虑系统的性能价格比；第二种经济评价侧重考虑系统费用和经济效益，包括以下几方面：初始费用、运行费用、年总经济效益、投资回收率年限等。

5.5 DCS的维护管理与工程技术文件

5.5.1 DCS的维护管理

随着DCS的应用越来越广泛，DCS作为工艺生产监控的重要组成部分，决定着整个生产的稳定与运行；一旦DCS出现故障，轻则造成工艺波动影响产品质量，重则全线停产；DCS性能的发挥和保证生产的连续性、安全性、可靠性、稳定性等方面是极其重要的。DCS维护目的就是进行故障处理、保持系统良好的运行状态、优化系统，对DCS进行维护应具备专业知识、专业技能、岗位职业能力等基本素质，注重把握DCS管理制度、维护职责、内容、方法、经验积累和提升。

为指导DCS岗位人员安全、高效地开展工作，制订如表5-19所示DCS岗位工作内容及职责表；另外，从业绩考核、职业成长等方面进一步完善管理制度。

表5-19 DCS岗位工作内容及职责表

	本岗位工作内容及职责
1	生产过程自动化系统的技术管理和技术支持准确及时，满足生产的需要
2	生产过程自动化系统（DCS、ESD、PLC、SCADA）的调研详情、开发与引进工作及时，且符合企业实际，保证系统在生产装置上的正常实施
3	装置DCS工程的设计、组态及安装调试工作及时准确，使系统能正常投用
4	保证自动化系统在生产装置中的应用，及时高效地解决系统故障
5	自动化控制的应用方案满足生产工艺要求
6	针对生产过程自动化系统的培训工作有制度、有落实、有考核
7	制定全厂生产过程自动化系统的技术档案要完整，使设备管理规范化
8	保证技改项目在DCS上的实施，制定DCS设备大修计划，全面可行
9	办公自动化设备的维修及时高效，增加本部门的效益及减少全厂各部门的办公开支

1. 维护管理常识

1）完善和强化管理制度，明确维护管理职责和任务。加强对维护及操作人员的系统培训工作，减少人为因素对系统的影响，提高系统的安全可靠性。

2）强化维护前准备工作重要性。尤其注重这几方面：①根据设计方案提供的文档资料，了解系统总体设计思路；②熟悉系统外部接线，了解各功能模块的控制原理，形成各模块的信息流与控制流概念；③了解系统仪表和控制元件信息，结合各仪表的产品使用说明书，熟知各部件，如控制器、IO 卡件、电源等的指示灯所代表的内容；④系统的软、硬件备份；⑤完整的服务资料。

3）对所使用的 DCS 的安全可靠性要有准确的判断，对存在的问题要及时解决。主要包括：①系统要稳定运行，外围条件必不可少。针对典型问题采取相应措施，例如电磁干扰容易造成通信报警，DCS 操作员站与控制柜定期除尘对减少操作员站死机和卡件故障非常有效，系统卡件对腐蚀性气体非常敏感等。②系统各主要部件具有一定的寿命周期，应在其预期寿命结束前及时进行更新换代，避免系统出现突然故障引起设备、工艺事故。例如系统使用的电源部件发热量较大、继电器动作频繁、显示器、硬盘等属于寿命周期短、容易损坏的部件，应准备备件并定期更换。③系统软件随着厂家不断完善功能，硬件版本的升级也要及时进行升级，确保系统运行更安全更高效。

4）掌握维护工具的使用方法，分为软件工具和硬件工具两部分。软件工具包括组态软件、监控软件、故障分析诊断软件、历史数据工具；硬件工具包括仿真器、测试仪表、信号发生器、除尘工具等。

2. 系统维护人员职责

1）负责 DCS 的系统软件、硬件维护工作，确保 DCS 可靠地运行，保障生产过程的安全、稳定。

2）协调并参与做好 DCS 的组态、控制方案的实现，以及系统的硬件连接、操作系统的安装和 DCS 调试工作。

3）负责与 DCS 厂商进行技术沟通，学习 DCS 的使用、维护和管理技术，充分发挥 DCS 的作用；根据工艺生产的要求，健全完善 DCS 的控制及管理功能。

4）指导操作人员进行 DCS 操作，解决操作人员操作中的问题；接到操作人员的请求后，立即做出响应并解决问题。

5）做好 DCS 的日常、定期的巡检和维护工作；及时主动地发现系统的问题和隐患，查找原因并有效解决，遇到疑难问题不能处理时，需及时咨询 DCS 厂商协调处理。

6）负责系统运行参数修改、备份工作，避免出现任何数据损坏或丢失事件。

7）做好 DCS 软件、硬件的有效备份工作。

8）负责 DCS 的启动和停止工作。

9）负责操作员口令的设置与修改工作。

10）制定 DCS 的维护及管理规定。

3. 维护管理内容

在日常工作中，加强对系统的维护是防范系统故障发生、提高系统安全可靠性的重要保障。维护分为系统的日常维护、预防性维护和故障性维护。日常维护和预防维护是在系统未发生故障时所进行的维护；故障维护发生在故障产生之后。系统维护重在预防。

日常维护的主要工作包括：保证空调设备稳定运行、加强防静电措施和良好的屏蔽、注意防尘、控制室要有安全可靠的接地系统、严禁使用非正版软件和安装与系统无关的软件等内容。日常维护涉及控制室、控制站、操作员站、网络相关设备。预防性维护主要工作包括系统冗余测试、操作员站与控制站停电检修、系统供电与接地系统检修、对系统卡件进行点检。系统故障维护的关键是快速、准确地判断出故障点的位置，一方面利用丰富的自诊断功能；另一方面，对硬件故障报警，与操作人员密切合作。

（1）控制室维护管理　制定机柜室、操作室管理规定。对机柜室、操作室的卫生环境保持、进出人员管理、操作员操作管理、维护人员维护管理加以详细规定。控制室除维持适当的温度和湿度外，还要做好防水、防尘、防腐蚀、防干扰、防鼠防虫、避免机械振动等工作，具体参考有关手册中的要求执行。

（2）计算机维护管理　主要围绕下面几方面：

1）随时提醒操作人员文明操作，爱护设备，保持清洁，防水防尘。

2）禁止操作人员退出实时监控；禁止操作人员增加、删改或移动计算机内任何文件或更改系统配置；禁止操作人员使用外来存储设备或光盘。

3）尽量避免电磁场对计算机的干扰，避免移动运行中的计算机、显示器等，避免拉动或碰伤连接好的各类电缆。

4）计算机应远离热源，保证通风口不被它物挡住。

5）严禁使用非正版的操作系统软件；严禁在实时监控操作平台进行不必要的多任务操作，运行非必要的软件；严禁强制性关闭计算机电源；严禁带电拆装计算机硬件。

6）注意操作员站（工程师站）计算机的防病毒工作，做到：不使用未经有效杀毒的可移动存储设备；不在控制系统网络上连接其他未经有效杀毒的计算机；不将控制网络联入其他未经有效技术防范处理的网络等。

7）操作员站、工程师站、服务器等计算机设备如果需重新安装软件，必须按照控制系统计算机装机要求进行。

8）正常运行时，关闭操作员站、工程师站、服务器站的柜门。

（3）控制站维护管理　包括：①控制站的任何部件在任何情况下都严禁擅自改装、拆装。②在进行例行检查与改动安装时，避免拉动或碰伤供电、接地、通信及信号等线路。③卡件维护时必须戴上防静电手套，清洁时不能用酒精等有机溶液清洗。④正常运行时，关闭控制柜柜门，锁好系统柜、仪表柜及操作台等柜门，避免非系统维护人员打开。

（4）系统资料的备份管理　系统软硬件、系统组态文件、控制及运行参数都需要进行备份管理。下面作进一步说明：

1）重要软件及资料不仅要求在本计算机硬盘上进行备份，还要求在U盘、光盘或其他计算机上进行备份，备份前需做好更新记录或更新说明。备份主要内容包括：①对操作员没有权限修改的控制参数（如PID参数、调节器正反作用等）、控制变量、工艺参数等数据进行备份；②对组态文件及组态子目录文件（组态文件、流程图文件、控制算法文件及报表文件等）等组态文件进行备份；③如有多系统的互联，应对通信协议、通信方案、通信地址等数据及有关文件进行备份及存档。

2）需对接线图样、安装图样等设计资料及交工资料等进行存档保管。

3）计算机需要安装的各种软件需在本地计算机的硬盘上进行备份，如操作系统软件、DCS系统组态及监控软件、驱动软件等等，做好版本标识并编写安装说明。

4）了解系统的记录周期，并根据工艺生产的要求对操作记录、报警记录、历史趋势等生产运行记录做到不遗漏的定期备份，刻制光盘后做好标识并交有关人员保管。

5）做好备品、备件的保管工作，需要保证系统软件、硬件备品和备件的及时性和有效性。

4. 巡检指导

（1）日常巡检指导　每日巡视 DCS 工作，实时掌握 DCS 的运行情况：①向操作人员了解 DCS 运行情况，及时解决操作人员的疑难问题。②查看 DCS 故障诊断画面，检查是否有软硬件故障及通信故障等提示，查阅 DCS 故障诊断记录。③检查操作室与机柜室的环境及空调设备的运行情况。④打开系统柜、仪表柜、操作台等柜门检查系统硬件指示灯及通信指示灯有无异常。⑤检查有无老鼠、害虫等活动痕迹。⑥做好每日的巡检维护记录。

（2）定期巡检指导　DCS 投运正常后，应定期对其进行检查，以确保整个系统能够长时间持续正常工作。定期检查可使用专门的“DCS 定期巡检记录表”，作为 DCS 的维护与使用的主要记录，其检查的主要内容如下：

1）控制室环境检查。①检查照明情况、抗干扰情况、振动情况、温度与湿度情况、空调设备的运行情况，并应特别注意检查控制机柜内部的卡件等电子设备有无出现水珠或者凝露。②检查有无腐蚀性气体腐蚀设备及过多的粉尘堆积的现象。③每星期至少进行一次定期检查，并做好定期巡检记录。

2）控制站、操作员站定期检查。①检查计算机、显示器、鼠标、键盘等硬件是否完好。②检查系统实时监控工作是否正常，包括数据刷新、各功能画面的操作是否正常。③检查故障诊断画面，查看是否有故障提示。④向操作人员了解 DCS 运行及工艺生产情况，为以后控制方案优化提供依据。⑤系统在运行一定时间后，应及时备份或清理历史趋势和报表等运行历史文件。⑥打开系统柜、仪表柜、操作台等检查系统有无硬件故障（FAIL 灯亮）及其他异常情况。⑦检查各机柜电源箱是否工作正常，电源风扇是否工作，5V、24V 指示灯是否正常。⑧检查系统接地（包括操作员站、控制站等）、防雷接地装置是否符合标准要求。⑨定期清除积累的灰尘以保持干净、整洁。⑩以上检查内容每星期至少定期进行一次，并做好定期巡检记录。⑪当操作员站运行一定时期后（通常三个月），请用操作系统提供的磁盘整理程序整理硬盘。

3）DCS 网络定期检查。①检查各操作员站网卡指示灯状态是否正常；②检查所有主控卡、数据转发卡、I/O 卡件等卡件的通信指示灯是否正常；③检查集线器、交换机通信指示灯是否正常；④检查各通信接头连接是否可靠正常；⑤检查监控软件的“故障诊断”画面中是否提示通信故障，“诊断信息”中是否有通信故障的记录；⑥建议 DCS 网络的检查每个月进行一次。

（3）大修期间维护指导　大修期间对 DCS 应进行彻底的维护，但系统在检修前应对 DCS 组态进行备份，对系统运行参数进行上载和备份，并及时做好大修期间 DCS 维护记录。维护主要内容包括：①彻底地清理灰尘，完成改接线。②对于在日常巡检、定期巡检中发现而不能及时处理的问题进行集中处理，如系统升级，组态下载等。③在检修期间更改组态、控制及联锁程序，必须组织工艺、设备、电气和仪表相关负责人共同参与联锁调试，并形成联锁调试记录。④检修期间应检查供电和接地系统是否符合要求。

DCS 大修期间的维护主要包括系统断电前检查、断电步骤、大修维护内容、上电步骤、系统投运等环节，下面作进一步说明。

1）断电前检查：观察卡件是否亮红灯、监控的故障诊断中是否有故障、电源箱是否正常、系统冗余测试、网线检查、UPS 测试、I/O 点精度测试。另外，检查校对备份：检查软件备份、组态文件备份、控制及工艺数据等备份是否正确、齐全。

2）按如下顺序切断电源：①每个操作员站依次退出实时监控及操作系统后，关闭操作员站工控机及显示器电源；②逐个关闭控制站电源箱电源；③关闭各个支路电源开关；④关闭不间断电源（UPS）开关；⑤关闭总电源开关。

3）进行DCS停电维护：①操作员站、控制站停电吹扫检修。②针对日常巡检、定期巡检中发现而不能及时处理的故障进行维护及排除。③仪表及线路检修：包括供电线路、I/O信号线、通信线、端子排、继电器、安全栅等；确保各仪表工作正常，线路连接可靠，标识清晰正确。④接地系统检修。包括端子检查、各操作员站（工控机、显示器）接地检查、各控制站（电源、机笼）接地检查、对地电阻测试。

4）现场以及DCS的各项维护工作完成后，检查确认以下各项条件满足后，才能重新上电。①首先应联系工艺、电气、设备、仪表等专业共同确认是否满足DCS的上电条件。②确认电气提供的总电源符合要求后，合上总断路器，并分别检查输出电压。③合上配电箱内的各支路断路器，分别检查输出电压。④若配有UPS或稳压电源，检查UPS或稳压电源输出电压是否正常。

5）系统上电及测试：①起动工程师站、服务器站、操作员站，同时将系统各电源箱依次上电检查。②检查各电源箱是否工作正常、电源的风扇是否工作，5V、24V指示灯是否正常。③检查各计算机的系统软件及应用软件的文件夹和文件是否正确。④将修改后的组态进行编译下载。⑤从每个操作员站实时监控的故障诊断中观察是否存在故障。⑥打开控制站柜门，观察卡件是否工作正常，有无故障显示（FAIL灯亮）。⑦进行冗余测试，包括供电冗余测试和通信冗余测试和卡件冗余测试。

6）控制、工艺参数检查：①校对各个已经成功运行过的控制、工艺参数（因组态修改下载，部分参数可能出现混乱现象，需重新输入）。②对现场仪表（变送器、调节阀等）更换过的控制回路、新增加的控制回路（程序），其参数需要重新整定及进行调试。

（4）组态修改及下载指导 系统投入运行后，由于工艺改造、系统扩展等因素，系统需要组态或二次开发。为更好地实施此方面工作，下面从组态修改的基本原则、生产过程中的组态修改、生产过程中下载时的注意事项及非生产状态下的更改与下载四个方面作简要说明。

1）组态修改的基本原则。组态文件修改之前必须对当前组态文件进行备份，以备紧急恢复使用。

2）生产过程中的组态修改。在生产过程中，因各种原因需要对DCS组态进行修改，以达到良好的监控效果，在修改过程中需对修改内容进行有效区分：有些修改无需下载、有些必须下载。

3）生产过程中下载时的注意事项：①在线下载应选择在生产平稳的时候进行，并避开顺控切换、累积量精确计量等时序，下载前确认重要联锁切除，控制程序及控制回路切换为手动操作。②组态文件修改下载前、后，均应对修改的内容进行相应的验证，确保其正确性。③组态下载后，须及时传送组态以保证各操作员站工程师站的组态保持一致。④遵循生产过程在线下载的操作流程规范。

4）非生产状态下的更改与下载：①当组态更改较多，不符合在线下载的规定时，可以在工艺停车时修改下载。②下载后必须立即对程序给予调试，检查确认各程序、阀位、参数是否正常，检查确认无误后方可再次开车。

5. 故障处理指导

（1）概况　故障排除的基本思路和基本方法：掌握最有用、最典型的故障现象，分析产生故障现象的可能原因，采用排除法和替换法解决故障。DCS 一旦出现故障，用最短时间准确分析和诊断故障发生的部位和原因是当务之急。故障分为通信网络故障、现场设备故障、I/O 卡件故障、电源故障、软件故障。系统故障处理应注意以下几个方面：

1）首先检查是否为操作人员、维修人员误操作引起的故障。如：因退出操作权限而不能操作，手动调节时键盘输入数据错误，联锁切换不当，回路检修造成短路或接地等等。

2）利用 DCS 的自诊断测试功能和硬件故障指示灯来确认故障原因和故障所在。分清是仪表故障还是 DCS 的系统故障，若是 DCS 的系统故障，进一步判断出是硬件故障还是软件故障。

3）进行 DCS 卡件更换时一定要确认能否在线更换，以及冗余卡件切换对工作是否有影响。

4）进行软件故障处理并需要下装时，要确认系统是否允许在线下装。比较可靠的方法是进行增量下装，同时将下装可能影响的参数和阀门强制手动，可以有效避免对设备运行的影响。

5）系统故障一定要查清原因，否则可能会造成替换上的卡件或模块会再次损坏。

6）当控制系统出现故障导致系统瘫痪（此情况甚少）时，需预先制定事故预案。

7）系统软件下装、停送电操作执行唱票、复诵制度对杜绝误操作，提高检修过程的安全可靠性，具有非常明显的作用。

（2）故障案例

1）操作员站有时出现死机故障现象。常见原因：内存容量不够、内存条故障、硬盘空间太小、硬盘故障、劣质零部件、硬件资源冲突、灰尘杀手、散热不良、非正常关闭计算机、非法操作、启动程序太多、非法卸载软件、初始化文件被破坏、系统文件误删除、移动不当、病毒感染。

2）卡件故障现象。如电流信号输入卡（XP313）的某一信号点显示不准，可能的故障：①更改了现场仪表类型，却未修改相应 I/O 点的组态；②XP313 卡 1、2 或 3、4 通道（同组内）的信号类型不同，导致测量不准确。

5.5.2　工程技术文件

建设工程技术文件一般是按照交工技术文件（即归档文件）来划分，每个行业都有不同的要求和范畴，从项目前期市场调研、可行性研究，到设计文件、施工过程文件以及设备材料的采购文件及厂商资料等，都属于技术文件。

工程技术文件是反映建设工程项目的规模、内容、标准、功能等的文件。只有依据工程技术文件，才能对工程的分部、分项即工程结构做出分解，得到明确的基本子项；只有依据工程技术文件及其反映的工程内容、性能、指标，才能测算或计算出工程需求。因此，工程技术文件是建设工程投资确定的重要依据。

由于集散控制系统属于大、中型项目，不仅在经济效益方面举足轻重，在生产安全性、可靠性等方面也至关重要；因此，工程技术文件对供货商、系统集成商和用户方具有十分重要的现实意义。了解工程技术文件相关知识和技能，为将来从事此类工作岗位奠定初步基础。在工程建设的不同阶段所产生的工程技术文件是不同的。

1）在项目决策阶段（包括项目意向、项目建议书、可行性研究等阶段），工程技术文件表现为项目策划文件、功能描述书、项目建议书或可行性研究报告，以及合同标书；在此阶段的投资估算主要就是依据上述的工程技术文件进行编制。

2）在初步设计阶段，工程技术文件主要表现为初步设计所产生的初步设计图样及有关设计资料，尤其技术协议至关重要，是验收的基本依据。设计概算的编制，主要是以初步设计图样等有关设计资料作为依据。

3）在施工图设计阶段，随着工程设计的深入，进入详细设计，工程技术文件又表现为施工图设计资料，包括建筑施工图样、结构施工图样、设备施工图样、其他施工图样和设计资料。

4）工程完成后，为用户提供各种技术手册、设计规格书、操作维护说明书、培训手册、工程总结报告、验收结算报告等文件。下面仅对施工技术文件作进一步说明，其他内容读者自行搜集整理。

常用的施工技术文件包括：施工组织设计、施工图设计文件会审、技术交底、原材料与构配件及设备出厂质量合格证、施工检（试）验报告、施工记录、测量复检及预验记录、隐蔽工程检查验收记录、工程质量检验评定资料、功能性试验记录、质量事故报告及处理记录、设计变更通知单、洽商记录、竣工验收文件等。

5.6 组态软件的OPC和网络功能

5.6.1 DCS与OPC

1. OPC引入

OPC诞生以前，硬件的驱动器和与其连接的应用程序之间的接口并没有统一的标准。在FA（Factory Automation）——工厂自动化领域，连接PLC等控制设备和SCADA（数据采集与监视控制系统）/HMI软件，需要不同的FA网络，西门子主要支持的总线协议是Profibus，施耐德是Modbus，欧姆龙是DeviceNet，三菱是CC-link，AB是Controlnet，ABB是FF。根据有些调查结果，在控制系统软件开发所需的全部费用中，各种机器的应用程序占总费用的7成，而开发机器设备间的连接接口则占了3成。

为了满足不同协议之间设备的通信问题，软件开发商需要开发大量的驱动程序来连接这些设备，即使硬件供应商在硬件上做了一些小小改动，应用程序就可能需要重写；同时，由于不同设备甚至同一设备不同单元的驱动程序也有可能不同，软件开发商很难同时对这些设备进行访问以优化操作。硬件供应商也在尝试解决这个问题，然而由于不同客户有着不同的需要，同时也存在着不同的数据传输协议，因此也一直没有完整的解决方案。而OPC是为了不同供应厂商的设备和应用程序之间的软件接口标准化，使它们之间的数据交换更加简单化的目的而提出的。

2. OPC概念

OPC全称是OLE for Process Control，它的出现为基于Windows的应用程序和现场过程控制应用建立了桥梁。在过去为了存取现场设备的数据信息，每一个应用软件开发商都需要编写专用的接口函数。由于现场设备的种类繁多，且产品的不断升级，往往给用户和软件开发商带来了巨大的工作负担。通常这样也不能满足工作的实际需要。系统集成商和开发商急切需要一种具有高效性、可靠性、开放性、可互操作性的即插即用的设备驱动程序。在这种情况下 OPC 标准应运而生。

OPC 标准以微软公司的 OLE 技术为基础，它的制定是通过提供一套标准的 OLE/COM 接口完成的，在 OPC 技术中使用的是 OLE 2 技术，OLE 标准允许多台微机之间交换文档、图形等对象。通过 OPC 标准，完全可以创建一个开放的、可互操作的控制系统软件。OPC 采用客户/服务器模式，把开发访问接口的任务放在硬件生产厂家或第三方厂家，以 OPC 服务器的形式提供给用户。利用 OPC 标准化接口，系统通信不依赖各设备的内部结构及它的供应厂商，解决了软、硬件厂商的矛盾，完成了系统的集成，提高了系统的开放性和互操作性。

OPC 设计者们最终目标是在工业领域建立一套数据传输规范，并为之制定了一系列的发展计划。现有的 OPC 规范涉及如下领域：

（1）在线数据监测　实现了应用程序和工业控制设备之间高效、灵活的数据读写。

（2）报警和事件处理　提供了 OPC 服务器发生异常时，以及 OPC 服务器设定事件到来时向 OPC 客户发送通知的一种机制。

（3）历史数据访问　实现了读取、操作、编辑历史数据库的方法。

（4）远程数据访问　借助 Microsoft 的 DCOM 技术，OPC 实现了高性能的远程数据访问能力。

3. 组态软件与 OPC

OPC 服务器由类对象组成，相当于三种层次上的接口：服务器（Server）、组（Group）和数据项（Item）。组态软件充分利用了 OPC 服务器的强大性能，为工程人员提供方便高效的数据访问能力。当组态软件作为客户端访问其他 OPC 服务器时，是将 OPC 服务器当作一个 I/O 设备，并专门提供了一个 OPC Client 驱动程序实现与 OPC 服务器的数据交换。通过 OPC Client 驱动程序，可以同时访问任意多个 OPC 服务器，每个 OPC 服务器都被视作一个单独的 I/O 设备，并由工程人员进行定义、增加或删除，如同使用 PLC 或仪表设备一样。组态软件本身也可以充当 OPC 服务器，向其他符合 OPC 规范的厂商的控制系统提供数据。例如组态王的 OPC 服务器名称为“KingView. View. 1”，力控的 OPC 服务器名称为“OPC-Server”。

4. 组态王做 OPC 客户端与 PC Access 通信概况

PC Access 软件是专用于西门子 S7-200 PLC 的 OPC Server（服务器）软件，它向 OPC 客户端提供数据信息，可以与任何标准的 OPC Client（客户端）通信。PC Access 可以用于连接西门子，或者第三方的支持 OPC 技术的上位软件，下面结合组态王做客户端为例，简要说明 PC Access 软件应用。

PC Access 软件的使用基本步骤为：①设置通信访问通道，在 S7-200 PLC 的 MicroWin 开发界面中，利用 PG/PC Interface 设定通信方式；②在 MicroWin 开发界面中创建 PLC 站点；③创建 Folder，右键单击所添加的 S7-200 PLC 的名称，进入“New > Folder 添加文件夹”并命名；④创建 Item，右键单击文件夹，进入“New > Item 添加 PLC 内存数据的条目”并定义内存数据；⑤测试通信质量，PC Access 软件带有内置的测试客户端，用户可以方便地使用它检测配置及通信的正确性。

组态王作为OPC客户端和PC Access的数据链接要完成主要步骤为：在组态王开发界面中，选择OPC服务器；右击“OPC服务器”，在弹出菜单中，选择“新建”/“OPC服务器”；在弹出的对话框中，选取S7200. OPCServer；对所建立的S7200. OPCServer设备进行通信测试。另外，组态王也可作为OPC服务器使用，具体使用参考有关资料。

5.6.2 DCS网络功能

1. 概况

企业信息化的进程随着计算机网络技术的发展不断加快，在企业信息系统中计算机网络技术在自动控制、生产调度、经营管理、办公室自动化及市场销售等方面发挥重要的作用。在企业信息系统的层次上，整个企业信息网络可以分为现场控制层、过程监控层、生产管理层、市场经营层等多个层次。集散控制系统引入工业控制网络，工业以太网已经广泛地应用于控制网络的高层，并且有向控制网络的中间层和底层（现场层）发展的趋势。

组态软件支持完全的分布式网络结构，主要以服务器和客户端架构实现数据传输和共享，多个组态软件的应用系统可以分布运行在网络上的多台服务器上，每台服务器分别处理各自的监控对象的数据采集、历史数据保存、报警处理等。运行在其他工作站上的组态软件客户端应用程序通过网络访问服务器的数据。组态软件以实时数据库为核心，数据库之间可以互相访问，可以互为服务器和客户端，灵活组成各种网络应用。

2. 网络结构

DCS典型的分布式网络结构示意如图5-37所示。在图5-37所示的网络结构图中，IO服务器只负责设备数据采集，而报警信息的验证和记录、历史数据的记录、用户登录的验证等都被分散到了报警服务器、历史数据服务器和登录服务器中，这样减轻了IO服务器的压力。报警服务器和历史数据服务器集中验证和记录来自各站点的报警信息和历史数据，IO服务器和客户端可以集中地从几个服务器上读取到所需的实时数据、报警信息和历史数据。

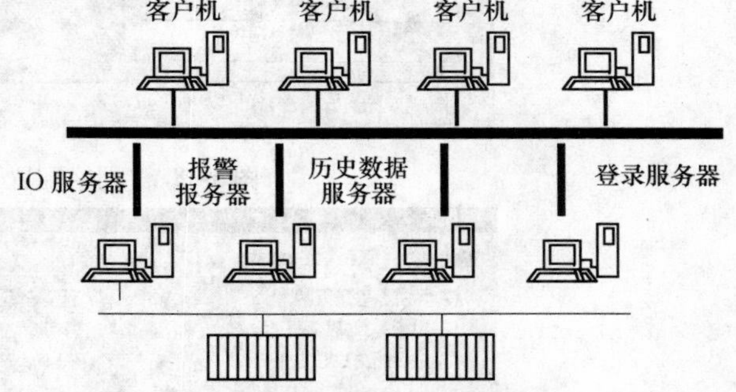

图5-37 DCS分布式网络结构

3. Web应用

在生产监控过程中，除了标准的客户/服务器（C/S）网络应用方式，也可以用IE浏览器作为一个标准的客户端（B/S）来浏览服务器的画面，通过组态软件提供的Web功能，可以使用户从IE浏览器上远程访问组态软件的工程画面，浏览的效果与在组态软件本地运行系统中看到的工程画面完全相同；而在客户端并不需要安装任何与组态软件有关的软件。

大部分组态软件系统支持WEB应用，可将实时数据库的数据以WEB方式发布。用户可以通过互联网运用浏览器直接查看工厂的实时生产情况，如：流程图界面、实时/历史趋势、生产报表等。组态软件系统根据功能的不同在集散控制系统中可以充当工程师站、操作员站、历史服务器站、报警服务器、事件服务器、文件服务器等，构成一个完整的分布式网络。使用组态软件提供的Web功能，可以灵活地构建Intranet/Internet应用；利用其多种

Web 发布方式，基本上可以满足所有 Web 发布需求。组态软件的网络功能通过服务器设置、客户端设置，完成网络应用。

4. 组态王网络配置

组态王既可作网络服务器使用，也可作网络客户端使用。I/O 服务器、报警服务器、历史数据服务器及登录服务器可建立在同一台计算机上，也可以分散在不同的计算机上。在组态王工程浏览器中，选择菜单“配置\网络设置”命令，或者在目录显示区中，选择大纲项系统配置下的成员网络配置，双击网络配置图标，系统将弹出“网络配置”对话框，如图 5-38 所示；分别对网络参数、节点类型和客户配置三个选项卡分别进行设置，具体设置参考组态王中帮助文档相关内容。组态王可作为网络服务器使用，其设置示意如图 5-39 所示；组态王也可作为网络客户端使用，其设置示意如图 5-40 所示。运行组态王网络服务器端和网络客户端，可以从客户端上读出 I/O 服务器的数据。

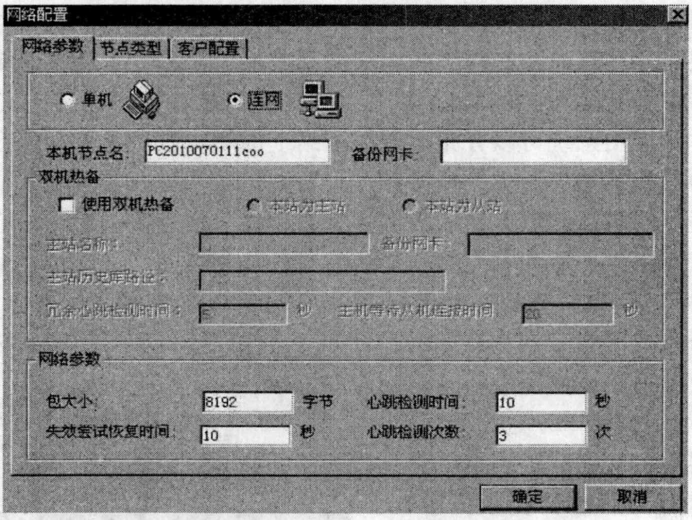

图 5-38 “网络配置”对话框

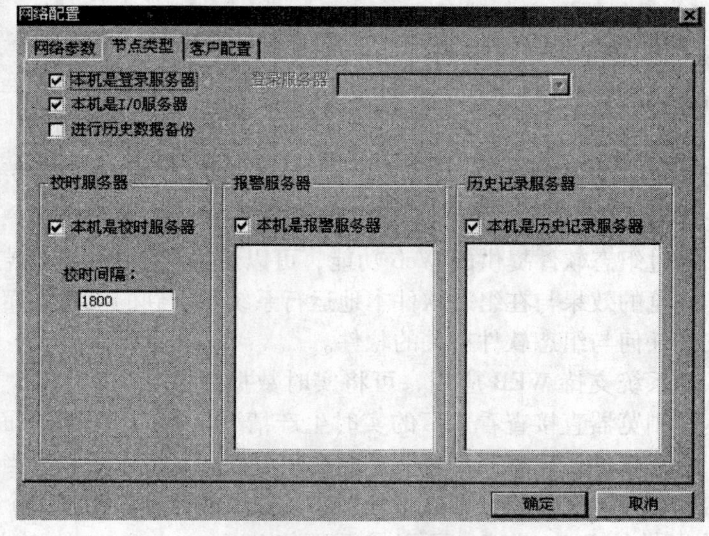

图 5-39 网络服务器配置

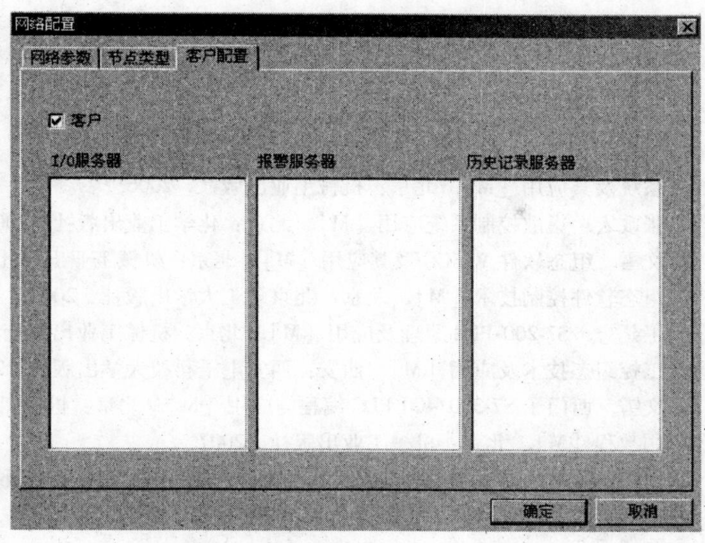

图 5-40　网络客户端配置

总　　结

通过前面几个项目的学习，掌握了集散控制系统的基本知识、技能和应用。本项目立足于国内市场占有率较高的组态王 + PLC、浙江中控 JX-300XP 集散控制系统和西门子的 PCS7 系统为主，结合真空钎焊炉、甲醛生产、蔗糖生产项目背景，立足于工程项目，从深度、广度等进一步深化集散控制系统组态、开发、应用。

围绕 DCS 工程项目设计常识、方案设计、性能评估、维护、管理规范和规律等内容，全面深化 DCS 工程应用，为对接 DCS 相关岗位奠定良好基础。另外，在教学过程中，应注重对教学理念、学习方法与能力培养，结合教学资源库、手册、指导书、工程案例等相关资料的收集、整理、分析、总结、提炼，实现“以点带面、触类旁通”的适应、拓展及创新能力。

思 考 题

1. 谈谈学习本课程的体会。
2. 现场调研收集 DCS 应用素材，总结主要生产、控制工艺，并绘制系统逻辑结构图。
3. 总结 DCS 系统安装、维护、管理、设计主要内容。
4. 收集整理 DCS 相关工作岗位及素质要求。
5. 搜索整理 DCS 发展趋势和新技术应用。

参考文献

[1] 张雪申．集散控制系统及其应用［M］．北京：机械工业出版社，2006.

[2] 常慧玲，吕增芳，张政宏．集散控制系统应用［M］．北京：化学工业出版社，2009.

[3] 刘华波，王雪，何文雪．组态软件 WinCC 及其应用［M］．北京：机械工业出版社，2009.

[4] 覃贵礼，吴尚庆．组态软件控制技术［M］．北京：北京理工大学出版社，2007.

[5] 田淑珍，孙建东，王延忠．S7-200 PLC 原理及应用［M］．北京：机械工业出版社，2009.

[6] 李红萍，王银锁．工控组态技术及应用［M］．西安：西安电子科技大学出版社，2011.

[7] 刘华波，王雪，何文雪．西门子 S7-300/400 PLC 编程与应用［M］．北京：机械工业出版社，2009.

[8] 张燕宾．变频器应用教程［M］．北京：机械工业出版社，2007.

[9] 张德泉，金强，常慧玲．集散控制系统原理及其应用［M］．北京：电子工业出版社，2007.

[10] 李琳．自动控制系统原理与应用［M］．北京：清华大学出版社，2011.

[11] 孔凡才．自动控制原理与系统［M］．北京：机械工业出版社，2007.

[12] 曲丽萍．集散控制系统及其应用实例［M］．北京：化学工业出版社，2007.

[13] 蒋兴加．基于 WINCC、KINGVIEW 与 S7-300 PLC 的以太网组态［J］．自动化应用，2011（2）：38-39.